ＪＡ女性組織の未来

躍動へのグランドデザイン

石田正昭　編著

家の光協会

はしがき

本書は、ＪＡ女性組織の未来を展望するものである。研究書として、既存の研究や理論、事実やデータに基づく客観的考察を重んじている。ただしそれにとどまらず、ＪＡ女性組織が未来において〝躍動〟するための実践的知見、いわば組織の活性化を導く処方箋を示すことにもこだわった。この意味では、本書はＪＡ女性組織に関わる人たちへの提案書でもある。

ピーク時に３４４万人を数えたＪＡ女性組織のメンバー数は、現在50万人弱にまで減少している。これは、昭和から平成、そして令和へと時代が移るなかで、人々の価値観や生活様式が多様化し、人と人とのつながり方が大きく変貌した結果といえるだろう。

しかしそのなかにあっても、周囲や地域の困りごと、ひいては日本社会の課題や世界的な困難に思いを馳せ、それらの解決に向けてともに行動する仲間づくりに汗をかき、具体的な実践にひたむきに取り組んでいるメンバーが存在することをわれわれは知っている。

本書における〝躍動〟とは、こうしたメンバーがＪＡ女性組織を舞台として思う存分に力を発揮することである。そのために、われわれは組織のありかたの見直しが不可欠であると考えている。ＪＡ女性組織は長い歴史を持ち、その環境は劇的に変わってきた。今後もさらなる変化が進むだろう。それゆえ、われわれは組織のありかたの見直しについて、小手先なものとすることをよしとしない。本書が提案するのは、大局的・長期的観点からの組織のあるべき姿、すなわちグランドデザインである。

日本協同組合連携機構（ＪＣＡ）では、２０１５年度に「農村女性活動の実態把握と今後の方向性にかかる研究会」、同研究会を引き継いで２０１８年度に「今日的なＪＡ女性組織のあり方研究会」を立ち上げた。本書はこれら研究会での成果を取りまとめたものである。

研究会発足時より座長として舵取り役を務め、研究者としても事務局としても未熟なＪＣＡ研究員を温かく指導し、本書の刊行というゴールまで導いてくださった石田正昭先生（京都大学学術情報メディアセンター研究員、三重大学名誉教授）に衷心より感謝申し上げる。また、研究会委員として調査・研究活動を支え続けてくださった板野光雄先生（家の光講師）、その他豊富な知見を与えてくださった関係各位に心より感謝申し上げる。

研究を進めるに当たっては、多くのＪＡ女性組織メンバーやＪＡ役職員の方々にアンケート調査やヒアリング調査などでご協力をいただいた。お一人おひとりの名前を記すことはできないが、この場を借りて厚く御礼申し上げる。また、本書の意義をご理解いただき、出版を引き受けてくださった一般社団法人家の光協会に深甚なる謝意を表す。

２０２１年４月、ＪＡ全国女性組織協議会は70周年を迎えた。この記念すべき年にさいし、ＪＡ女性組織がこれまで成し遂げてきたことを振り返り、新たな歴史を刻んでいくための活発な議論が期待される。本書がその一助となれば幸甚である。

２０２１年６月

一般社団法人日本協同組合連携機構

JA女性組織の未来
躍動へのグランドデザイン

目次

第3章 ＪＡ女性組織とＪＡ教育文化活動

第8章 メンバーの「学び」と「モチベーションの変化」によるJA女性組織活動の新たな展開
小川 理恵 202

第9章 今日的なJA女性組織のありかた——未来に向けたグランドデザイン——
石田 正昭 230

デザイン・DTP　東京カラーフォト・プロセス
校　正　　　　(有)かんがり舎

第1章 JA女性組織の問題の所在
——JA女性組織を俯瞰する——

【要旨】

本章は、本書の執筆者たちが共有するJA女性組織の問題状況に関する基本的認識を述べている。

第一に、問題の所在を明らかにするために、堀田亜里子氏の論考「JA全国女性協『JA女性組織意向調査』結果概要」を使って、JA女性組織の現状と課題を述べた。端的にいって「JA女性組織の停滞」が著しい。

第二に、JA女性組織の停滞をもたらしている原因を厳しく批判する根岸久子氏の論考「女性部活性化に向けて—主体性の形成をめざして—」を使って、現象面から構造面への論点転換をはかった。

第三に、JA女性組織の停滞をもたらす構造要因として、①農村女性の問題として「『ジェンダー平等』の声を上げにくい」②JA女性組織の問題として「『当事者意識』が欠けている」③JAの問題として「『基礎組織（集落組織）』依存の運営を続けている」を指摘し、それぞれの「来たりしゆえん」を論じた。

第四に、これらの要因の全体像を「三すくみ」の構造と呼んでいるが、この構造からの突破口と考えられるJAによる女性組織支援の基本方向を示すとともに、JA女性組織の「当事者意識」を高めるための方策を提案した。

1. ＪＡ女性組織のどこに、どのような問題があるか

女性たちがＪＡに集まるということであれば、ＪＡ女性組織をおいて他にはないと思われるが、その活動や組織の実態とはいったいどのようなものであろうか。

ＪＡ女性組織の実態を知るうえで、たいへん参考になる論考がある。ＪＡ全中で長年にわたって全国のＪＡ女性組織の支援に携わっている堀田亜里子氏による「ＪＡ全国女性協『ＪＡ女性組織意向調査』結果概要」である。(1) 論旨が明快であるばかりでなく、ＪＡ女性組織の実態を浮き彫りにするすぐれた論考である。少し長くなるが、本書全体の主張とも重なるところが多いので、以下で紹介したい。

この論考で取り上げられ、分析されているデータは、２０１５年5~7月に行われた「ＪＡ女性組織メンバー実態調査」（メンバー調査）と「ＪＡ女性組織事務局調査」（事務局調査）の二つである。ＪＡ全中では7年ぶりに行った全国実態調査であると紹介されている。

30・40歳代を「フレッシュミズ」、50歳代を「ミドル」、60歳代を「エルダー」に区分しているが、本調査の特徴は、この三世代のアンケート調査対象者数を、メンバーの実数に応じて配分するのではなく、ほぼ同数になるように配分していることである。メンバーの実数に応じて配分すると、どうしても若年層が少なくなり、統計分析に必要なデータ数を確保できないことから、若い女性たちの声が届かなくなるという欠陥がある。本調査ではそのような欠陥から逃れる工夫がなされている。

どこに問題があるか

最初に、事務局調査を使って、ＪＡ女性組織の課題をみていこう。

それによれば、課題として、回答数の多い順に、「メンバーをいかに増やすか」「次期リーダーの発掘・育成

ができていない」「メンバー自身が自主的な組織として活動ができていない」「事務局としての専門性が養われていない」などが並んでいる。

いずれも、これまでに多くの論者たちが指摘してきた基本的な課題といってよい。「メンバーの減少」「活動の停滞」「役員のなり手がいない」「世代間ギャップが大きい」「財政問題」などが指摘されてきたが、それとほぼ同じ趣旨の回答が上位を占めている。

その一方で、堀田氏は直接論じていないが、図示された集計結果をみると、「ＪＡや役職員との接点がない」「活動のなかに地域貢献的なものがない」「活動内容を充実させるための研修、情報収集のための機会がない」「ＪＡ女性組織活動に対する役員の理解が足りない」などの回答数が少ないことがわかる。

これはいったいなぜだろうか。実態が不十分であるにもかかわらず、事務局自身、その重要性を認識できていないとしたら大問題である。しかし、私はその可能性は低いように思う。事の真相は、重要性は十分に認識しているが、その多くが上司や役員との交渉ごとになるので多大な時間がかかることが予想され、考えるのをやめておこう、という一種の思考停止状態に陥っているからではないか。

私は、担当者が、課題を課題として上司や役員に正直に伝えられないＪＡのありかたそのもの、あるいはその逆に、上司や役員が、担当者まかせにしたまま女性組織の課題を知ろうともしないし、考えようともしないＪＡのありかたそのものが、女性組織の停滞を招いている真の原因であると考えている。

組織活動の活性化に必要なこと

次に、メンバー調査を使って、組織活動の活性化に必要なことをみていこう。

それによれば、回答数の多い順に、「楽しく活動して良かったと感じられる取り組みを心掛ける」が圧倒的な支持を集めており、次いで「身近な活動に取り組むようにする」「自由に発言できる雰囲気づくり」「メンバー同士の話し合いを多くする」などが並んでいる。

ただし、年齢層別にみると、その支持に微妙な違いがあることにも気づく。「楽しく活動（以下略）」「身近な活動（以下略）」はエルダー層の支持が多く、「自由に発言（以下略）」「メンバー同士の話し合い（以下略）」はフレッシュミズ層の支持が多い。活動活性化に向けた方向性が年齢層によって違っているのであるが、この結果から判断すると、エルダー層は「楽しい活動」、フレシュミズ層は「おしゃべりサロン」がキーポイントになっているように思われる。

その一方、ミドル層では、このような際立った特徴はみられない。エルダー層とフレッシュミズ層の特徴を「足して二で割った」ような結果が得られている。あえてミドル層の特徴をあげれば、全体の支持はそれほど高くはないが、この層で「実利・実益のある活動を心掛ける」に支持が集まっていることがわかる。このことから、ミドル層へのアピールは「実利・実益」が効果的であるように思われる。

より具体的に検討するため、女性組織で取り組みたい活動とはなにかについてもみておこう。それによれば、回答数の多い順に「健康管理活動」「料理・グルメ」「視察・旅行」「手芸などの趣味の活動」が並んでいる。トップの健康管理活動を除けば、いずれも「楽しい活動」に関係の深い活動が上位を占めている。

一方、支持が集まっていない活動を挙げれば、低い順に「各種学習活動」「国際交流（あるいは貢献）活動」「生活設計（ライフプラン）」「共同購入・商品研究」「子育て支援」「消費者や都市生活者との交流」「環境保全・リサイクル運動」などが並んでいる。確かに、これらの活動には「楽しい活動」という要素はない。仮にそのことが支持の集まらない原因だとすれば、残念な結果である。

問われるべきは、こうした活動への低い支持はほんとうにメンバーの関心が低いことを表しているのかという点である。そうではないように思う。協同組合に本来的なこうした活動を熱心に、そして生き生きと取り組んでいる生協運動を思い浮かべるとき、ＪＡ女性組織では、（たとえ少数であれ）メンバーの関心を呼び起こすような働きかけ、具体的には情報の提供や議論の場づくりが行われていないからではないのか。そんな思いが駆けめぐる結果なのである。

女性たちの関心事はなにか

後の第9章で取り上げることになるが、ＪＡ女性組織は「だれのため」にあるのか。そのことを絶えず問い続けることが重要である。

自分のため、家族のため、仲間のため、地域のため、日本のため、あるいはもっと広く世界のため、さらには将来世代を含めた全人類のためにＪＡ女性組織があるという回答が予想される。

正直にいうと、自分のため、家族のためは当然のこととして除外すると、だれのためであってもいいのである。「相互扶助（助けあい）」の理念に沿って、だれかの役に立つことが重要である。だれかの役に立つ、いいかえれば社会的な目的を達成するための手段として、ＪＡ女性組織とＪＡがあると考えなければならない。このとき、ＪＡ女性組織とＪＡは、ＳＤＧｓ（持続可能な開発目標）が掲げる〝だれ一人取り残さない〟社会の実現を目指す〝共益組織〟であるという位置づけが可能になる。

以上の目的・手段関係（社会的な目的を達成するための手段としてＪＡ女性組織とＪＡがある）を前提として、メンバー調査から生活面での関心事とはなにかを読み解いてみよう。

全体では、回答数の多い順に、「自分や家族の健康」が圧倒的な支持を集め、次いで「自分や家族の老後」「食べ物や商品の安全性問題」が並んでいる。「自分や家族の健康」「自分や家族の老後」は、いうまでもないが、自分のため、家族のための活動・事業に該当する。

これに対して、「食べ物や商品の安全性問題」は、第一義的には自分や家族のための活動・事業ではあるが、同時にそれは広く公共（みんな）のための活動・事業という性質をもっている。ここでは広く公共のための活動・事業を行うことを「公共性」と呼びたいが、公共性は共同性と並んで協同組合に課せられた重要な行動規範である。したがって、ＪＡ女性組織とＪＡがこの「食べ物や商品の安全性問題」に積極的に取り組むことは、ＳＤＧｓのいう「つくる責任、つかう責任」を自ら実践していることを表しており、ＪＡ女性組織とＪＡの存在意義を社会的にアピールすることにつながる。(2)

次に、以上の「自分や家族の健康」「自分や家族の老後」「食べ物や商品の安全性問題」を除いて、メンバーたちの関心がどこに集まっているのかを年齢層別にみていこう。

それによれば、フレッシュミズ層は「子どものしつけや教育」「日々の家計のやりくり」「仕事と家事の両立」、ミドル層は「子どもの結婚問題」「農業経営の将来」「家族や親戚の介護問題」、エルダー層は「地域や日本の農業・農村の将来」「子どもの結婚問題」「農業経営の将来」が、それぞれの関心事項であることがわかる。いずれもその年齢層にとって避けがたい重要テーマである。

こうした年齢層間の違いを生み出しているものは、卒業・就職・結婚・出産・育児・介護・退職・疾病など、女性たちが出合うライフイベントの数々である。人生の一コマ一コマが経過するなかで、女性たちが抱える「心配ごと」「困りごと」は変わっていく。ＪＡ女性組織がその「心配ごと」「困りごと」にどれだけ真剣に向きあうことができるか。これが、同じ状況におかれた女性たちの共感と参加を呼び起こす基本となることはまちがいない。

その一方で、メンバーたちの関心が集まっていない項目をあげれば、低い順に「職場での人間関係」「自分が使えるお金の確保」「住宅の問題」「地域の自然・環境問題」「女性の地位向上・参画」「隣近所や地域での人間関係」などが並んでいる。

ここで注目しなければならないことは、「地域の自然・環境問題」「女性の地位向上・参画」への関心が低いことである。ＳＤＧｓや男女共同参画社会の実現という国民的な運動だけではなく、ＪＡ女性組織綱領・５原則のなかでも取り上げられているこれらの課題に対して、メンバーたちの関心が低いことは由々しい問題である。この低い関心はＪＡ女性組織だけではなく、ＪＡの取り組み姿勢にも関わる重要問題である。ＪＡ女性組織とＪＡはだれのため、なんのためにあるのかを問い直すことが必要である。

メンバーの当事者性は確保されているか

メンバーの当事者性に関する問題は、女性組織活性化に当たっての基本的な検討事項である。ここではメンバー調査と事務局調査を使ってこの問題を読み解いてみたい。

メンバー調査によれば、ＪＡ女性組織の活動が有意義だと思う理由として、いずれの年齢層も「女性同士の親睦ができる」「いろいろな勉強ができる」「いろいろな人と知り合える」の三つが高い支持を集めている。いわば「楽しい活動」に関連する項目に支持が集まっているのである。

これに対して、ＪＡ女性組織の活動の基本をなすべき「くらしと営農の改善に役立つ」「地域に貢献ができる」「意見をＪＡに反映させられる」「女性の地位向上に取り組んでいる」などの項目は支持を集めていない。

ＪＡ女性組織綱領では「社会的・経済的地位の向上を図る」「女性の声をＪＡ運動に反映する」「住みよい地域社会づくりを行う」と明記されているが、この結果はＪＡ女性組織綱領がお題目のまま終わっていることを示している。

どうしてそうなるのか。事務局調査によれば、ＪＡ女性組織綱領については「まったく・ほとんど学習していない」が半数以上を占めている。学習機会が与えられるのは「リーダー研修会」「女性大学」「メンバー加入時」においてであるが、これらについても全体の１割から４分の１程度しかその機会が与えられていないことがわかる。

このことは、ＪＡ女性組織綱領の学習は、メンバーの日常的な取り組みとはなっていない、仮に行われたとしても、役員になってから「後追い的」に学ぶことが常態化していることを表している。しかし、こうした後追い的なやり方はＪＡ女性組織だけの話ではない。ＪＡ全体にもあてはまる。ＪＡの理念や運動に関する学習は、たとえ行われたとしても、総代、理事になってからというのがふつうである。

堀田氏は次のように述べて、関係者が危機感をもたなくてはいけないと強く訴えている。

「メンバーに自分たちの組織だと実感してもらうには、楽しい活動に加えて、組織の存在意義や歴史を学習する機会が必要といえる。このまま仲間づくりを中心に楽しい活動に終始していると、組織活動の意義が失われ、仲間ができてしまった後は、他の組織でもいい、という代替可能な組織になりかねない」

まったくそのとおりである。というよりも、じつは、すでに「代替可能な組織になりかねない」という事態は起こっているのである。

メンバー調査によれば、全体では半数以上のメンバーがＪＡ女性組織以外の組織で社会貢献活動を行っている。年齢層別にみるとエルダー層が多く、およそ3分の2がこれに関わっている。その比率は若年層ほど低くなるが、フレッシュミズ層でも約3割がこれに関わっている。厳しい見方になるが、ＪＡ女性組織では「楽しい活動」にいそしみ、ＪＡ女性組織以外では「地域貢献活動」に取り組むという実態が浮かび上がってくるのである。

ＪＡ女性組織以外の組織で社会貢献活動を行っている人の活動場面（複数回答）をみると、「地域婦人会（女性会）」43・7％、「（ＪＡ以外の）福祉活動」29・1％、「自治会（役員を務めている場合）」14・3％、「生活改善グループ」12・9％などとなっている。

じっさいに私が出会ったＪＡ女性組織のリーダーたちは、同年齢層の男性リーダーたちと比べて勢いのある女性たちが多かった。いくつかのＪＡの地区運営協議会の全体研修会で、男女を問わず〝私にできること〟を書面で回答してもらったが、女性リーダーたちは「花作りが大好き。農村生活アドバイザーをしていて、女性部のリーダーもして、皆さんに親しみをもって頂いています」「地域活動への積極的参加」「いろんなボランティア活動」「地域でいろいろなボランティアをやっています」「農地の保全」などと回答していた。彼女たちは地域にある各種のグループ活動をかけもちするなかで、充実した毎日を送っていることが読み取れる。これに対して、男性リーダーたちの回答は、要領を得ないものが多かったと記憶している。(3)

2. ＪＡ女性組織の停滞の原因はなにか

以上、ＪＡ全中が行った事務局調査とメンバー調査を使ってＪＡ女性組織の実態を述べてきた。端的にいって「ＪＡ女性組織の停滞」が著しい。

では、ＪＡ女性組織に停滞をもたらしている原因については、どのようにまとめられるのであろうか。私がみるところ、この点について最も鋭く問題提起を行っているのは、農林中金総合研究所でＪＡ女性組織やＪＡの生活活動・事業の分析に長年取り組んできた根岸久子氏である。以下では、現行のＪＡ女性組織綱領・５原則が制定された１９９５（平成７）年当時の執筆によるものであるが、根岸氏の論考を取り上げてみよう。(4)

この論考は大きく「主体性について」と「活性化のキーワード」の二節からなっている。前者の「主体性について」は、①主体性を発揮しきれなかった女性部、②拒《こば》まれた主体形成、③女性部のことは事務局まかせ、からなる。また、後者の「活性化のキーワード」は、①主体形成と参加の実感がもてる組織へ、②女性部らしい活動、③組織強化の体制づくり、からなる。

「主体性について」

まず、主体性についてみていこう。

① 主体性を発揮しきれなかった女性部

根岸氏は、この問題の背景として、女性部が（地域）婦人会と表裏一体の組織であったことから、その成り立ちからして行政の下請け的性格が強かったことと財政的にもＪＡへの依存度が強かったことを指摘している。

この指摘を踏まえて、「人の組織である協同組合の事業や活動は構成員の意見・意志に基づいて決定され、このことを限りなく追求してこそ構成員の組織への信頼感と求心力が高まることになるが、ＪＡ側は自主的・自発的といいながら、いろいろと制約条件をつくり、女性部も自らの力で要求を実現していくという姿勢が弱く、自主組織としての主体性が発揮できないことが少なくなかった」と述べている。

また、「権利意識を強めてきた女性たちが、農業や女性軽視に由来する法制度の問題や女性に対する社会的制約を改善させようと求めても、女性部としては充分に対応しきれないまま、こうした女性たちのニーズや行動スタイルと女性部の活動とのギャップが生まれた」と論じている。

② 拒まれた主体形成

主体形成の問題としては「女性部の活動のすすめ方や運営のあり方がメンバーの主体形成を促す仕組みになっていなかった。意見は出しあっても自主的に解決するのではなく、できる範囲で妥協するか、ＪＡに要請するにとどまるので、活動体験が問題意識の深化、問題解決能力や自主管理能力の確保に至らない」と論じている。

加えて、「しかし、これは女性の側だけの責任とはいえない。家制度やそれを要因とする役割分担意識が依然として強く残っている農村社会のなかでは、女性の主体性は周囲との軋轢を強めるものであるから、女性はおのずと自己防衛の姿勢をとらざるをえない。ＪＡは女性たちが主体性を発揮できる仕組みや女性たちの協同を強める努力を積極的に用意すべきであったが、女性の主体形成を歓迎しないＪＡはそれを怠ってきた」と批判している。

③　女性部のことは事務局まかせ

根岸氏は、ＪＡの女性部軽視は女性部対応によく示されているとし、「女性部は特別の組織的手当てをしなくても、ＪＡ事業への『よき協力者』であり続けるという『過信』から、女性部のことは生活指導員と称する女性職員まかせにしてきた」と論じている。

そのうえで、「生活指導員の役割が重視されているにもかかわらず、そもそもＪＡの女性部に対する期待が希薄なために、生活指導員は組織担当者としての訓練やレベルアップの機会が十分ではなかった」と述べ、女性部の活動の停滞と女性たちの女性部からの離脱を招いていると指摘している。

また、「こうした状況は合併が進み、ＪＡの機能が本部に集中するにつれて強まっている」とも指摘している。

「活性化のキーワード」

次に、「活性化のキーワード」についてみていくことにする。

①　主体形成と参加の実感がもてる組織へ

女性部の活性化に必要なことは、「第一に、女性たちのニーズの実現や現代的課題に対して主体的に対応しえる組織にすること、第二に、女性部のエンパワーメント（力をつけること）に向けて、ニーズや志を共にする人たちの目的意識的なグループの育成、価値観や行動スタイルを共有する世代別の組織化、ゆるやかに結びついた地域別の組織化に取り組むこと、第三に、部員あるいは員外の女性たちが参加している女性部以外のグループとも協力・連携する柔軟な関係づくりが必要であり、それらが刺激しあいつつ相互に交流・ネットワーク化しながら、結果として女性部総体の活力が高まることが望ましい」としている。

その一方で、「女性部の見直しが進められているが、新しい組織ではメンバーを顧客化し、楽しく、おもしろく、に重点を置いている事例が多く、これでは個々人が放射線状にＪＡとつながるので、個人と個人との横の関係が希薄化し、協同の追求が弱まり、部員の運営参加のいっそうの形骸化と組織の停滞をもたらす」と警告している。

② 女性部らしい活動

女性部が取り組むべき課題は、第一に「農業と食料」に関する活動であると主張する。この活動については、「食の安全性」や「環境問題」と表裏一体をなすことから、消費者と生産者が一緒になって取り組むべきだと論じている。

第二に、農業環境の厳しさが増すなかにあって、女性の地位向上や組織活動強化の起爆剤として、農村の女性起業に関与することが女性部の社会的責務を果たすことにつながると論じている。

③ 組織強化の体制づくり

女性部の体制強化に当たっては、第一に、事務局の充実、能力アップが必要であること、第二に、女性部を事務局まかせにするのではなく、JAの全役職員が組織の重要性を認識し女性部に関与することが必要だとしている。

根岸氏は以上のように述べた後、次のように〝いい湯かげん〟という絶妙な表現を使って本文を結んでいる。「一戸一組合員制をとってきたJAでは、組合員は男性、女性は別途婦人部を組織して間接的に意思反映をしてきたわけであるが、こうしたJA組織内での役割分担こそが女性を発言権はないが責任もない〝いい湯かげん〟の女性部に安住させ、主体形成を阻害してきた。さらには、バイパス的意思反映の仕組みのなかで女性の意志とは乖離したJA事業・活動となり、JAや女性部への期待感を弱めてきた。したがって、女性部の活性化にとっても、女性が抱える問題の実践をJAに迫っていくためにもJA運営への参画は不可欠であり、女性の組合員加入や理事の選出は緊急の課題となっている」

3．ＪＡ女性組織をめぐる「三すくみ」の構造

以上で議論の素材はほぼ出揃ったように思う。これらの素材を使ってどのような構図を描くのか、これが次の課題である。

その構図を示せば、**表１－１**のとおりである。

ここでは、ＪＡ女性組織をめぐる「三すくみ」の構造として、「農村女性の問題」「ＪＡ女性組織の問題」「ＪＡの問題」の三つを指摘したい。

これまで多くの論者は、ＪＡ女性組織の問題として「メンバーの減少」「活動の停滞」「役員のなり手がいない」「世代間ギャップが大きい」「財政問題」などを指摘してきた。しかし、これらはすべて現象面の指摘にとどまっており、なぜこのような現象が生まれてくるのかを積極的に論じてこなかった。

ＪＡ女性組織内部の組織討議においても、その主題はこの種の現象面の議論にとどまっていたのではないだろうか。同時に、問題の所在をＪＡ女性組織に限定し、それを超える範囲にまで議論を拡大できなかったことも課題克服の糸口を見出しにくくさせてきたのではないだろうか。じつは、その批判の矛先《ほこさき》を鮮明にしているのが根岸氏の論考なのである。

問題点を短い言葉で表現するためにこの構図をつくった。その結果、農村女性の問題としては「『ジェンダー平等』の声を上げにくい」、ＪＡ女性組織の問題としては「『当事者意識』が不足している」、ＪＡの問題としては「『基礎組織（集落組織）』依存の運営を続けている」という表現に落ち着いた。

表１－１　ＪＡ女性組織をめぐる「三すくみ」の構造

農村女性の問題	「ジェンダー平等」の声を上げにくい
ＪＡ女性組織の問題	「当事者意識」が欠けている
ＪＡの問題	「基礎組織（集落組織）」依存の運営を続けている

「ジェンダー平等」の声を上げにくい

ひとくちに「農村女性の問題」といっても、じつは千差万別である。立地的にいえば、山村、農山村、農村、都市型農村、都市など、環境条件の異なる農村によって構成されている。また、地理的にいえば、南は九州・沖縄から北は北海道まで縦長に分布している。さらにまた、年齢的にいえば、明治・大正生まれの女性もいれば、昭和前期、昭和後期、そして平成生まれの女性もいる。加えて、就業状態についても日常的に働いているか・いないか、農業に従事しているか・いないかなどの違いもある。

さまざまな違いを受けて、農村女性たちの価値観や行動スタイルは一様ではない。〝もの〟や〝こと〟に対する要求（ニーズ）や、どう行動し、どういう状態になりたいかの願い（アスピレーション）も多様化している。そうしたなかで「農村女性の問題」を一元的に論じることは簡単ではない。

それにもかかわらず、ここでは、農村を「おもに農業を生業とする人びとが構成する地域社会」とし、女性を「その地域社会において、代々、〝家〟と〝農地〟を守ってきた農家家族の一員としての女性」と捉えて、「ジェンダー平等の声を上げにくい」と表現した。

ジェンダー平等に関して、つい最近、日本人にとって忘れられない出来事が起こった。

２０２１年２月３日、森喜朗東京オリンピック・パラリンピック組織委員会会長（当時）の「女性がたくさん入っている理事会は時間がかかる」という発言である。これに対して、欧米メディアの報道をきっかけに、国内外から厳しい指摘が相次いだ。同月12日、森氏は不適切な発言だったとして謝罪し会長を辞任したが、ジェンダー平等の理解が広がらない日本社会の遅れた一面を、全世界が糾弾したとみるのが正しいだろう。

これを機に、「ジェンダー平等」が日本人の心のなかに深く刻まれるようになったとすれば一歩前進である。ただし、ジェンダー平等は「人権問題」の一つではあるが、すべてではない。ジェンダー（性別）による差別だけではなく、社会的、人種的、政治的、宗教的な差別はこれを行ってはならない。これは「基本的人権」

のうちの「平等権」を表すものであるが、西欧のキリスト教社会で育まれた倫理規範でもある。

キリスト教社会では、人は（絶対）神の被造物であり、その神を前にして「人はみな平等」という教えが共有されている。そうではないという事実があれば、それは罪である。その罪を背負って、イエス・キリストは十字架にかけられた。もし差別されている人をみかけたら、その人こそイエス・キリストだと思って「救い」の手を差し伸べなければならない。この〝贖罪《しょくざい》意識〟が人権問題に対する西欧人の主張の原点となっている。

ジェンダー平等だけではなく、ブラック・ライブズ・マター（黒人差別に対する抗議行動）についても同じことがいえるが、西欧社会では「声を上げないと認識していない」とみなされる。認識していれば、以心伝心伝わるから、声を上げないという日本人は多いが、そのような思い込みは世界的には通用しないといわなければならない。

一方、日本社会の特徴は、鎌倉新仏教（浄土宗、日蓮宗、禅宗など）が広がった中近世（鎌倉期から徳川期まで）の村落共同体で育まれた「相互扶助（助けあい）」に求められる。中近世の村落共同体では、農地はわが家（いえ）の土地であると同時に、わが村（むら）の土地であるという「総有意識」のもと、〝いえ〟と〝むら〟を守るために「結」「講」「郷倉」「救恤《きゅうじゅつ》」など、さまざまな「暮らしのセーフティネット（生活保障）」を張りめぐらしていた(5)。

この「暮らしのセーフティネット」こそ〝むら〟を単位とする「共同性」を体現するものであった。ただし、そのセーフティネットの範囲は広くはなく、村落共同体のなかで閉じられていた。具体的には、農地と水利用の権利がセットとなった「本百姓」のあいだにかぎられ、また徳川期に入ってからは直系家族制のもとで「戸主主義」が広がっていた。

ここでは、中近世の村落共同体で育まれた共同性を「内に閉じられた共同性」と表現するが、これには外部に対する閉鎖性・排他性と、内部に対する差別・序列化という限界があった。閉鎖性・排他性は、広く社会の役に立つという意味の「外に開かれた公共性」の発達を阻害し、差別・序列化は、女性や傍系家族、水呑などに対する差別意識を生んだ。

村落共同体のもつ閉鎖性・排他性と差別・序列化は、神の前では「人はみな平等」という西欧のキリスト教社会で育まれた人権意識とは相いれないものである。わが国でこの種の人権意識が育たないのは時代が変わり、近代（明治期）に入ってからも続いた。法律面でも、大日本帝國憲法（１８８９〈明治22〉年）では、人権は「臣民ノ権利」として法定された範囲内でしか認められなかった。平等権、自由権、社会権、参政権、請求権からなる「基本的人権」が全面的に認められたのは「日本国憲法」（１９４６年）においてである。

また、直系家族制のもとでの「長子相続制」も明治民法（１８９８〈明治31〉年）によって法定され、中近世から続く戸主主義は維持された。これが男女を問わず相続人の平等を定める「均分相続制」へと転換したのは、戦後の民法改正（１９４７年）においてである。

「制度が変われば精神（意識）も変わる」とはいえないが、「制度が変わらなければ精神（意識）も変わらない」。ジェンダー平等に関する日本の現状を表現すれば、この一文に尽きるのではないだろうか。

憲法で「基本的人権」が保障されてから七十有余年、ジェンダー平等が広く国民に浸透していないのは、森発言が示すとおりである。人の移動が激しい国際都市・東京でもそうであるならば、人の移動が少ない農村においてジェンダー平等が浸透していないとしても、驚くべきことではない。

しかし、農村でまったく浸透していないかというと、そうではない。徐々にではあるが浸透している。とりわけ第二次大戦後、村落共同体（農業集落）の「内に閉じられた共同性」の弱まりとともに浸透しはじめ、電化による家事労働の軽減、女性の社会進出、少産化とそれによる人間の価値の向上など、従来の性別役割分業を流動化させるような事態の生起がそれを後押ししている。

性別役割分業の流動化は、農業者家計を含むけれども、女性の活躍なくしては経済が回らない自営業家計においてはとくにそうである。農業を起点とすれば、食品の製造加工、販売、飲食・宿泊、その他対人サービスなどの面において、経験や技術に裏打ちされた行動力と経済力をもち、自らの意思を豊かに表現できるようになった農村女性たちがいる。

こうしてエンパワーした農村女性たちを、（男性中心の）ＪＡが置き去りにしているとすれば、彼女らとＪＡとのギャップは広がるばかりであろう。昔とは違って、自らを生かすことのできる団体、場所へ容易に接近できるようになった農村女性たちが、自らの要求や願いをかなえてくれないＪＡやＪＡ女性組織に寄りつくことはありえないであろう。

「当事者意識」が不足している

人的組織というのは「小さく産んで大きく育てる」というのが鉄則である。しかし、ＪＡ女性組織のばあいは少し事情が違ったようである。生まれながらにして十分に「大きかった」のである。

第二次世界大戦後、連合国軍総司令部（ＧＨＱ）や行政の指導もあり、婦人解放や女性の意識啓発などを目的に、地域婦人会、農協婦人部、生活改善実行グループなど、数多くの婦人団体が結成されていった。そのなかで、農協婦人部は「農村女性の地位向上」と「農業に従事する女性」の職能組織として、戦後農協の発足とともに設立されていった。地域によっては、戦前の産業組合婦人会の影響を受けて設立されたところも多かったようである。

やがて、滋賀を皮切りに、静岡、福井、長野、愛知の順で県組織が結成されるようになり、その動きは全国に波及していった。次いで全国を統括する機関として、１９５１年に全国農協婦人団体連絡協議会＝「全農婦連」（58年に全国農協婦人組織協議会＝「全農婦協」、95年にＪＡ全国女性組織協議会＝「ＪＡ全国女性協」に名称変更）が結成された。当時、全国各地の農協婦人部は、食生活や台所などの生活改善、家族計画などで大きな成果をあげるとともに、日々の営農、家事、育児などに追われる農家の女性たちにとって、仲間たちが集まる〝いこいの場〟としての役割を果たしていったとされる[6]。

自主製作映画『荷車の歌』の上映をめざして1人10円のカンパ運動を続けたこともあって、58年には全国の農協婦人部の部員数は史上最高の344万人に達した。農林省の統計によれば当時の総農家数は600万戸であったから、その6割の農家の女性たちが加入したことになる。各農家を代表して一人ずつ農協婦人部に加入していった。

自主製作映画『荷車の歌』は59年1月に完成をみるが、その資金カンパのために全国を奔走したのが神野ヒサコ氏（愛媛）である。神野氏は54、55、58～66年度の長きにわたり、「全農婦連」と「全農婦協」の会長を務めているが、1897（明治30）年の生まれである。

また、戦前、産業組合中央会調査部に勤務し、そこでの調査経験に基づいて母親や子どもの「人権」を訴えるとともに、戦後は婦人問題の第一人者となった丸岡秀子氏（長野）も1903（明治36）年の生まれである。個人的にも親交のあった二人であるが、当時の年齢はともに50代後半から60代前半に差しかかっていた。

おそらく、全国各地の農協婦人部および県組織の役員たちも、両氏とほぼ同じ年齢だったのではないか。1900年前後に生まれ、農村女性のリーダーとして活躍するのにふさわしい年齢に達していた。

この世代の女性たちがどんな人生を歩んできたかを知るうえで、NHKの連続テレビ小説『おしん』（83年度放送）が役に立つ。主人公の〝谷村しん〟もまた1901年の生まれなのである。

作品全体は橋田壽賀子氏の創作であるが、舞台が山形、東京、佐賀、三重と回るなかで、同世代の女性たち、とりわけ農村の女性たちが経験した「貧困」「奉公」「弾圧」「大震災」「不況」「凶作」「嫁姑関係」「過酷な労働」「死産」「子育て」「後継者問題」、そして忘れてならないのは「戦争による家族の喪失」であるが、こうしたありとあらゆる〝苦しみ〟が作品のなかに盛り込まれている。と同時に、男性の〝もろさ〟と女性の〝たくましさ〟が盛り込まれていることも忘れてはならない。

こうした共通の体験を背景に、肌感覚としても「人権」を護《まも》るとか「平和」を願う農村女性たちが結集する団体として当時の農協婦人部が機能していたのではないだろうか。だからこそ、『荷車の歌』に共鳴し、全農家の6割にものぼる農家の女性たちがこの団体に結集したのではないだろうか。と同時に、それとは反対に、農協婦人部の第一世代が共有するこうした思いや願いは、世代交代とともに次第に薄れていき、当事者意識の低下と部員数の減少をもたらしたのではないだろうか。

しかし、6割にものぼる農家の女性たちが結集したのは、それだけが理由ではなかった。もう一つの理由として、行政の指導によって設置されたことによる「地域婦人会」との〝二枚看板〟という事情もあった。

地域婦人会は、戦前から続く全戸参加型の女性組織である。戦前、戦争協力機関の役割を果たしたことから終戦直前に解散したが、戦後まもなくGHQや行政の指導のもとで再結成がはかられた。農協婦人部に先んじて設置されたために、地域婦人会を土台に〝二枚看板〟的に農協婦人部が立ち上がったところが多かったようである。

地域婦人会と農協婦人部との関係には三タイプがある。地域婦人会イコール農協婦人部のタイプ、地域婦人会のなかで、農家の女性のグループが農協婦人部を結成するタイプ、まったく別に組織されたタイプ、の三つである。当時の農村の状況に照らして、第一のタイプがいちばん多かったために〝二枚看板〟的な状態は長く続いた。(7)

地域婦人会と農協婦人部が〝二枚看板〟であったために、対立を招くことも多かった。島根大学の中間由紀子氏は、そうした対立が続くなかで、湯口農協婦人部（岩手県花巻市、1953年結成）が湯口地区婦人会との勢力争いを続けながらも、湯口農協の後押しを受けたことで60年に組織としての「純化」を果たした経緯を明らかにしている。(8)

同時に、中間氏は、実際に「純化」を果たした農協（単協）は少数であったことも報告している。その理由として、「純化した場合に、地区内にどのような混乱が生じるかを単協の幹部が熟知していたからである。（中略）組合長は、地区内の人間関係が悪化し、それが結果的に農協の事業に悪影響を及ぼすと考えたのであろう。単協レベルでは、婦人部は、『地域婦人会と混然一体』となった形で活動を行っていくのである」と、花巻市内のある農協婦人部長（当時）の発言を引用しながら述べている。

少し時代は下るが、全農婦協事務局の高城奈々子氏は、地域婦人会がすなわち農協婦人部となっている現状を捉えて、「農村の婦人の多くは、『となりと同じことをしていればよい』『村八分にされたくない』――という長い間の生きるためのこざかしい手だてと、それとうらはらの自主性のなさで、地域婦人会にも、農協婦人部にも、いつの間にか加入していた」と述べたうえで、「67年11月30日現在、全国の農協婦人部の部員数は294万人、その部員数の相当数（おそらく7、8割）は自ら意識しているかどうかはともかくとして、地域婦人会に加入しているであろう」と述べている。(9)

294万人の7、8割はおよそ220万人に相当する。当時、地域婦人会の会員数は600万人であったから、会員の3分1以上が農協婦人部員であったことになる。

地域婦人会は、その設立の経緯から、地域ぐるみ、あるいは網羅的な組織であることに特徴があり、「目覚めた女性以外」の女性たちも数多く会員になっていた。そういう女性たちを「目覚めさせる」ことが地域婦人会の役割だと主張する論者もいたが、実際にはむずかしかった。このことは農協婦人部においてもあてはまり、なんらかの目的を共有する集団というよりは、居住地を同じくする地縁者の集団という性格のほうが勝っていた。当然のことながら、その集団の性格のなかには長い歴史のなかで形成された「家の序列」も含まれていた。

一方、農村の因習を排除し、目的を同じくする者によって自主的に結成された集団として、生活改善実行グループがあげられる。このグループの育成は、ＧＨＱの農民解放指令の一つとして発せられた「農民に対する技術的その他の知識を普及するための計画」を受けて、48年の「農業改良助長法」によって制度化された。
当時、農林省が提唱していた「考える農民」をつくることを目的とし、「合理性」「農家婦人の地位向上」「農村民主化」の三つを掲げて、組織化に取り組んだ。方向感としては、「網羅的」に結合した地域婦人会、農協婦人部とは正反対の組織化だったといってよい。

ただし、こうした運動理念とはうらはらに農村の現場では多様な取り組みが行われていたようである。中間氏らは、農林省の方針に忠実にしたがおうとして、地域に無用の混乱を引き起こした鳥取県では、55年時点で、58の生活改善実行グループのうち、38グループが地域婦人会によって結成され、有志が結成したのはわずかに8グループ、それ以外は4Ｈクラブ（農業青年クラブ）7、農協婦人部2、青年団1、不明2だったと報告している[10]。

一方、農林省の方針はさておき、現場の事情を優先した島根県では、生活改善実行グループ・生活改良普及員と地域婦人会とのあいだに対立は生まれなかった。中間氏らは、島根県の取り組みを評して、「農村の民主化という理念の追求ではなく、生活技術の改善というリアリズムに徹した。何が今の時点で喫緊《きっきん》の課題なのかという観点からの判断であった。彼らは島根の農村の現実に精通していた」と述べている。

理念はたいせつである。無視してはいけない。しかしそれだけでは物事はすすまない。重要なことは、リアリズムに徹するなかで、理念の実現をはかるために、ＰＤＣＡ（計画―実行―評価―改善）サイクルを回し続けることではないか。中間氏らはそのことを鳥取県と島根県との比較のなかで明らかにした。正鵠《せいこく》を射た指摘である。

時代は飛んで、現在に目を転ずれば、２０２０年7月1日現在、ＪＡ全国女性協のメンバー数は49万１０００人である。全盛時の14％にまで減少した。この数字をどうみるかが重要であるが、私自身は、メンバー数を議論するというよりは、組織のありかたを見直す絶好のチャンスではないかと思っている。とくに「当事者意識」を高めるために、いまなにをなすべきかを議論するほうが生産的ではないかと思っている。

　もちろん「当事者意識」を高めるために、ＪＡ運営への参加参画をすすめることは重要である。しかし、この課題は女性組織の問題というよりはＪＡの問題に属する。ＪＡが小手先的に女性の総代・理事などへの登用をはかっても、女性組織の「当事者意識」を高めることにはならないだろう。基礎組織（集落組織）を含めて組合員組織全体のありかたを見直すなかで、青年組織や女性組織、生産者部会、その他事業利用者組織からの参加参画をすすめてはじめて、女性組織メンバーの当事者意識も高まるのではないか。

　女性組織の問題に限定すれば、「当事者意識」を高めるための喫緊の課題は、メンバーの世代交代を踏まえて、活動内容のバージョンアップをはかることにある。ここでバージョンアップとは、自分や家族、あるいは仲間のための「内に閉じられた共同性」を踏まえつつも、より広く社会のために役立つ「外に開かれた公共性」の性格を強めることをいう。

　しばしば「楽しくなければ女性組織の活動ではない」といわれ、ＪＡ女性組織の〝行動原則〟のような扱いを受けている。しかし、これは〝いわずもがな〟の真理ではないか。だれが楽しくもない活動を続けられるであろうか――。続けられるはずがない。

　かつては楽しくない活動を続けていたのかもしれない。しばしば年長者の差配のもと、若妻たち年少者の活動参加が強制されていたのかもしれない。そういう時代には「楽しくなければ女性組織の活動ではない」というメッセージは訴える力をもち、リアリズムをもって受け入れられたであろう。

　しかし、いまは状況が違う。料理であれ、踊りであれ、歌であれ、スポーツであれ、野菜づくりであれ、好きなことを好きなだけやっても、だれも文句はいわない。そういう時代である。しかし、それだけでは街のカルチャーセンターとなんら変わらない。ＪＡ女性組織としての、あるいは協同組合としてのポリシーがみえないのである。

まずは、自分のため、家族のため、あるいは仲間のための活動をする。これは鉄則である。しかし、その成果は、子ども、お年寄り、障がい者など「社会的に不利益を被っている人びと」を念頭に置いて、より広く社会に還元することが重要である。そうすることで、みんなから〝ありがとう〟という感謝の言葉が寄せられる。その言葉によって、メンバー自身が励まされ、さらなる活動意欲が湧くという体系にもっていきたい。そのときメンバーの「当事者意識」は後からついてくるであろう。

「基礎組織（集落組織）」依存の運営を続けている

ＪＡ全国女性協が毎年発行する『ＪＡ女性手帳』には、「ＪＡ女性組織綱領」と「ＪＡ女性組織５原則」が掲げられており、その解説も付されている。われわれのような外部の研究者からみても完成度の高いＪＡ女性組織綱領・５原則なので、女性組織のメンバーはこれを日常的に熟読、唱和、討議し、その理念・思想を自らのものにしていきたい。

『ＪＡ女性手帳』によれば、「ＪＡ女性組織綱領」は女性組織の〝目的〟を表し、「ＪＡ女性組織５原則」は「活動の基本的なルール」と「組織の性格」を表すと説明されている。

また、ＪＡ女性組織５原則の第一原則「自主的に運営する組織です――ＪＡ運動を自らのものと自覚し推進するため、ＪＡ運営への積極的参加を進め、女性の総意にもとづいて自主的に運営します」については、生《せい》硬《こう》な文章ではあるが、次のような解説が付されている。

「『ＪＡ運営への積極的参加を進め』とは、ＪＡそのものへの参加をめざしていくということ。メンバーがそれぞれの立場に合わせて、正・准組合員といったＪＡの構成員になることで、ＪＡ女性組織を名実ともに『組合員組織』として、メンバーの『総意にもとづいて自主的に運営』します」

このＪＡ女性組織綱領・５原則は１９９５年に制定されているが、「女性のＪＡ運営への参加」、あるいはより広い意味で「ＪＡ運営における男女同権」をうたうこの一文にたどりつくまでに、全国農業協同組合中央会の総合審議会（総審）を舞台として、相当の年月、おそらくは20年以上にわたる（紆《う》余《よ》曲折《きょくせつ》のある）組織討議を繰り広げてきた。

この間の経緯について、東北大学の大木れい子氏はおおむね次のように語っている。この議論は「中近世の村落共同体を起源とする〝いえ〟と〝むら〟に基礎をおく『一戸一組合員制』と、近代の〝市民社会〟に基礎をおく『一戸複数組合員制』のいずれが、家族農業を基本とする農業者家計と農業協同組合により適合的かという問題をめぐって交わされている。婦人の正組合員化は、労働と日々の営農を実質的に担っていることの社会的認知を意味するのであり、婦人の真の農民的自立への一里塚として、その意義ははかり知れなく大きい」というものである。(11)

ただし、食料・農業・農村ジャーナリスト、文芸アナリストの大金義昭氏によれば、この議論に決着がついたのは別の事情によるところが大きい。すなわち「『国連女性の一〇年』の最終年にあたる一九八五年に、政府が『女子差別撤廃条約』を批准。『男女雇用機会均等法』を公布するなどの動きが、ＪＡグループ内での一戸複数正組合員化や女性の正組合員加入の機運を後押しした」と解説している。(12)

実際、これを契機として、86年の総審答申（一戸複数正組合員化促進）、88年の第18回全国農協大会（婦人の正組合員加入を決議）、91年の第19回全国農協大会（婦人部等から総代・理事選出促進を決議）、94年の「ＪＡと女性組織のあり方検討委員会」の設置、そして95年の「ＪＡ女性組織綱領・5原則」の制定などの動きとなって現れている。

また、大金氏は、ＪＡ女性組織綱領・5原則制定後の「一九九九年に『男女共同参画基本法』や『食料・農業・農村基本法』などがスタートし、男女平等推進の動きがＪＡグループにも波及し、共同参画数値目標が掲げられるに至った」と述べている。

ここでちょっと寄り道をして、現在の共同参画数値目標をみると、２０１９年３月開催の第28回ＪＡ全国大会決議において従来の数値目標が引き上げられ、正組合員30％以上（従来は25％）、総代15％以上（同10％）、理事等15％以上（同２人以上）となった。

この数値目標に対して、20年４月１日現在、正組合員30％以上達成ＪＡは５８４ＪＡのうち77ＪＡ（13・２％）、総代15％以上達成ＪＡは総代会制度を導入している４７０ＪＡのうち78ＪＡ（16・６％）、女性役員15％以上達成ＪＡは５８４ＪＡのうち76ＪＡ（13・０％）となっている。[13]

また、この３つの数値目標をすべて達成した「三冠ＪＡ」は８ＪＡで、ＪＡ松本ハイランド（長野）、ＪＡ蒲郡市（愛知）、ＪＡ大阪東部、ＪＡ兵庫六甲、ＪＡわかやま、ＪＡ紀の里（和歌山）、ＪＡ紀南（同）、ＪＡ佐伯中央（広島）と報じられている。[14]

話を１９９５年のＪＡ女性組織綱領・５原則に戻すと、この綱領・５原則はＪＡ女性組織が正・准組合員の女性たちを構成員とする「組合員組織」であることを宣言したという点で画期的なものであった。というのは、それまでは「協力組織」という位置づけしか与えられていなかったからである。

では「協力組織」とはなにか。その意味は多様である。[15] ただし、一つはっきりしていることがある。それは、構成員たる女性は「正・准組合員」である必要はなく、正組合員と世帯を同一にする「みなし組合員」として加入できる組織だった、あるいはそれと同じ意味をもつが、「一戸一組合員制」のもとで基礎組織（集落組織）とは協力関係にある組織だったということである。いうならば集落組織あっての婦人組織という位置づけがなされていた。

しかし、残念ながら、それは正しい理解とはいえない。事実はもっと生々しいものであった。歴史的にいうと、「協力組織」とは「事業協力組織」のことを指していた。いわば「ＪＡ事業に協力する組織」という主客転倒の用語だったのである。

こうした理解が広がったのは「全農婦連」結成当時の農協経営の不振が影響しているが、同時に、「農協青年部性格５原則」（鬼怒川５原則、53年５月決定）を参考にして作成された「農協婦人部の性格」（農協婦人部５原則、55年９月決定）の第三原則「自主的な組織であります」において、婦人部の位置づけに関連して「農協は事業協力組織として、又組合員教育の場として積極的に経費を支出して、協力することが望ましく（後略）」と記述されたことも影響している。[16] いわば事業優先の組織化だったわけである。

いずれにせよ、こうした事業優先的な組織化が95年のＪＡ女性組織綱領・５原則によって改められ、名実ともに「組合員組織」としてスタートした。ここで「組合員組織」とは、正・准の女性組合員が加入する組織であることを忘れないでほしい。

では、それから四半世紀以上が経過した現在、その実態はどうなっているのであろうか。

表１－２がそれを表している。

２０１９年４月１日現在の女性組織メンバー数は52万９０００人であるが、その内訳は、正組合員13万２０００人、准組合員11万５０００人に対して、組合員ではない者20万９０００人となっている。驚くべきことに、メンバーの半数近くが員外のままなのである。これでは自らが命と頼む「ＪＡ女性組織綱領・５原則」無視のレッテルを貼られてもやむ

表１－２　ＪＡ女性組織の構成（2019年度）

		数値合計	０回答	１以上回答
女性組織メンバー（加入者）数		528,589	0（0.0%）	582（99.5%）
内訳	うち正組合員の人数	132,119	18（3.1%）	524（89.6%）
	うち准組合員の人数	114,645	79（13.5%）	460（78.6%）
	うち組合員ではない者の人数	209,350	80（13.7%）	459（78.5%）
	不明	72,475		

資料：ＪＡ全中『全ＪＡ調査（平成31年４月１日現在）』令和元年11月。
注：回答のあった609ＪＡのうち、ＪＡ女性組織のある585ＪＡについて集計したもの。

をえないであろう。

さらに深刻なことは、正・准の区別はもとより、員外にも区分されない「不明」が7万2000人もいることである。これは、メンバーの組合員加入の有無を把握していない、あるいは把握しているが報告しないＪＡ（表では「0回答」）が相当数にのぼっていることを表している。

このことは「協同組合にふさわしい制度はできたが、その制度を完全に無視している」ＪＡが少なからず存在することを物語っている。厳しくいうと「女性組織軽視」を表す結果でもある。「三冠達成」のＪＡがある一方で、「女性組織軽視」のＪＡがある。これがＪＡグループの実態だとすれば、事態の改善はこれを急がなければならない。

ひるがえって考えて、男女のいかんを問わず、（総合）ＪＡは地域の人びとにとって選択可能性のある協同組合になっているであろうか――。なっていない。もともとＪＡは地域に一つしかないから、選択可能性はないのである。

地域の人びとにこの「非選択性」のハンディをハンディと感じさせないためには、各ＪＡは、自らが行う活動と事業において、可能なかぎり「全国均一サービス」を提供していく責務がある。この責務を果たそうとしないＪＡの態度は許されるものではない。協同組合が有する「自治（自らのことは自らが決める）」の原則は、その責務を果したうえで主張されるべきものである。

ＪＡが有するもう一つの特徴は、数多くの組合員組織が連なる「多峰型」（八ヶ岳型）を形成していることである。その主峰は基礎組織（集落組織）であるが、それに連なるように、青年組織や女性組織、生産者部会、その他事業利用者組織などの峰々が並んでいる。

「多峰型」の協同組合であるにもかかわらず、これまでの意思反映・運営参画のルートは基礎組織（集落組織）にかぎられていた。現状、その門戸は開かれつつあるものの、わずかに開いた程度である。世帯主以外の組合員のニーズや願いは、世帯主をとおして上がってくることが予定されている。戦前まで続いた戸主主義のもとで、ヒト、モノ、カネ、情報のいずれもが一元化されている（はず）と解釈されているようである。

いまや、この解釈は改められなければならない。個人の自由、平等、参加に基礎を置く協同組合ならば、組合員経済（家計）の実態がどうであれ、意思反映・運営参画のルートは多元化していかなければならない。

基礎組織（集落組織）自体も、経済社会の急速な変化とともに、その単位性なり共同性は弱まっている現状にあり、立て直しが迫られている。こうした現状に照らせば、集落組織をＪＡの基礎組織としながらも、それは形だけのことであって、実際にはなにも手を下してこなかったこれまでのＪＡの態度は反省されなければならない。ここはＪＡ理念（ＪＡ綱領）に立ち返って、基礎組織（集落組織）が農地の利用・保全を高度に発揮できるように、組織と活動の立て直しのための支援を行っていくことが必要である。

その支援を惜しんではならない。しかし、それとは別次元の問題として、いつまでも基礎組織（集落組織）依存の運営を続けていくわけにはいかない。青年・女性組織など、それ以外の組合員組織との比較において、基礎組織（集落組織）を相対化していく努力が必要である。(17)

4. 本書全体の「見取り図」

「三すくみ」の突破口をどこに求めるか

従来、ＪＡ女性組織の停滞については「メンバーの減少」「活動の停滞」「役員のなり手がいない」「世代間ギャップが大きい」「財政問題」などを中心に議論されてきた。しかし、これらはいずれも現象面の把握にとどまっており、その原因にまでさかのぼって議論が深められたことは少なかった。

本章では、こうした従来の議論に挑むことを目指して、停滞の原因を「農村女性の問題」「ＪＡ女性組織の問題」「ＪＡの問題」の三つに区分して、それぞれの構造要因を明らかにしてきた。

その構造要因とは、いずれも象徴的な表現ではあるが、①農村女性の問題としては「『ジェンダー平等』の声を上げにくい」②ＪＡ女性組織の問題としては「『当事者意識』が欠けている」③ＪＡの問題としては「『基礎組織（集落組織）』依存の運営を続けている」から成り立っている。

これらの構造要因は〝歴史的個体〟としてのＪＡに固着した歴史的な産物であり、そのために完全な除去、あるいは別のなにかに置き換えることは簡単ではない。その起源なり源流は中近世村落共同体の「内に閉じられた共同性」に求められるが、そこで育まれた人間社会のありようは、変化があったとしても決して速いものではないからである。

ただし、戦後の日本国憲法で「基本的人権」が定められ、また「個人の尊厳」に基礎を置く普遍的な「協同組合原則」が共有されている現在、強い意思をもってすれば変化のスピードを上げることは不可能ではない。というよりも、スピードを上げていかなければ、人権意識の高まりのなかで、ＪＡは埋没する危険すらありうるのではないか。

では「三すくみ」の突破口はこれをどこに求めるべきであろうか――。いうまでもなくＪＡ自身が変わることである。

ＪＡが変わらなければ女性組織も変わりようがない。変わりようがなければ、女性組織の停滞はいっそう深刻化する。そうだとすれば、ここは組織の躍動を目指して、農村女性による「ジェンダー平等」の声を積極的に取り上げ、女性組織の「当事者意識」が高まるように支援し、「基礎組織（集落組織）」依存の運営を改めることが必要になってくる。

ここで、女性組織の「当事者意識」を高める方策には、①組織活動の主軸に「学習活動」を据えることで、完成度の高い「ＪＡ女性組織綱領・５原則」に対するメンバーの理解を深めること、②メンバーが「楽しい活動」に力を注ぐのは当然であるが、それだけで終わらせるのではなく、その成果を広く社会に還元すること（例えば「合唱」グループであれば、「歌の集い」を高齢者や子どもらを対象に開催すること）、③メンバー自身の「生き方の幅」を広げるために、ライフイベントごとに変化する女性の〝困りごと〟に対処できるような活動プログラムを用意し、その参加拡大をはかること、の三つが考えられる。

　これらは、本章の第1節で紹介した堀田氏の論考を参考に提案しているが、これを体系図として示したものが**図1－1**である。これは、JA女性組織にとっては自らの存在意義をかけた「基礎的な活動」として位置づけられるべきものである。ここで〝基礎的な〟とは「エッセンシャルな」あるいは「なくてはならない」ということを意味するが、それだけではなく「ルーティン化する（日常的に実践する）」ことも意味していることに注意してほしい。

本書の構成

　以下の各章は、本章の「問題の所在」、すなわち「三すくみ」の構造の指摘を踏まえたうえで、JA女性組織が「停滞から躍動への転換」をはかる場合の諸問題を論じている。その意味で、本書は「未来志向的」な研究として位置づけられる。

　ただし、本書では〝躍動〟というものを「メンバー数の拡大」

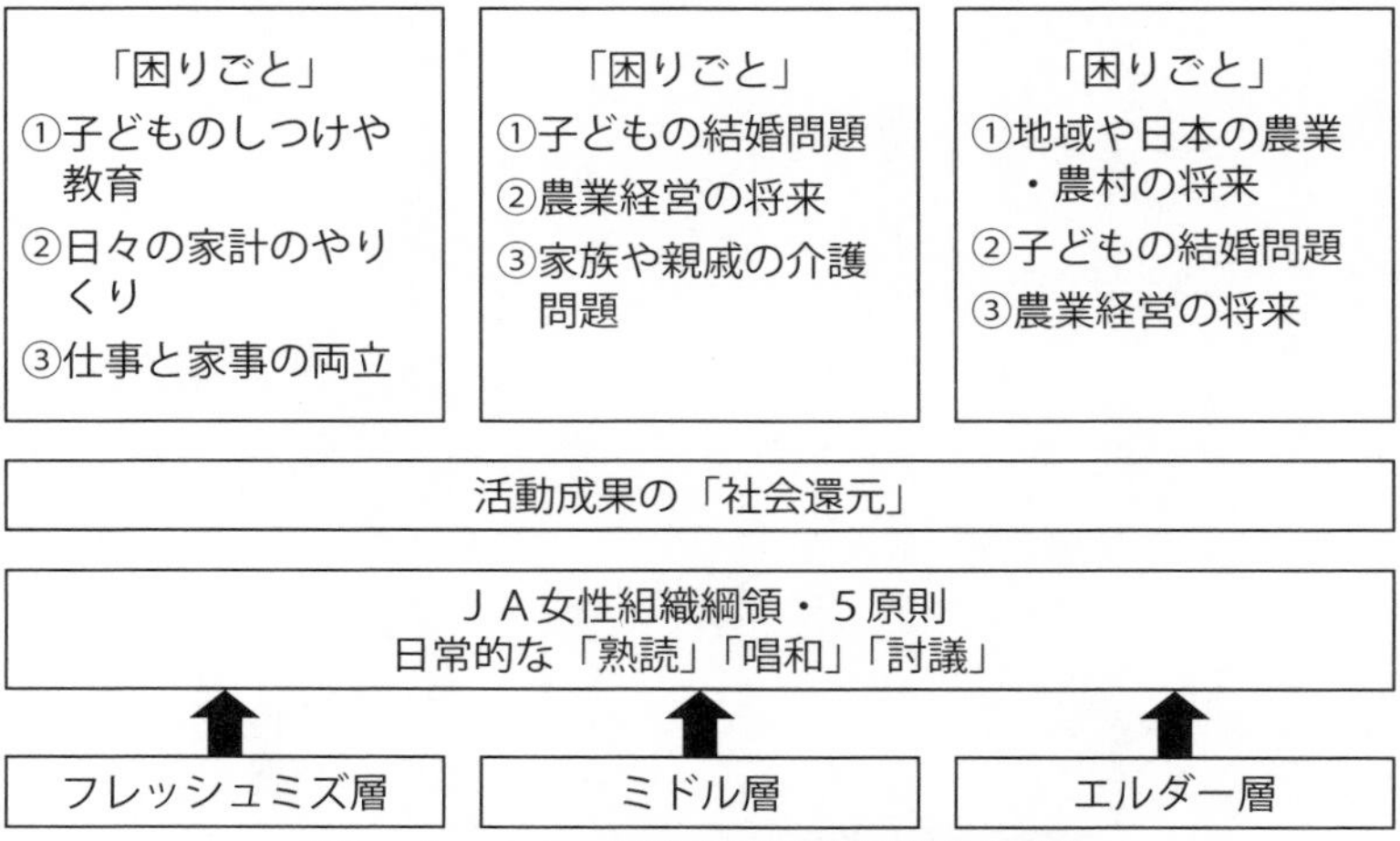

図1－1　JA女性組織における基礎的な活動

にはおいていない。組合員組織としての「質の充実」においている。この認識は本書全体で貫かれている。

第2章は「歴史の俯瞰《ふかん》」をはかるため、JA女性組織の歩みを論じている。とくにJA女性組織綱領・5原則やJAにおける位置づけの変遷などからJA女性組織の性格変化について考察するとともに、若い世代の組織化や目的別組織の設置などを通じての組織強化について着目し、議論を深めている。最後には、女性組織を含む、組合員組織全体の再設計を提案している。

第3章は「教育文化活動」に焦点を当て、JA女性組織とJA教育文化活動の役割と重要性、ならびに相互の関連性や連携強化について論じている。その背景には、事業・経営・組織・活動が好調なJAは、ほとんど例外なくJA女性組織とJA教育文化活動の役割を高く評価し、その活動促進に取り組んでいるという実態がある。

第4章は「メンバーの実像」に迫るために、3JAの女性組織メンバーに対するアンケート調査（個票）の分析をとおして、メンバーの能動性を高める要因とはなにかを明らかにしている。想定される要因は、家の概況や就労状況などのメンバーの属性、女性組織への参加状況と参加意識であるが、同時にJAのサポート体制も重要な要因となっていることを指摘している。

以上の論考に続いて、第5章と第6章は、女性組織における〝躍動〟をJA側から検討するものであり、第7章と第8章は、その〝躍動〟を女性組織側から検討するものである。

第5章は「組織構造論」に該当し、女性組織の組織構造の見直しのありかたを、JA松本ハイランド（長野）、JA東びわこ（滋賀）を事例に検討している。両JAともに「目的別組織」の育成を目指しているが、「地縁的つながり」を考慮に入れることによって組織構造に変化が生じることを明らかにしている。

第6章は「事務局・職員論」であり、女性組織をサポートする事務局に期待される機能とはなにかを論じている。そのうえで、活動の魅力を高めるための働きかけと、メンバーの自主性を引き出すための働きかけについて、ＪＡ松本ハイランドを事例に検討している。

第７章は「リーダーシップ論」である。実際に女性組織のリーダーを務め、組織活動を牽引してきた３人の女性にアンケートとヒアリングを実施し、彼女たちに共通するリーダーシップ行動の特徴を、三隅二不二の「ＰＭ理論」を使って分析している。

第８章は「活動論」であり、高知県で最大規模の「子ども食堂」を運営する女性組織を対象として、個人の楽しみから出発して次第に社会志向性を帯びてくるプロセスを、参加メンバーへのヒアリングによって明らかにしている。とくに「個人レベルの学習とモチベーション」にかかるリーダーとフォロワー間の相互作用の重要性を強調している。

第９章は「総括と提言」を行うためのものである。そこでは協同組合原則、ＪＡ綱領、ＪＡ女性組織綱領・５原則の根本（目指すもの）が同じであることを確認したうえで、これらの原理・原則にしたがう「ＪＡ女性組織の未来に向けたグランドデザイン」を描いている。そのグランドデザインの根幹をなすものは、「地域社会の保全」というフィデュシアリー（神からの信託を受けた者）としての責務を、協同という方法を使って誠実に果たしていくことである。

（石田正昭）

【注】

(1) 堀田亜里子「ＪＡ全国女性協『ＪＡ女性組織意向調査』結果概要」『ＪＣ総研レポート』ＶＯＬ.37、２０１６年春。

(2) ＳＤＧｓの17目標のうちの12番目に「つくる責任、つかう責任」が掲げられている。日本協同組合連携機構『1時間でよくわかるＳＤＧｓと協同組合』家の光協会、２０１９年3月。

(3) 地区運営協議会のアンケート調査では、〝私にできること〟の他に〝私の困りごと〟も回答してもらっている。彼女らにどのような〝困りごと〟があるのかについては、石田正昭『ＪＡ自己改革から切り拓く新たな協同「上からの統治」に挑む「下からの自治」』第19講、家の光協会、２０１８年10月を参照されたい。

(4) 根岸久子「女性部活性化に向けて―主体性の形成をめざして―」坂野百合勝編著『ＪＡ女性部活動のすすめ』日本経済評論社、１９

96年8月。
(5) 石田正昭「今後の総合JAにおける共済事業の方向性」JA共済総合研究所『共済総合研究』Vol.81、2020年9月。
(6) 全国農協婦人組織協議会『全農婦協二十年史―農村婦人と農協婦人部の歩み』第1章、1972年5月。
(7) 野口洋子「JA女性組織活動45年の歩み―農村女性の地位向上をめざして―」坂野百合勝編著『JA女性部活動のすすめ』日本経済評論社、1996年8月。
(8) 中間由紀子「農協婦人部の活動と女性の地位向上に関する研究―岩手県を事例に―」日本農業研究所研究報告『農業研究』第25号、2012年12月。
(9) 高城奈々子「農協婦人部はだれのための組織か―活動の経過・現状・方向―」全国農業協同組合中央会『農業協同組合』1968年5月号。
(10) 中間由紀子・内田和義・伊藤康宏「生活改善グループと婦人会―鳥取県を事例に―」『農村生活研究』第52巻第1号、2008年12月。
(11) 大木れい子「婦人の農協運営参加問題に関する考察」『協同組合研究』第7巻第1号、1987年10月。
(12) 大金義昭『ボトムアップが逞しいJAをつくる‼ 人が人として成長しない組織は成長しない』第3章、全国協同出版、2007年8月。
(13) JA全国女性組織協議会のホームページ内の「男女共同参画」のページを参照のこと。
(14) 『農業協同組合新聞』2021年1月25日号。
(15) 坂野百合勝「組織の自己診断チェックポイント―組織活性化への総点検―」坂野百合勝編著『JA女性部活動のすすめ』日本経済評論社、1996年8月。
(16) 全国農協婦人組織協議会『全農婦協二十年史 農村婦人と農協婦人部の歩み』第2章、1972年5月。
(17) 相対化の方法としてはフランスのSCIC（社会的共通益協同組合）の二段階議決方式の事例がある。この方法は、JAのような組合員組織が「多峰型」の協同組合に適合的である。詳しくは、石田正昭『JA自己改革から切り拓く新たな協同「上からの統治」に挑む「下からの自治」』第13講、家の光協会、2018年10月を参照のこと。

第2章 ＪＡ女性組織の展開過程
―組織の性格変化と強化の系譜―

【要旨】

ＪＡ女性組織は、戦後農業・農村・ＪＡを支えてきた歴史的存在である。本章はその歴史をとくに組織の性格変化と組織強化の取り組みに着目し、四期に区分してたどるものである。各期の特徴は以下のとおりである。

第一期（戦後～１９６０年代中頃）は、自らの誕生の母体となった地域婦人会との軋轢《あつれき》のなか、綱領・原則を定めて同会からの純化をすすめた組織の「確立期」。第二期（60年代中頃～80年頃）は、自主組織としての性格が弱まるなか、班の設置や若妻の加入促進などをすすめた組織の「拡充強化期」。第三期（80年頃～90年代中頃）は、婦人の地位向上を目指す世界的潮流のなか、目的賛同者によるＪＡ組合員組織へと性格を大きく変えた組織の「再構築期」。第四期（90年代中頃～現在）は、急速に世代交代がすすむなか、組織の活性化を目指して目的別組織の導入やＪＡとの一体的行動をすすめた新たな組織のありかたの「模索期」である。

以上の歴史を踏まえ、最後に未来に向けた課題として、外に向かって訴求する組織への転換と、ＪＡ組合員組織としての再設計について提起した。

はじめに

ＪＡ女性組織は、戦後農協が再出発するのと同時に全国各地に設立され、以来70年を超える歴史をもつ。この間一貫して農業・くらし・地域に根ざした協同活動を展開し、ＪＡの事業・経営を支え、女性の地位向上を目指してきた。まさに歴史的存在といえるだろう。しかしその歩みは決して順風満帆だったわけではない。早い段階から組織の退潮傾向に直面し、組織の維持・発展のために膨大なエネルギーを注ぎ続けて現在に至っている。

図２－１は組織の設立状況を示したものである。１９６０年頃まで新たな組織の誕生が続いて全国大半の農協で女性組織がみられるようになり、その後は農協合併に合わせて女性組織も組織数を減らしているが、全国のＪＡに網羅的に設置されている状況に変わりはない。

一方、**図２－２**はメンバー数の推移を示したものである。60年頃に増加から減少に転じ、とくに80年代後半から２０００年代初頭にかけて大きくメンバーを減らしている。その後は減少傾向が緩やかになっているものの、組織の縮小に歯止めがかかる気配はない。ピーク時の１９５８年に３４４万人

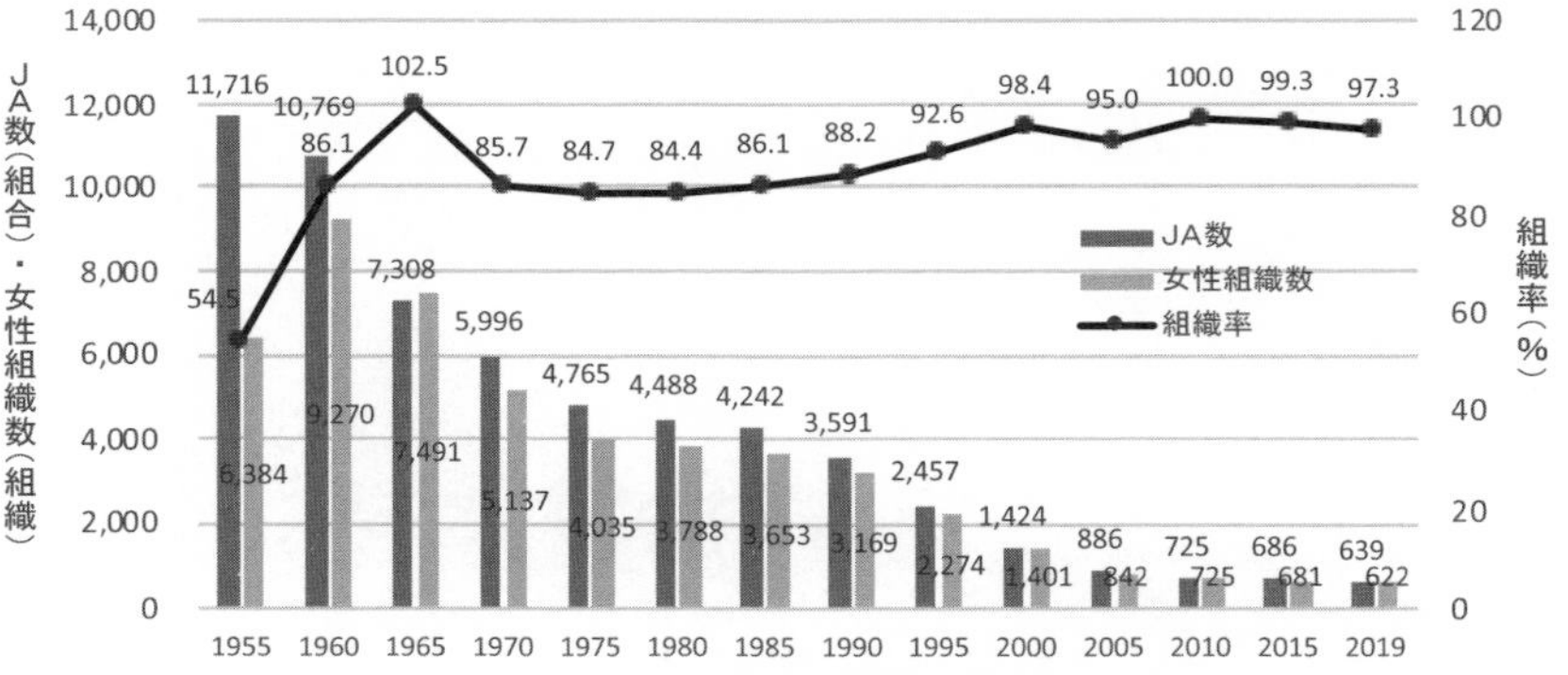

図２－１　ＪＡ女性組織の設立状況

資料：ＪＡ数は農林水産省「総合農協統計表」、各年次、女性組織数は1980年までは全国農協婦人組織協議会『全農婦協三十年史』、1982年、30頁、1981年以降は『ＪＡ女性手帳』、各年次。
注１：組織率は、女性組織数/ＪＡ数。
注２：図の2019年度のＪＡ数は2018年度の数値を用いている。

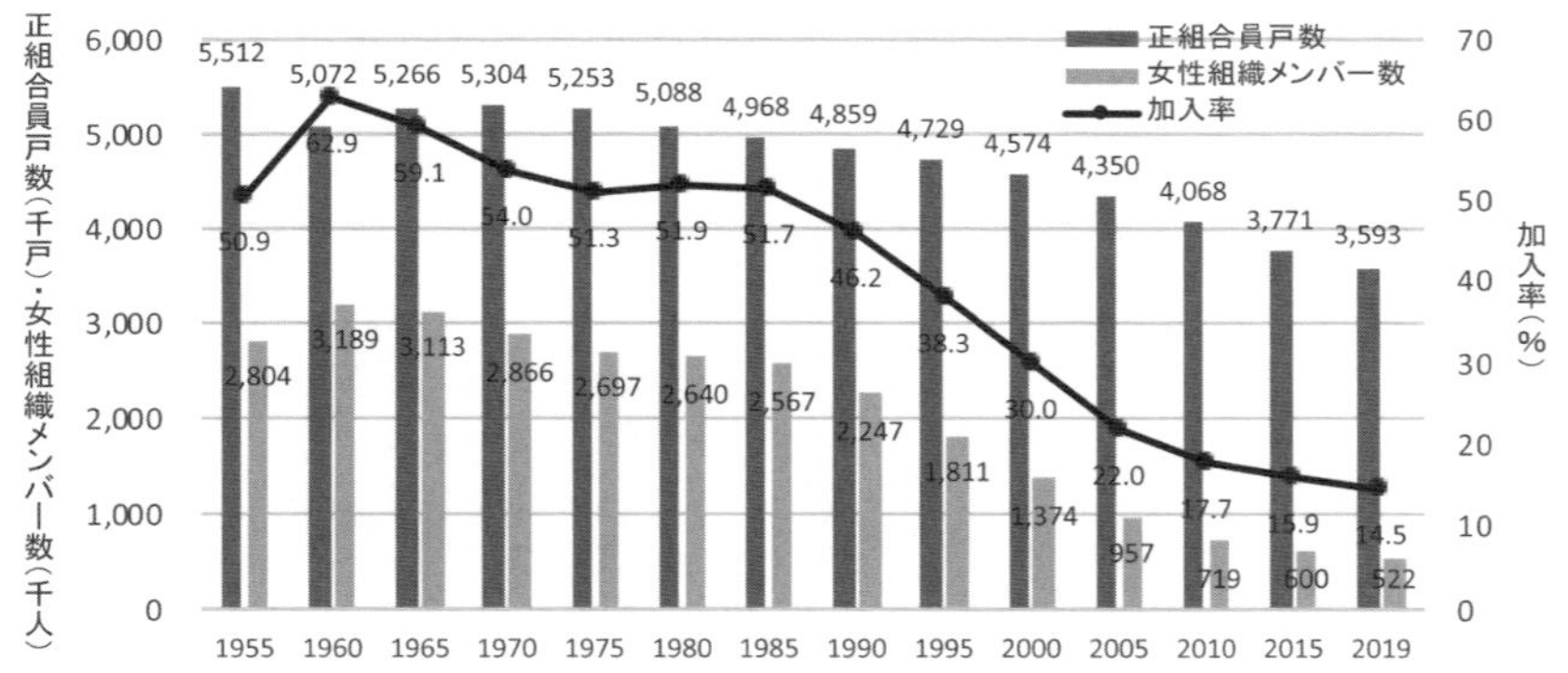

図２－２　ＪＡ女性組織メンバー数の推移

資料：正組合員戸数は農林水産省「総合農協統計表」、各年次、女性組織メンバー数は1980年までは全国農協婦人組織協議会『全農婦協三十年史』、1982年、30頁、1981年以降は『ＪＡ女性手帳』、各年次。
注１：加入率は、女性組織メンバー数/正組合員戸数。
注２：図の2019年度の正組合員戸数は2018年度の数値を用いている。

を数えたメンバーは、現在50万人程度となっている。

このような状況を女性組織はただ座視していたわけではない。時代の変化に合わせて自らのあるべき姿を再定義し、それにのっとって組織の強化に努めてきた。本章はこうした女性組織の歴史をたどるものである。とくに、組織の根幹を規定する綱領・原則やＪＡにおける位置づけの変遷などから組織の性格変化について考察するとともに、若い世代の組織化や目的別組織の設置など今日に通じる組織強化の取り組みについても考察の主眼を置くこととする。以下では女性組織の歴史を四つの時期に区分する。

第一期は、戦後から60年代中頃までである。この時期、女性組織は全国大半の農協に設立されるとともに、自らのあるべき姿を綱領や5原則として定めている。組織の確立期といえるだろう。

第二期は、60年代中頃から80年頃までである。高度経済成長を経て組織の退潮傾向が顕在化するなか、三次にわたる三ヵ年計画を通じてメンバーの拡充に努め、班の設置や若妻の組織化などに力を注いでいる。組織の拡充強化期といえるだろう。

第三期は、80年頃から90年代中頃までである。婦人の地位向上を目指す世界的な潮流のなか、組合加入の道が開かれ農協の組合員組織としての位置づけが強化されるとともに、綱領と5原則を見直して地域に開かれた目的賛同者の組織へと性格を大きく変えている。組織の再構築期といえるだろう。

第四期は、90年代中頃から現在までである。戦後の早い段階から農業・農村を支えてきた昭和一桁生まれ世代が世代交代期を迎え、メンバーが大きく減少するなか、目的別組織の導入やJAとの一体的行動を強めることなどを通じて組織の活性化を目指している。新たな組織のありかたの模索期といえるだろう。

本章では、以上の四つの時期別に女性組織の歴史をたどり、[1] 最後に女性組織の未来に向けた課題を提起する。

1. 農協婦人部の誕生と組織の確立

(1) 誕生の背景と経過

1945年10月、GHQによる五大改革が実施された。その一つが婦人の解放であり、GHQは婦人の啓発をはかるために地域婦人会の設置をすすめた。同会立ち上げ時の様子について、ある農協婦人部メンバーは「マッカーサーがいままでの大日本婦人会をすっかり断ち切って、そしてむこうの指導で、区長さんや校長さんの奥さんとか(略)を役場へ集めて、(略)農村の婦人は、いわれるままにやったんです」[2]と述懐《じゅっかい》している。地域婦人会は下からの自発的な意思に基づく組織というよりは、上からの指導に基づく組織としての性格が強く、戦前からの同調圧力が集落などに色濃く残るなかで、こうした共同体に組織の器を被せる形で組織化がはかられたものと推察される。

こうしてスタートを切った地域婦人会の初期の活動は、民主主義や憲法などをテーマとする研修会や団体運営についての研究会などの教養的活動と、村の美化を呼びかける社会奉仕活動などであり、その後生活改善運動や生活物資の共同購入運動などへと活動領域が拡大していった。

一方、47年11月、農業協同組合法が制定され農協は再出発を果たした。すぐに全国各地に農協が設立され、それとほぼ同時に農協婦人部も相次いで誕生した。同部立ち上げの契機について、あるメンバーは「婦人部という組織が静岡県にも長野県にもできたということで、ほんものの婦人部づくりを農協がいっしょうけんめいに呼びかけた」(3)と述べ、別のメンバーは「農協から購買事業をやってくれないかという呼びかけが婦人会の方にあって、ではやりましょうという形でかんたんに引き受けたのが始まり」(4)と述べている。

農協婦人部設立の背景をなしたのは、第一に、農地改革や農協の誕生によって民主的な新しい農村づくりの雰囲気が広がっていたこと、第二に、婦人運動の活発化のなかで婦人の地位向上意欲が農村部にも波及していたこと、第三に、ドッジ・ラインの影響などから農協が設立後すぐに経営不振に陥り、婦人の結集を必要としたことなどである。(5)そして実際の組織化は、前記の述懐に示されるように農協からの呼びかけによって、とくに農協が地域婦人会に働きかけることを通じてすすめられたと考えられる。

68～69年にかけて行われた調査の結果によると、農協婦人部メンバーのうち、地域婦人会にも加入している人は76・4%とかなり高い割合になっている。(6)また調査年次が前後するが、60年に行われた調査の結果によると、農協婦人部のなかで非農家をメンバーに含む組織は30・0%となっている。(7)これらを踏まえると、農協婦人部は地域婦人会メンバーのなか

表２－１　ＪＡ女性組織の県段階組織の設立状況

都道府県名	設立年月日	都道府県名	設立年月日	都道府県名	設立年月日
滋賀	1949.10.24	岡山	1952.12.16	青森	1954.5.15
静岡	1949.11.2	島根	1953.1.22	富山	1954.7.3
福井	1949.11.19	愛媛	1953.2.10	神奈川	1954.8.31
長野	1950.4.21	福岡	1953.2.20	三重	1954.10.21
愛知	1950.10.18	群馬	1953.3.16	山梨	1955.5.8
栃木	1951.5.23	大分	1953.3.18	鹿児島	1955.7.20
香川	1951.9.9	茨城	1953.3.29	長崎	1956.9.22
千葉	1951.9.21	北海道	1953.4.12	宮崎	1956.9.29
高知	1951.10.17	山口	1953.7.20	東京	1957.7.25
大阪	1952.1.27	兵庫	1953.9.22	広島	1957.8.25
秋田	1952.7.22	山形	1953.11.27	佐賀	1958.3.15
京都	1952.10.3	岩手	1953.12.17	和歌山	1958.9.17
石川	1952.11.16	新潟	1954.1.27	岐阜	1961.2.27
宮城	1952.11.18	鳥取	1954.3.16	沖縄	1961.5.12
徳島	1952.12.1	熊本	1954.3.26	奈良	1966.4.25
福島	1952.12.15	埼玉	1954.4.1		

資料：全国農協婦人組織協議会『全農婦協二十年史』、1972年、435-454頁。

の農家婦人をそのままメンバーとする形で設立された場合が多いと推察される。

他方、この時期に都道府県段階や全国段階の組織化もすすめられた。系統農協では49年に全指連が「農協活動指針」を定め、農協の普及発達のために農村婦人に対する啓発教育の必要性を提唱し、農協婦人部設置に向けた宣伝活動を始めた。また、滋賀・静岡・福井・長野・愛知などでは農村婦人連盟などの名称でいち早く県段階の組織が設立された。

こうしたなかで、全指連は51年4月に農協婦人懇談会を開催した。そこには19県87名が参加し、このなかで全国組織の設立を求める動議が出され、全国農協婦人団体連絡協議会（以下、全農婦連と略す）が設立されることとなった。

全農婦連は事業の一つとして地区別協議会を開催した。その第1回は、52年2月に北海道・東北、関東甲信越、東海北陸、近畿、九州の5地区で開催され、婦人組織の普及強化や生活改善などをテーマとする協議が行われた。こうした全農婦連の活動が契機となり、**表2－1**に示されるとおり、その後相次いで県段階の組織が設立された。

（2）農協婦人部5原則の制定

前述したとおり、農協婦人部設立の背景には、農協が設立後すぐに経営不振に陥り女性の結集を必要としたことがあった。実際に農協婦人部が結成初期に行ったのは出資増加運動や貯蓄運動だった。これらは農協の経営改善だけを目的とするのではなく、家計簿記帳を通じた冗費節約、結婚・葬式の簡素化など農家の生活の合理化に結びつけてすすめられた。

1953年度からは、生活購買事業の再建を目的としてクミアイマーク全戸愛用運動を展開した。はじめは地下たび・石けん・砂糖・マッチなどを対象とし、次第に毛糸・綿・調味料・家庭医薬品などへと拡大していった。農協婦人部は予約や注文の取りまとめ、配送、代金決済などを実施し、取扱高に応じて支払われる手数料は婦人部の活動資金となった。

しかしこの運動を展開するなかで地域婦人会との軋轢が表面化した。そもそも設立時から、地域婦人会と同じような組織をつくることについて反発があり、同会には商店を営む婦人もいるなかで、農協婦人部は農協の御用団体であるとの批判が高まった。

当時の状況について、ある農協婦人部メンバーは「婦人会は自主的な組織だということが、（略）しきりにいわれましたね。そして農協婦人部は自主的じゃなくて、農協がつくったんだということが、しょっちゅういわれるんですね。それに対して農協婦人部は、いまの婦人会はアメリカの指令によってできたんだということをあげ、それを反発の材料にしたものですよ」(8)と述べている。地域婦人会はＧＨＱ、農協婦人部は農協がその設立に深く関わっており、どちらも上からつくられた組織としての性格をもつが、そのなかにあっても自主組織であることを強く意識しているメンバーが、やはりどちらの組織にも存在していたことを示唆《しさ》する述懐といえるだろう。

こうした状況を打開するために、54年に全農婦連は「地域婦人会即農協婦人部の問題について」と題する文書を出し、「両者は性格上全然別個なものであるが、その途上において割り切れないものがあるのは致し方ない。しかしゆくゆくは別個のものであるべき」として、地域婦人会からの純化の方針を明確にするとともに、「婦人部は農協の御用団体ではなく、農協を批判し、自分たちのものとして、活動の基礎にする積極的な考えをもち、経過的に段階を追って純すいなものにすべきである」として、自主組織としての強化の方針についても打ち出している。(9)

一方、農協婦人部と同時期に設立がすすんだ農協青年部は、53年に自らの組織のありかたを定めた鬼怒川5原則（農協運動を推進する組織である、農村青年の組織である、自主的な組織である、同志的組織である、政

表２－２　1955年に決定された農協婦人部の５原則

農協婦人部の5原則（1955年9月決定）
1. 農協運動を推進、実践する組織であります。 農協婦人部は農協を中心として、農協事業を推進し、その事業活動の強化と、その事業活用によって農業経営の改善と農村生活の向上をはかり、農村婦人の地位の向上をすすめる組織であります。従って組合へ積極的に加入することが望ましいのですが、日本農業の実情からみて組合員の家族としての婦人も包含することが望ましいでしょう。 2. 農村婦人の組織であります。 耕作農民としての婦人をもって組織する職能組織であります。 農村の実情から見て、準会員たる非農家の婦人の参加も歓迎すべきですが、農協活用の組織であることを考えて、農協を利用しない、あるいは利用できない婦人の参加は無意味でありましょうし、農民でない婦人の数が多すぎたり、役員の多くがこのような人で占められると、目的も性格も変わった組織となるでありましょう。 3. 自主的な組織であります。 農協の事業を推進する組織でありますが、単なる農協のご用団体ではありません。あくまでも会費制度を原則とする自主組織であり、自主的に運営されなければなりません。農協は事業協力組織として、また組合員教育の場として積極的に経費を支出して、協力することが望ましく、密接な連携をもって運営されるべきでありましょう。 4. 同志的な組織であります。 婦人であるといって、強制的に網羅的に組織することは適当ではなく、なるべく多く参加することがよいのですが、自発的に理解をもって集まる同志的な組織とすることが望ましいのです。このことは、事業活動の展開に当たって不活発になる原因ともなるからです。 5. 政治的には中立の組織であります。 農協も政治的には一党一派に偏しない立場をとっていると同じように、農協婦人部もまた政治的には中立を守るべきであります。

資料：全国農協婦人組織協議会『全農婦協二十年史』、1972年、129-130頁。

治的には中立の組織である）を制定した。このことと前述の地域婦人会との軋轢などを背景として、55年９月、農協婦人部も自らの組織に関する全国的統一見解として、**表２－２**に示される農協婦人部５原則を制定した。以下、同原則に関わって三点指摘しておく。

第一には、「耕作農民としての婦人をもって組織する職能組織」としたことである。これは農業に根ざした組織であることを明示したものであり、地域婦人会とは性格が異なること、同会からの純化を宣言したものといえるだろう。

第二には、「農協運動を推進、実践する組織」かつ「自主的な組織」としたことである。前者は農協の内部組織、後者は農協の外部組織を意味するものであり、農協婦人部は一見すると矛盾するこれら二つの性格を併せもつ組織であることを明示したのである。

また、「自主的な組織」の説明のなかには、「事業協力組織」という文言もみられる。その意味については、「青年部や婦人部をさすときにかぎって使われることが多いようである。青年や婦人は農協の組合員ではない、したがってその組織は農協の外にある協力組織だというわけである[10]」と指摘されている。

全国農協大会決議にはじめて農協婦人部に関する記述がみられるのは第3回大会（55年12月）であるが、そこでは「農協の協力組織」とされている。[11]こうした点を踏まえると、農協婦人部は自らを農協の内部組織であり外部組織でもあると規定したが、当時の農協においては外部組織と見る向きが強かったものと推察される。

第三には、「組合へ積極的に加入することが望ましいのですが、日本農業の実情からみて組合員の家族としての婦人も包含することが望ましい」としたことである。これは、婦人の組合加入がむずかしい状況にあったことを示しているといえるだろう。

全国農協大会決議にはじめて婦人の組合加入に関する記述がみられるのは第15回大会（79年10月）であり、そこでは「1戸1組合員という考え方を基本とするが、農業経営を実質的に主宰する青年や婦人の農協加入をすすめる[12]」とされた。婦人の組合加入に消極的であることを示唆《しさ》する方針といえるだろう。

農協が一戸一組合員とした理由については、「同じ農業経営体に所属する家族農業従事者としての主婦や子弟が、その経営体の代表者である農業経営者といっしょに、農協の管理・運営に参画しなければならぬ積極的理由があるのかということ。もう一つの理由は、各農家ごとに正組合員の数が違っては農協の民主的管理の原則（1人1票制）の視点から疑問があるということ[13]」と指摘されている。一戸一組合員がどの時期に定着したのかは定かでないが、50年代半ばにはかなり一般的なものになっていたものと推察される。

（3）5原則の見直しと綱領の制定

5原則にのっとった組織の強化をはかるために、1956年12月に開かれた第2回全国農協婦人大会では「農協婦人組織の自主性を確立しましょう」が決議され、全国の農協婦人部をあげて職能組織であることの確認、地域婦人会役員との兼務の解消、会費制度の確立、グループ活動の強化などをすすめることとなった。しかし時代が大きく変わりはじめるなかで、これらは十分な実践には至らなかった。

この時期に、我が国は高度経済成長期に突入した。農工間の所得格差が広がり、農村においては兼業化や出稼ぎが進展した。また、61年に農協合併助成法が制定され、農協合併が進んだ。こうしたなかで、メンバー数は58年の344万人をピークとして減少に転じるなど、組織の退潮傾向が顕在化した。そのため、65年12月に開かれた第11回全国農協婦人大会では、組織の活性化方策について協議が行われた。そのなかで「五原則を知らない者が多い」「この五原則でいいか再検討してみよう」といった声が上がった[14]。そこで全国農協婦人組織協議会（58年に全農婦連から改称、以下全農婦協と略す）では特別委員会を設けるとともに、地区別研修会や全国大会などで広く5原則について協議を行った。また、その過程で同原則の範とした農協青年部では綱領も策定していることから、婦人部もそれに倣うこととした。

67年5月に開かれた全農婦協第17回通常総会において、綱領の制定（**表2－3**）と5原則の改定（**表2－4**）が決定された。新たに制定された綱領によ

表2－3　1967年制定の綱領

農協婦人部綱領（1967年5月制定）
一、わたくしたちは、力を合わせて農村婦人の権利を守り、社会的、経済的地位の向上をはかります。
一、わたくしたちは、農協運動の担い手となり、よりよい農協の発展をはかります。
一、わたくしたちは、農協婦人部の協同活動によって、明るい豊かな農村を築きます。

資料：全国農協婦人組織協議会『全農婦協二十年史』、1972年、240頁。

表2－4　1967年改定の5原則

農協婦人部の5原則（1967年5月改定）
農協婦人部は、農村婦人の地位の向上と明るい豊かな農村を築くことを目的とし、農協をよりどころとして活動する、つぎの性格をそなえた組織であります。
1. 農協運動を推進する組織であります。 農協婦人部は、よりよい農協の発展をはかり、自らの意志によって農協運動をすすめる組織です。
2. 農村婦人の組織であります。 農協婦人部は、働く農民である婦人を中心として構成する組織です。
3. 自主的な組織であります。 農協婦人部は、部員の総意にもとづいて自主的に運営されるものです。農協婦人部の財政は会費によることを基本とします。
4. 同志的な組織であります。 農協婦人部は、婦人部の目的を十分理解し、志を同じくするものの集まりです。
5. 政治的には中立の組織であります。 農協婦人部は、組織としては一党一派に属さない立場をとりますが、個人の思想信条は自由です。しかし、組織としては政治に無関心ではなく、部員の要求にもとづいた農政活動は積極的に行います。

資料：全国農協婦人組織協議会『全農婦協二十年史』、1972年、239-240頁。

って、農協婦人部の使命が農村婦人の地位向上、農協の発展、明るい豊かな農村づくりにあることが明確化された。

５原則については、従来「耕作農民としての婦人をもって組織する職能組織」としていた部分が、「働く農民である婦人を中心として構成する組織」へと変更された。このように職能組織としての性格を弱める形に変えたのは、地域婦人会即農協婦人部として設立されたなかで、実態として農民以外もメンバーになっている組織が少なくなかったこと（前述したとおり60年において３割の組織が該当）、都市地帯の婦人部から農民に限定することへの懸念が示されたこと[15]などにあった。一方、農協の内部組織としての性格と自主（外部）組織としての性格にかかる規定については大きな変更はなかった。ただし従来の５原則にあった組合加入にかかる記述はすべて削除された。

2. 組織の拡充強化と新たな組織基盤づくり

（1）高度経済成長と農協婦人部

１９５０年代中頃から続いた高度経済成長は、73年の第一次オイルショックによって区切りを迎えた。この間に農家・農業・農村は大きな変化を遂げた。農林業センサスによれば、55年から75年にかけて農家数は６０４万戸から４９５万戸へと減少し、**図２－３**に示されるように農業に生計を依存する農家の割合（専業農家＋第１種兼業農家）は72・５％から37・９％へと低下した。農家婦人は家の農業の中心を担うようになる一方で、農村に工場の進出がすすむな

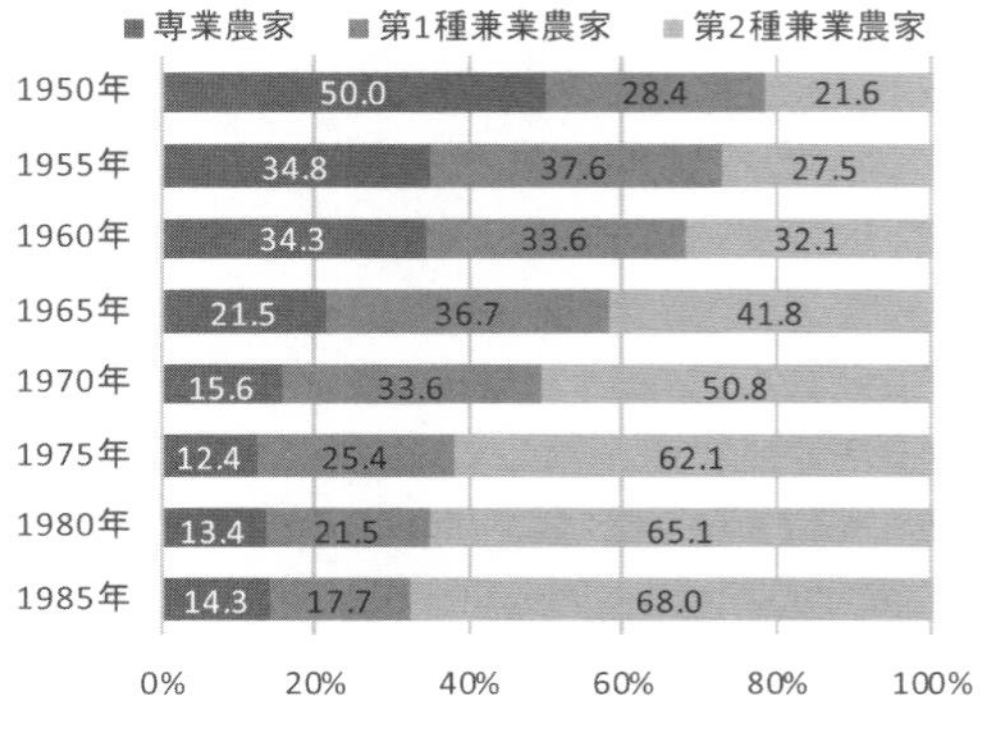

図２－３　農家のタイプ別にみた構成割合の変化

資料：農林水産省「農林業センサス」、各年次。

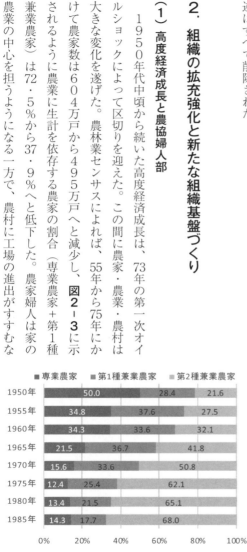

かでそこでの労働も担うようになっていった。農家婦人の多忙は深刻化し、貧血・農夫症・農業労働災害などの健康問題が顕在化した。

こうしたなかで、農協婦人部は自主組織としての性格を弱めていったと考えられる。この時期の農協婦人部の活動について、68～69年にかけての調査結果をみると、購買活動82・3％（同活動を実施している婦人部の割合、以下同様）、総会の開催76・9％、貯金活動74・1％、『家の光』推進70・6％、家計簿記帳運動62・3％、健康管理活動60・9％、5原則・綱領の徹底35・1％、体力づくり活動27・2％、生産グループ活動24・7％、営農学習活動24・1％、生活学習活動21・1％、生活グループ活動23・1％などとなっている。[16] 購買や貯金など事業的活動が上位に位置しているのが特徴といえるだろう。そしてこうした活動に関わるなかで、今日に通じる役員にかかる問題が表面化したと考えられる。この点は、70年9月に全農婦協が策定した「消費問題に関する活動方針」から窺《うかが》うことができる。

この方針のなかでは、「農協婦人部として過去20年来、生活用品を中心とした購買活動を続けてきたが、その方法は果たしてよかったかどうか、（略）反省、再検討すべきときがきている」としたうえで、「多くの単位組織における購買活動が、①農協から役員への物品販売の依頼、②部員への連絡・宣伝・予約のとりまとめ、③物品の配達、④部員よりの代金回収、⑤農協へ代金決済に行くという5段階の仕事のほとんどに第一線役員が直接たずさわっている場合が多く、（略）かなりの役員が悲鳴をあげているのが現状である」とし、さらに「最近の特徴として、支部、部落段階の役員のなり手がなく、（略）役がまわってくるころに農協婦人部をやめたいという人まで出てきている」と述べている。[17] この時期の農協婦人部が自主組織としての性格を弱める一方で農協の下請的性格を強め、その歪《ひず》みが役員に集中していたことをよく表しているといえるだろう。

表２－５　1970年代の三ヵ年計画

農協婦人組織強化三ヵ年計画 1970年～1973年	第二次農協婦人組織強化三ヵ年計画 1974年～1976年	農協婦人組織活動強化運動 1977年～1980年
①対総合農協組織化率を100%とする ②グループ活動の育成強化 ③全組織、全部員に5原則・綱領を徹底、5原則・綱領の再確認運動を展開する ④役員は100%専任とする ⑤総会の開催、活動計画、予算計画をすべての組織で年度当初に樹立する ⑥自主財政の確立 ⑦規約の作成 ⑧役員の分担制確立 ⑨若妻の加入促進 ⑩事務局体制の強化	1　重点目標 (1)未組織の解消と部員拡充 (2)班活動強化 2　実施目標 (1)体制の強化 ①対総合農協組織化率を90%に引き上げる ②班組織の育成強化 ③グループ組織の育成強化（立場別、作目別、問題別等） ④全組織、全部員に5原則、綱領の徹底をはかるとともに、その再確認運動を展開する ⑤役員の専任制を徹底する ⑥総会の開催、活動計画、予算計画をすべての組織で年度当初に樹立する ⑦自主財政の確立 ⑧規約の作成100%確立 ⑨役員の分担制の確立 ⑩若妻の加入促進 (2)活動の強化 略	1　組織基盤を強めるための課題 (1)部員意識の向上 (2)正組合員家庭婦人組織化率の向上と若妻の加入を促進する (3)組織運営の基本を整備する (4)役員の専任制を確立する (5)自主財政の確立 (6)事務局体制の強化 2　活動組織を整備するための課題 (1)基礎組織である「班」活動の強化 (2)年代別・立場別活動の普及 (3)専門部活動体制の整備 3　部員の自発的な参加に基づいた婦人部活動を強めるための課題 略 4　農協運動を自ら担い発展させるための課題 (1)農協運動への理解 (2)農協運営への意思反映・強化 (3)農協活動への参加の積極化

資料：全国農協婦人組織協議会『全農婦協二十年史』、1972年、357-359頁、同『全農婦協三十年史』、1982年、132-134頁、219-223頁。

（２）三ヵ年計画を通じた組織の拡充強化

農協婦人部のメンバー数は１９５８年をピークに減少局面に入り、高度経済成長を経て自主組織としての弱体化も顕在化した。こうしたなかで婦人部は、**表２－５**に示される「農協婦人組織強化三ヵ年計画」（以下、第一次計画と記す）、「第二次農協婦人組織強化三ヵ年計画」（以下、第二次計画と記す）、「農協婦人組織活動強化運動」（以下、第三次計画と記す）を通じて組織の拡充強化を目指した。

いずれの計画でも、組織率や加入率の拡大などの組織の拡大策、役員の専任制や自主財政の確立などの自主組織としての強化策を掲げている。これらは従来からの農協婦人部の取り組みを踏襲したものといえる。一方、特徴的なのは若妻の加入促進を目標として設定していることである。この点は後の第４項で取り上げる。また、第二次計画からは班に関する目標が設定されている。この点は次の第３項で取り上げる。

これら以外の特徴としては、第三次計画において農協との関係に関わる課題を設定したことが挙げられるだろう。これは第二次計画の総括の過程で実施した農協組合長に対する調査の結果を踏まえたものである。同調査では婦人の組合加入について尋ねており、その結果は「そうしている」が25・5

%、「そうすべき」が33・3％で肯定的な意向が6割程度を占めた。その一方で農協運営・事業における婦人部の役割については、「生活活動の中心的担い手組織」が77・1％、「事業協力組織」が67・0％、「意思反映組織」が43・7％、「組合員育成・教育のための組織」が40・6％で、意思反映組織や組合員育成のための組織と認識している組合長は半数に満たなかった。[18]

こうした結果を踏まえて、第三次計画では「農協運動を自ら担い発展させるための課題」を盛り込み、そのなかで生活問題をはじめとする農協の各種委員会への参加を提起するとともに、「農家婦人が組合員となって、直接農協の運営に参加していくことも、こんごの重要な課題です」とした。[19] 一度は消えた組合加入が、この時期に再び農協婦人部の方針のなかに登場したのである。これは後にみる世界的な婦人の地位向上を求める動きとも連動していたと考えられる。

さて、三次にわたる計画の実践結果であるが、決して芳しいものではなかった。70年から80年にかけて、組織率は85・7％から84・4％へと微減し（前掲**図2－1**）、部員数は289万人から264万人へ、加入率は54・0％から51・9％へとやや低下した（前掲**図2－2**）。また、80年に行われた調査の結果によると、自主組織としての強化策と位置づけた本部への専門部会の設置は28・9％にとどまり、役員が地域婦人会役員と兼務している組織は33・4％で従来と変わらず、農協と定期的に話し合いをしている組織は48・0％で半数に満たず、農協の総会への婦人部代表の参加は26・9％と低位にとどまった。[20] この時期の農協婦人部が、すでにそれぞれの地域において求心力をかなり失っていたこと、そして農協への影響力も弱いものであったことを示唆する結果といえるだろう。

（3）生活基本構想と班の設置

三次にわたる計画を通じて十分な成果をあげることはできなかったが、そのなかで新たな組織基盤づくりがすすめられた。その一つが生活基本構想に端を発する班の設置である。

同構想は１９７０年10月に開かれた第12回全国農協大会において打ち出されたものであり、そこでは今後農協が生活活動を強化していくために、その基盤となる組合員組織として生活部会を設置すること、同部会のなかに活動の実質を担う組織として集落などを単位とする班を編成すること、またこれら組織は准組合員もメンバーに含むことなどが示された。

こうした新組織による活動が、農協婦人部のこれまでの取り組みと重なる部分が多いことは容易に想定される。しかし同構想の当初案には、農協婦人部との関係が触れられていなかった。そのため婦人部は強く反発し、「これまで農協婦人部は、生活購買、家計簿、健康、子どもの問題、その他農家生活全般にわたる活動を不充分ながらも手がけてきたが、こんどの構想を提案するにあたって、なぜ農協婦人組織の意見・要請を事前に聴取してくれなかったか、はなはだ残念である」などとする意見書をまとめ、全中と協議を行った。[21] その結果、最終的に同構想のなかには、「生活部会および班は、（略）新たに編成をすすめるか、あるいは、農協婦人部の部落支部即農協の生活部会という形で運営されてもよいであろう」「農協婦人部が、先駆的に、農協の生活活動を推進してきた実績にかんがみ、その組織化にあたっては、農協婦人部と充分協議し、農協婦人部の理解と納得のうえ、体制をととのえるようにすべきである」[22] といった記述が盛り込まれた。

その後、全農婦協ではこの問題への対応を含む組織のありかたについて検討するために組織対策専門委員会を設置し、72年３月に同委員会から答申を受けている。そこでは、「農協と農協婦人部との関係は、農協の経済事業に対する単なる『協力』の関係にあるとしてはならない」としたうえで、「農協が生活活動を活発に行うことは、婦人部として長年のぞんできたことであった。（略）部員一人一人が活動に参加し得る体制づくりを急がなくてはならないので、農協婦人部の中に班をつくり、すでにある班は、これを強化し、班を婦人部の基礎組織とすることが必要である」とされた。[23]

この答申を踏まえて、農協婦人部では73年より班づくり運動をスタートさせた。すでに多くの婦人部には班に相当する組織がみられたが、部落実行組合などの班、戦前からの隣組などの組織が便宜上婦人部の班となっている場合もあり、これらを名実ともに農協婦人部の基礎単位にすることとした。また、班の中には班長を置くこととし、班長は支部の招集する班長会に出席し、班の意向を支部活動に反映させるようにすることとした。この班づくり運動を通じて、現在においても女性組織の骨格をなしている班—支部—本部の基本ラインが確立したといえるだろう。

なお、80年の調査結果によると、班の重点的活動は共同購入45・5%、商品研究・料理講習29・8%、『家の光』の配本13・0%、集金5・4%となっている。(24) 班は共同購入を実践するうえで不可欠な役割を果たしていたと考えられ、この点も現在に通じているといえるだろう。

(4) 若妻への着目と組織化

この時期に班の設置と並んですすめられたのが若妻の組織化である。前述したとおり、1970年の第一次計画において若妻の加入促進が目標に掲げられた。まずそこに至るまでの経過を確認しておく。

61年5月に開かれた全農婦協第11回通常総会では、「農協婦人組織の点検運動のすすめ方」が決議され、点検の重点項目として婦人部内でのグループ活動の実施状況や同活動と組織の結びつきなどが挙げられた。そして地区別研究集会や全国大会などを通じて整理が行われ、61年12月に開かれた第7回全国農協婦人大会において、申し合わせ事項として「先輩の経験と若い人びとの実践力を結びつけ、組織の強化につとめましょう」が盛り込まれた。このなかにある「若い人びと」という言葉での指摘が、農協婦人部における若妻への着目の端緒である。(25)

その後、64年に全中が出した「農協婦人・青年組織の現状と問題点」では、「現在、農村において、(略) 若妻グループ・女子青年団・生活改善グループ等、グループなりサークル活動はかなり活発」であるにもかかわらず、「このような若い人たちの活動がなぜ農協婦人部の組織に反映し、またはその活動が組織のものとなって定着してこないのであろうか」との課題提起がなされ、65年12月に開かれた第11回全国農協婦人大会では、「若い女性の婦人部への加入をすすめるとともに、若い人の発言を尊重して組織の若返りをはかりましょう」との申し合わせが行われた。[26]

そして70年からの第一次計画において若妻の加入促進が具体的な目標として掲げられ、以降若妻対策が本格化した。同年12月に開かれた第16回全国農協婦人大会では「若妻」の分科会が設けられ、多くの県では若妻対象の学習会が開かれた。74年からは「若妻の主張全国コンクール」もスタートした。76年に行われた調査の結果では、若妻部会の設置率は44・6％となり、77年1月に開かれた第22回全国農協婦人大会では、「もう育成というよりも、その活動の強化、とりわけ県全体として全国的な活動の広がりをめざす時にきている」とされた。[27]

全農婦協では若妻対策のさらなる強化をはかるために、78年に２２０５名の若妻を対象とする「農村若妻の生活と意識アンケート」を実施している。この調査を通じて、家の概況や就労状況、婦人部への参加実態や希望する活動など、若妻の実情について多岐にわたる把握を試みている。また、当時は結婚してから35歳までというのが若妻の全国的な捉え方であったが、回答者の年齢構成は25～29歳が23・6％、30～34歳が33・4％、35～39歳が24・7％、40歳以上が12・4％であり、35歳以上で4割程度を占めるなど若妻の年齢層が上昇していることを確認している。[28]

この調査の結果を踏まえて、全農婦協では79年に「農協婦人部における若妻部員対策」を取りまとめている。同対策においては、若妻が姑の代わりに参加していることが少なくない実態を踏まえて、「部員として加入をすすめることが必要（略）。一戸から婦人部には一人という限定はしないほうがよい」とするとともに、組織整備の方向として、「大きな部落でしたら部落ごとに、小さい部落でしたら支部ごとに、高齢層、中年層、若妻層といったぐあいに年齢階層別（または立場別）に組織」することとし、「農協婦人部における若妻組織は、この年齢階層別組織の一つとして位置づけます」とした。[29] これらは現在のＪＡ女性組織にも通じるものといえるだろう。

3．ＪＡ組合員組織としての再構築

（1）婦人の地位向上の潮流と80年代構想

１９８０年代に入って全農婦協は、82年に「１９８０年代の農協婦人部の方向」（以下、80年代構想と記す）、88年に「農協婦人部21世紀への道」（以下、90年代構想と記す）という二つの基本構想を打ち出している。80年代から90年代にかけては、これらの基本構想に基づいて中期計画が策定され、組織強化の取り組みや具体的な活動が展開された。

まず、**表２－６**に示される80年代構想をみていく。同構想においては、組合員農家婦人の全戸加入、班活動の強化、若妻層の組織化推進など、これまでの取り組みを踏襲する項目が並んでいる。その一方で、組織活動の方向として「農村婦人の地位向上」を掲げたことが大きな

表２－６　80年代構想

1980年代の農協婦人部の方向（1982年）
はじめに
Ⅰ長期展望の必要性
Ⅱ農協婦人部30年の歩みと反省
1　組織の推移
2　原則と綱領の意義と浸透状況
3　活動へのとりくみ
Ⅲ　農村婦人をとりまく情勢の展望
Ⅳ　農協婦人部組織活動の方向
1　農協婦人部活動の基本方向
2　地域間格差をうずめる組織活動の展開
3　農協運動と農協婦人部の関係
4　農村婦人の地位向上
5　非農家婦人の位置づけ
Ⅴ　こんごの農協婦人部の活動目標と課題
1　組合員農家婦人の全戸加入の推進と班活動の強化
2　若妻層の組織化推進と活動の活発化
3　会費制度の確立と財政の強化
4　年代別立場別活動の積極的展開
5　農業を守る活動への積極的参加
6　農協生活事業への主体的とりくみの強化
7　健康管理活動の積極的推進

資料：全国農協婦人組織協議会『全農婦協三十年史』、1982年、291-297頁。

特徴といえるだろう。婦人の地位向上は綱領にも記される自らの使命といえるものだが、例えば70年代の三次にわたる計画では明示的には取り上げられていなかった。こうした変化の背景にあったのは、婦人の地位向上を求める世界的な潮流である。

75年6月、国連が主催する国際婦人年世界会議がメキシコで開かれた。同会議においては男女平等の実現に向けた国際的共同行動が世界行動計画として定められるとともに、76年から85年を目標達成のための「国連婦人の10年」とすることが宣言された。これを受けて国内では、75年9月に婦人問題企画推進会議の設置が閣議決定され、同会議は76年11月に意見書を発表した。この意見書では、「現在、わが国の農業は、婦人によってささえられているといっても過言ではない」との認識を示し、具体的な対策として、健康管理の充実や農作業方法の改善、知識や技術を習得する場への参加の奨励、農業者年金加入の道を開くこと、国・地方自治体の指導援助体制を強化することなどを挙げた。(30)

また、81年2月、同会議は再び意見書を出しており、「現在、農村婦人は、実際に農業労働力の基幹となっているにもかかわらず、農用地の利用、転換に関する生産体制や農地の改良に関する生産組織の各種の整備計画の過程に、女性が直接的に参加する機会はきわめて乏しい」とし、「農業委員会や農業協同組合、土地改良区に委員、組合員およびその役員として女性が積極的に参加すべきである」とした。(31)

この二度目の意見書に前後して、全農婦協は「農村婦人の社会的地位向上対策に関するブロック共同研究活動」を実施し、婦人の正組合員化について整理を行っている。「ながらく農協の指針となってきた一戸一組合員制を打ち破り、婦人の正組合員化を実現するにはきびしい情勢が存在している」としたうえで、具体的な対策として、①婦人の組合員化について部員自らの学習活動を強化する、②家庭内・地域の民主化対策をすすめる、③婦人の組合員化について農協との話し合いを行う、④婦人の組合員化について農協婦人組織としての方針を明らかにすることなどを挙げた。(32)また、こうした整理の最中で開催された81年1月の第26回全国農協婦人大会では、「農協の婦人の声を反映し、地位を高めるために、婦人も組合員になろう」との申し合わせを行っている。

80年代構想に掲げられた「農村婦人の地位向上」は、こうした過程を経て盛り込まれたものである。そこでの実際の記述は、「第26回全国農協婦人大会では農村婦人の農協組合員加入をすすめることを申し合わせています。しかし、この申し合わせの実現には、まず身近な地位向上から手をつけ、地道で着実な地位向上が図られるよう、とりすすめる必要があります。また、何よりも農協婦人部への結集を強め、農協婦人部を通ずる農協事業運営への意思反映につとめることが重要です」[33]というものであった。婦人の地位向上に踏み出したものの、その姿勢は自制的であったといえるだろう。

(2) 一戸複数正組合員化と90年代構想

80年代構想に続く90年代構想は1988年11月に決定された。その概要は**表2-7**に示されるとおりである。90年代構想においても一戸複数加入などを通じた未加入者の解消、若い部員の拡大、役員体制の強化、自主財源率のアップなどこれまでの取り組みを踏襲する課題が列挙されている。その一方で、地域づくりや地域住民との交流、目的別活動などの新基軸が打ち出されており、従来にはなかった特徴といえる。これらの点については後述する。

表2－7　90年代構想

農協婦人部21世紀への道（1988年）
Ⅰ　農協婦人部のめざす２つの方向
1　心豊かな地域づくりの先駆的な担い手をめざします。
2　農協運動への男女共同参加をめざします。
Ⅱ　農協婦人部の4つの問題点と解決の方向
1　部員の声を反映した活動となっているか。
2　活動に深みと視野の広さが欠けていないか。
3　後を継ぐ部員が確保されているか。
4　農協運動の中心的担い手になっているか。
Ⅲ　これからどんな具体策にとりくむか
1　活動の強化
(1)自分の生き方を確認する活動
(2)主体性ある生活を確立する活動
(3)農業を主体的に担う活動
(4)生きがいある老後生活づくり
(5)婦人の手で築く活気ある地域づくり
(6)婦人の視野を広め、パワーアップする活動
(7)「つどいの場づくり」活動
(8)国際的な交流活動
2　組織の強化
(1)参加しやすい「場づくり」活動
(2)活動内容の幅を広げ、深める活動
(3)仲間を増やす活動
(4)役員体制の強化
(5)自主財源率のアップ
(6)事務局体制の強化
(7)活動を進めるための機構

資料：全国農協婦人組織協議会『全農婦協40周年を迎えたこの道10年』、1992年、66-69頁。

さて、婦人の地位向上についてであるが、この点について90年代構想はその内容を大きく前進させたといえる。例えば、同構想のなかの「農協婦人部のめざす2つの方向」では、その一つとして「農協運動への男女共同参加」を掲げ、「婦人も農協の組合員として参画し、男女共同参加型の農協運動の実践をめざします」とし、同じく「活動の強化」では、具体策として「婦人の視野を広め、パワーアップする活動」を掲げ、「農協運動を主体的に実践するため、農協の組合員や総代になる運動を強めます」とした(34)。

以上の内容から明らかなとおり、80年代構想において自制的だった姿勢は、90年代構想においてはきわめて積極的なものへと転じている。このような変化は、この間に系統農協が一戸複数正組合員化を決定したことが大きく影響していると考えられる。

86年6月、全中総合審議会は「農協の組織的活力を強化するためには、農村社会の変容に対応して、①1戸複数正組合員化をすすめて農業の担い手である後継者・婦人の農協加入を促進し、組織・事業運営の活性化をすすめること、②地域に開かれた協同組合として、生活・文化活動の展開を通して、地域住民への積極的な働きかけを行い、准組合員加入をすすめ、その組織化をはかることが重要である(35)」との答申を行った。ここに一戸複数正組合員化についての組織合意をみることとなったのである。

答申の大きな背景となったのは将来の農協の組織基盤にかかる懸念と考えられる。答申のなかでは今後の環境認識として、引き続き農村社会の混住化の進展が見込まれること、少数の専業農家と大多数の2種兼業農家への分化がいっそうすすむなかで2000年には農家数が100万戸減少すること、組合員の高齢化や世代交代のなかで農協への帰属意識が希薄化し、組織基盤の変容が一段とすすむことなどが挙げられている(36)。

答申後の系統農協の動きは早く、1986年9月、全中は「農協婦人組織育成強化方策」を策定している。そこでは「婦人の声を積極的に傾聴し、婦人の要望や提案を建設的に受けとめて、事業、運営に具体的に生かすよう努めることが必要」とし、女性の組合加入を推進するため、学習会や資料提供などを積極的に行うこと、出資金などの面で女性が加入しやすい条件を整備すること、婦人の農協役員への選出をすすめるため、婦人参与の制度化や一定数の婦人役員の選出を定めることなどを提起している。[37]

他方、答申が一戸複数正組合員化と併せて、地域に開かれた協同組合として准組合員の加入促進や組織化を求めた点についてもここで触れておく。**図2－4**は正・准組合員数と准組合員比率の推移を示したものである。周知のとおり、戦後の農協においてはほぼ一貫して正組合員は減少、准組合員は増加を続けており、85年の段階においては准組合員数が200万人を超え、その割合は3割に達していた。

答申に先立つ第17回全国農協大会決議（85年10月）では、このように増加した准組合員について、「農協の事業運営にとって看過することができなくなっている」とし、同組合員への対応方針の明確化、事業・組織運営への参加促進、情報提供や教育・研修機会の充実などの対策を講じることにするとともに、「特に若い世代にとって魅力ある農協、地域に開かれた農協を実現するため（略）、系統農協としてのCI（企業イメージ統合戦略）の導入等について検討する」こととした。[38]

86年6月の全中総合審議会答申は、こうした大会決議を踏まえたものといえるだろう。そしてこのように農協が大きく変わろうとするなかで策定されたのが、全農婦協による90年代構想だったのである。

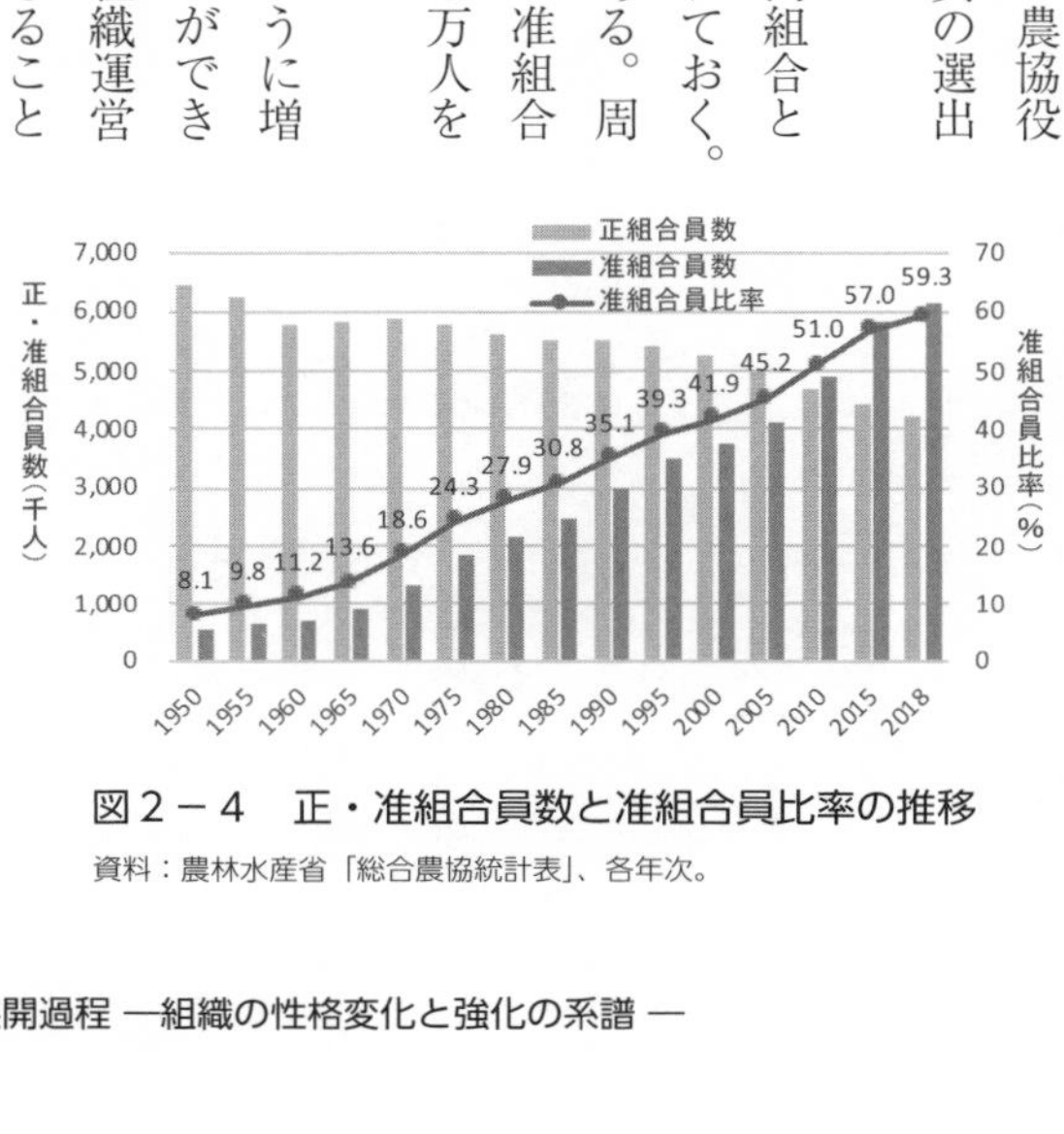

図２－４　正・准組合員数と准組合員比率の推移

資料：農林水産省「総合農協統計表」、各年次。

（3）綱領・原則の刷新と組織の再出発

１９９１年10月に開かれた第19回全国農協大会では、「農業に対する国民的合意づくり運動と農協ＣＩの展開」のなかで、92年4月より農協の愛称を「JA」とすること、そして「地域・社会に開かれた新しい農協のイメージの定着」をはかることが決議された。(39)

これを受けて全農婦協では組織活性化検討委員会を設置し、自らも組織の刷新に向けた検討を行い、95年10月に綱領と5原則を改定した。**表2－8**および**表2－9**に示されるとおり、従来用いていた「農協」「農村」「婦人」という用語は、すべて「JA」「地域」「女性」におきかえられた。

また、こうした動きに前後して、全農婦協はJA全国女性組織協議会（以下、JA全国女性協と略す）へと名称を変え、若妻はフレッシュミセス（98年度からはフレッシュミズ）へと呼称を変えた。

さて、綱領・5原則についてであるが、大きな変更点は次の二つといえるだろう。第一には、従来の5原則のなかにあった「働く農民である婦人を中心とする組織」としての規定、すなわち職能組織としての規定が完全に消去されたことである。この点は67年の改定時にも論点となったことであるが、前述したとおり60年時点では非農家メンバーが存在する組織は3割であったのに対し、80年の調査結果では同割合が7割程度にまで上昇する

表2－8　1995年改定後の綱領

JA女性組織綱領（1995年10月改定）
一、わたしたちは、力を合わせて、女性の権利を守り、社会的・経済的地位の向上を図ります。 一、わたしたちは、女性の声をJA運動に反映するために、参加・参画を高め、JA運動を実践します。 一、わたしたちは、女性の協同活動によって、ゆとりとふれあい・たすけあいのある、住みよい地域社会づくりを行います。

資料：JA全国女性組織協議会『JA女性読本』、2019年、41頁。

表2－9　1995年改定後の5原則

JA女性組織5原則（1995年10月改定）
わたしたちは、健全な食と農を次代に引き継ぐため、JAに結集して活動する、次の運営原則と性格をそなえた組織です。 1. 自主的に運営する組織です。 JA運動を自らのものと自覚し推進するため、JA運営への積極的参加を進め、女性の総意にもとづいて自主的に運営します。 2. こころざしを同じくする女性の組織です。 綱領と原則を十分理解し、住みよい地域づくりを行おうとする女性の集まりです。 3. 仲間を増やし、年代・目的・ニーズに応じた活動を行う組織です。 生活に根ざした感性と能力を活かし、学習と実践のもと、より多くの仲間と共に、それぞれの年代や目的・ニーズに応じた活動を行います。 4. 社会に貢献する活動を行う組織です。 環境問題や高齢者福祉など社会に貢献する活動を行います。 5. 政治的に中立の組織です。 組織としては一党一派に属さず、政治的には中立の立場をとりますが、個人の思想信条は自由です。しかし、組織としては政治に無関心ではなく、女性の要求にもとづく農政・政治活動は積極的に行います。

資料：JA全国女性組織協議会『JA女性読本』、2019年、44頁。

など、[40]非農家メンバーの拡大はその後いっそうすすんでいた。職能組織としての規定の消去は、こうした実態にそぐわない状況を解消するものであったといえる。

そして改訂後の原則において、職能組織に代わる規定と位置づけられるのが「こころざしを同じくする女性の組織」である。この規定は従来の原則を踏襲するものであるが、今回の改定ではその意味について、「住みよい地域づくりを行おうとする女性の集まり」との説明が設けられた。また、今回の改定では新たに「社会に貢献する活動を行う組織」との規定が加えられた。これらの変更は、ＪＡグループがＣＩの展開のなかで地域に開かれた組織であることを強く打ち出しており、これに呼応したものといえるだろう。

第二には、従来の5原則にみられた「農協運動を推進する組織」であり「自主的な組織」でもあるとしていた規定、すなわち内部組織であり外部組織でもあるとしていた規定が、「自主的に運営する組織」へと一本化されたことである。この新たな規定には、女性組織はＪＡの組合員組織であり、その活動を自主的に運営する組織であることが含意されている。[41]すなわち、内部組織としての規定に集約されたのである。

ここで女性組織とＪＡの関係の変遷を確認しておこう。この点は前述の80年代構想のなかで整理されており、「農協婦人部誕生期は系統農協の協力組織ないし外部組織としての位置づけが行われてきました。昭和48年全中が決定した『農協青年婦人組織育成指導方針』は、はじめて農協婦人部を『ひろく組合員組織の一つとして』位置づけました。しかし、実態としては協力組織という位置づけが一般的であったといえます。昭和50年代に入って、系統農協は『協同活動強化運動』を展開するなかで、農協婦人組織の重要性を確認し、『自主的な組合員組織の一つ』として位置づけるにいたりました」[42]としている。

さらに続けて、「『組織の自主性』についても、農協婦人部発足当初は（略）農協とは別組織として『自主性』が考えられていました。しかし、（略）農協運動の一環としての農協婦人部運動という中の『自主性』という考え方が一般的となってきました」とし、こうした系統農協側の位置づけの変化を踏まえて、「農協婦人部みずから農協の『自主的な組合員組織の一つ』として、系統農協との関係を位置づけ、農協をよりどころとした活動をますます強めることが必要です」としている。(43)

このように、80年代構想の策定時には女性組織と系統農協双方において、とくに双方の全国段階の組織においては、女性組織は農協の内部組織であることや「自主」の意味について統一的な認識に至っていたと考えられる。そして86年に一戸複数正組合員化の方針が決定され、文字どおり組合員の組織としての内実を高める道が開かれるなかで、従来からの認識を明文化したのが95年改定だったといえるだろう。こうして女性組織はJAの組合員組織として、そして地域に開かれた目的賛同者の組織として再出発を果たしたのである。

4．メンバーの世代交代と新たな組織のありかたの模索

（1）メンバーの世代交代と非農家メンバーの拡大

１９９５年の綱領・５原則の改定によって組織の見直しをはかった女性組織であったが、この改定を挟む前後10年においてメンバーの激減にさらされた。85年の２５７万人から２００５年には86万人へと３分の１程度にまで減少したのである。これはメンバーの高齢化、とくに農家人口のなかで大きな割合を占めていた昭和一桁生まれ世代が世代交代期を迎えたことの帰結といえるだろう。

図２－５は年齢別にみた農家の女性世帯員数の推移を示したものである。１９６５年において最も世帯員数が多い

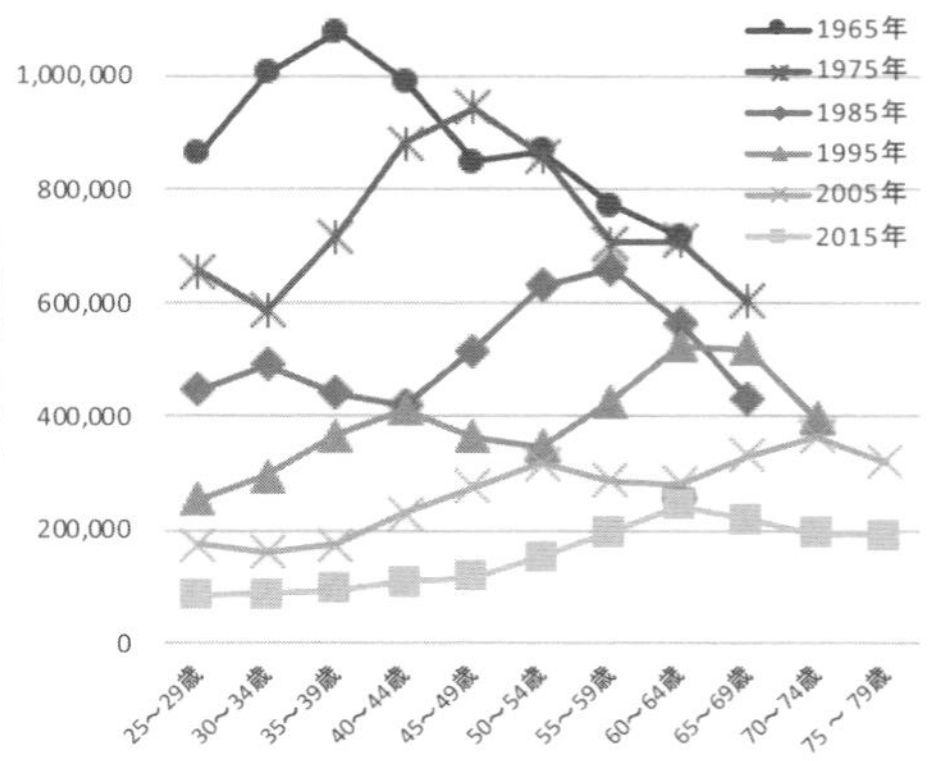

図２－５　年齢別にみた農家の女性世帯員数

資料：農林水産省「農林業センサス」、各年次。
注１：1975年までは総農家、85年からは販売農家。
注２：1965年は65歳以上、75・85年は70歳以上、95年は75歳以上で集計されているため、これら年代はその直前の年齢層までを図示。

のは35～39歳、次いで30～34歳であり、この2階層がちょうど昭和一桁世代と重なる。同世代は75年では40歳代、85年では50歳代、95年では60歳代、05年では70歳代に該当するが、いずれの年次においても世帯員数の上位2階層を構成している。

一方、**図2－6**は女性組織メンバーの年齢構成を示したものである。69年においては30歳代以下と40歳代、80年においては40歳代と50歳代の割合が高くなっている。これは昭和一桁世代が歳を重ねる動きと符合している。女性組織メンバーの減少が激しくなったのは85年頃であるが、この時期は同世代の最も早い人が60歳代に突入した時期である。また、減少速度が鈍化した2005年頃は同世代が全員70歳代に達した時期である。このように、戦後早い段階から組織を支えてきた昭和一桁世代が世代交代期を迎えたことにより、メンバーが大きく減少することになったといえる。

他方、同じく**図2－6**によれば、90年代までは40歳代以下で4割を占めるなど若い世代が一定程度は加入していたことが窺われる。90年代における若い世代のなかには昭和一桁世代を親とする人が多く含まれ、2020年現在においては自身が60歳代後半を迎えて女性組織の中心メンバーになっていると考えられる。そしてこの世代は、**図2－5**に示されるとおり農家世帯員数のもう一つの山（85年の30～34歳、95年の40～44歳、05年の50～54歳）を形成してきた。同世代以降の農家女性は相対的に人口が少なく、さらに女性組織への加入率も低下していると考えられる。こうした点を踏まえると、今後女性組織は再びメンバーの大きな減少局面を迎える可能性があるといえるだろう。

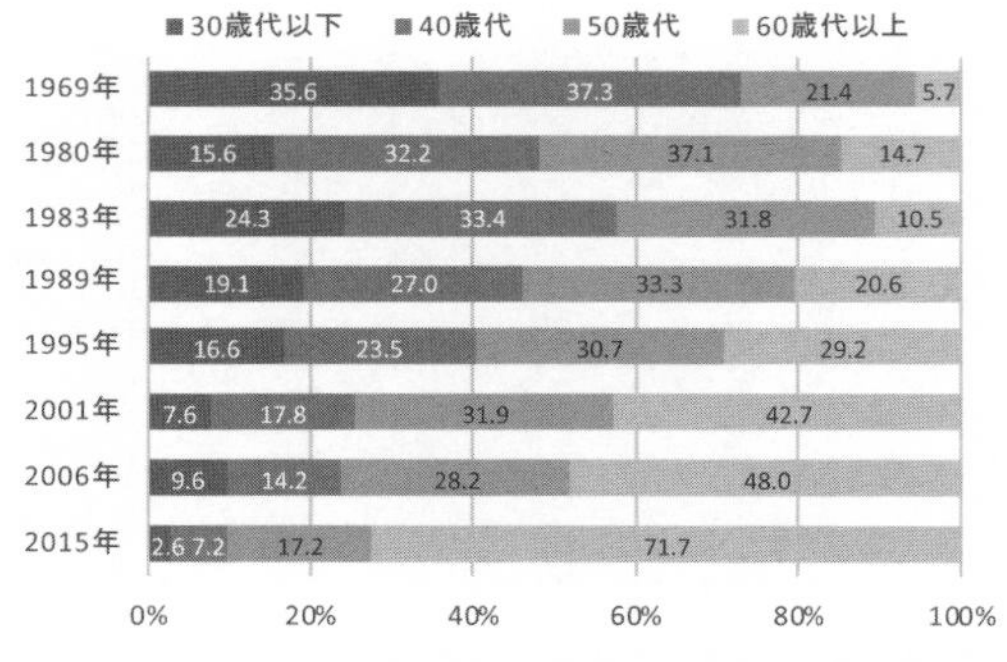

図2－6　ＪＡ女性組織メンバーの年齢構成の推移

資料：1969年は全国農協婦人組織協議会『全農婦協二十年史』、1972年、352頁、80・83年は全国農協婦人組織協議会『全農婦協40周年を迎えたこの道10年』、1992年、19頁、89年以降はＪＡ全国女性組織協議会・全国農業協同組合中央会「平成27年度ＪＡ女性組織メンバー意向調査・活動実態調査報告書」、2016年、48頁。

さて、メンバーの減少がすすむなかで、その割合を高めたのが非農家メンバーである。1980年の調査結果では、非農家メンバーがほとんどいない組織が31・0%、5割未満が63・3%、5割以上が5・2%であったのに対し、2015年の調査結果では、それぞれ31・4%、36・6%、32・1%となっている。[44] ほとんどいない組織の割合は変わらないものの、5割を超える組織も珍しくなくなっている。今後も農家の減少がすすむことは容易に想定され、メンバーの維持・拡大は非農家メンバーの加入動向に大きく依存するといえるだろう。

(2)「JA女性組織活性化検討委員会報告書」にみる組織の展望

JA全国女性協は2001年に50周年を迎えた。この記念すべき年にさいし、JA全国女性協とJA全中はそれぞれの役員や有識者をメンバーとするJA女性組織活性化検討委員会を設置し、同年9月に「新たな飛躍をめざして~JA女性組織活性化検討委員会報告書~」(以下、組織活性化報告書と記す)を取りまとめた。そのはしがきには、「近年メンバー数の減少と活動の停滞を招いており、このままの状態が続くと取り返しのつかない事態に陥るとの認識に立ち、(略)活性化方策を検討することとした」と記されている。

組織活性化報告書は二つの方向性を打ち出している。[45] 第一には、組合員組織としての方向性である。女性組織に対する「明確な対策と方針を樹立することが求められている」としたうえで、「JA自体が、①JA女性組織の位置づけの明確化を行い、ついで②女性の組合員化の推進を行う(略)。その後、③女性の組合員化が大きく進展し、女性の大半が組合員になり、女性の声がJA運営に広く反映され、男女の共同参画が実現した段階にいたった時には、女性組織の発展的な解消という道筋が考えられる」としている。

さらに続けて、「生協においてもかつて女性組織があったが、昭和54年に生協の組合員の大半が女性であり、組合員として運営に参加していることから、発展的に生協の女性組織が解散した経緯がある。ただし、各種の生活文化活動などは組合員の活動として取り組まれている」と指摘している。女性の組合員化と運営参画の先に発展的な解消まで見据えており、かなり踏み込んだ方向性といえるだろう。

第二には、多様な地域活動の母体としての方向性である。女性組織の助けあい活動がＪＡ高齢者福祉事業へ、朝市・夕市が直売所へ、農産加工がＪＡの加工事業に発展してきたことなどを引き合いに出したうえで、「女性組織の多様な活動は、地域の活動・起業の母体としての役割を果たしている」とし、ＪＡに対して「こうした女性組織の目的別活動が多様な活動・事業に発展する上で必要な支援を行う体制や仕組みづくり」を求めている。

ここで示されている地域活動とは、5原則のなかにある「社会に貢献する活動」の範疇《はんちゅう》に入るものであろう。組織活性化報告書は、それを目的別活動として実践することを念頭に置いているといえる。目的別活動については、別の箇所で「同じ地域の人がいっせいに同じ活動をするスタイルは、世代やニーズの多様化への対応が難しいといえる。（略）女性部員の個別のニーズに応える上からも、目的別活動の強化がよりいっそう求められている」[46]としている。女性組織の方向性として社会に貢献する組織を展望し、目的別活動に焦点を当てた点が特徴といえるだろう。

（3）目的別活動を通じた組織の活性化

目的別活動は１９９０年代以降の女性組織の活性化策として大きな位置を占めてきたものである。この活動は、特定の目的やテーマに基づく活動を班や支部などとは別の枠組みで行うものであり、その源流は50年代中頃に婦人部に広がった小集団活動、具体的には生産面における共同育苗や施肥・農業機械などの技術習得にかかる講習会、生活面における共同炊事や生活改善・趣味などの学習活動に求めることができる。

小集団活動はメンバーの要望に応え自主性を高める取り組みとして、その後名称や内容を変えながら、婦人部のなかで重要な活動と位置づけられ続けてきた。例えば70年代の第一次計画では「グループ活動の育成強化」、

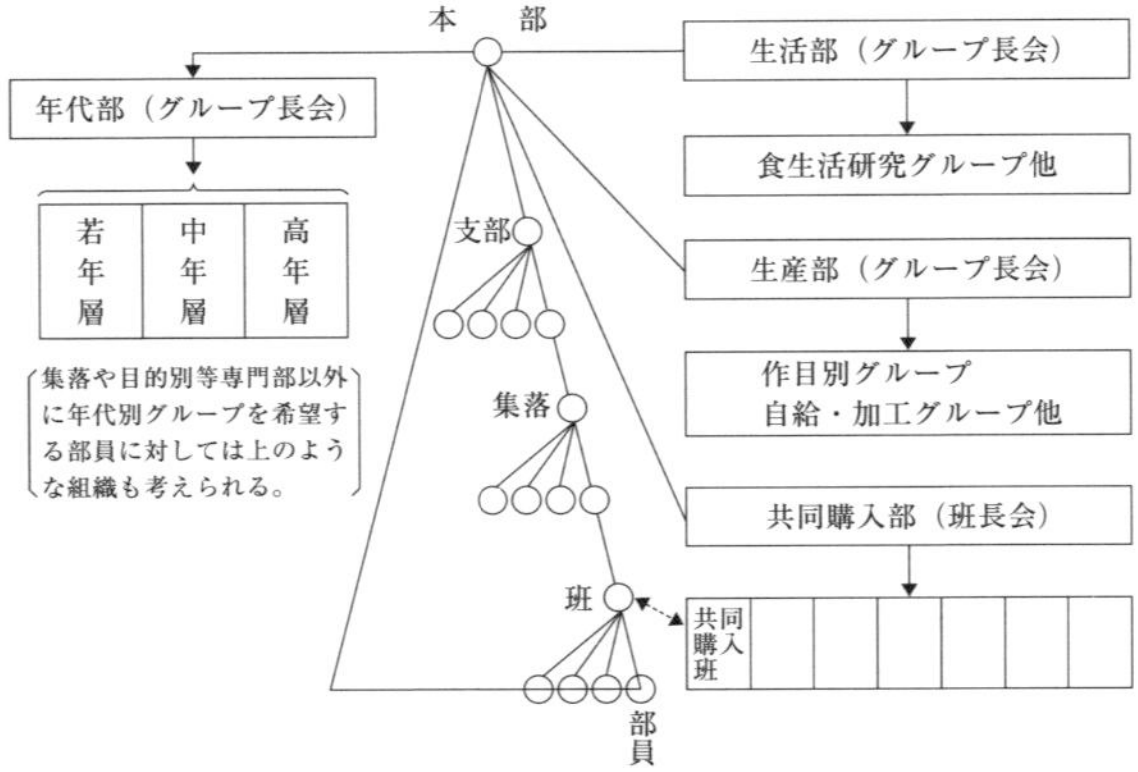

図２－７　部員主役の活動をめざす組織づくり

資料：ＪＡ全国女性組織協議会『輝くあゆみ そして未来へ ＪＡ全国女性協50年史』、2002年、85頁より転載。

第二次計画では「グループ組織の育成強化」などとして、組織をあげて取り組む重要施策の一つに掲げられた。74年に行われた調査の結果ではグループ活動を行っている婦人部は68％に上り、その内容には年齢別活動、作目別活動、趣味活動、レクリエーション活動などがあり、最も活発なのは趣味活動とレクリエーション活動で、次いで作目別活動とされている。[(47)]

そしてこの活動について「目的別」という用語をはじめて使用し、組織のなかでの位置づけを大きく高めたのが90年代構想である。同構想のなかでは、「部員主役の活動をめざす組織づくり」として、**図２－７**に示される組織整備の方向が提示された。図のなかの「食生活研究グループ他」「作目別グループ」「自給・加工グループ他」において実施されるのが目的別活動であり、班―集落―支部のラインとは切り離して、世代別活動と並んで本部直轄の活動として位置づけを明確化したのが90年代構想なのである。その理由については、組織活性化報告書が指摘していたとおり、「同じ地域の人がいっせいに同じ活動をするスタイルは、世代やニーズの多様化への対応が難しい」ためといえるだろう。[(48)]

90年代構想以降のＪＡ全国女性協の中期計画においては、目的別活動の強化がたびたび掲げられた。例えば、「ＪＡ女性行動目標'21」（96年～２０００年度）では、女性組織の活動には「メンバー全員で取り組めるものと、（略）取り組めないもの」があり、「何をするかを明確にし、その目的や興味が一致した人」を対象として目的別組織づくりをすすめるとされた。[(49)] また、「ＪＡ女性行動'01」（01～03年度）では、「メンバーの多様性を尊重し

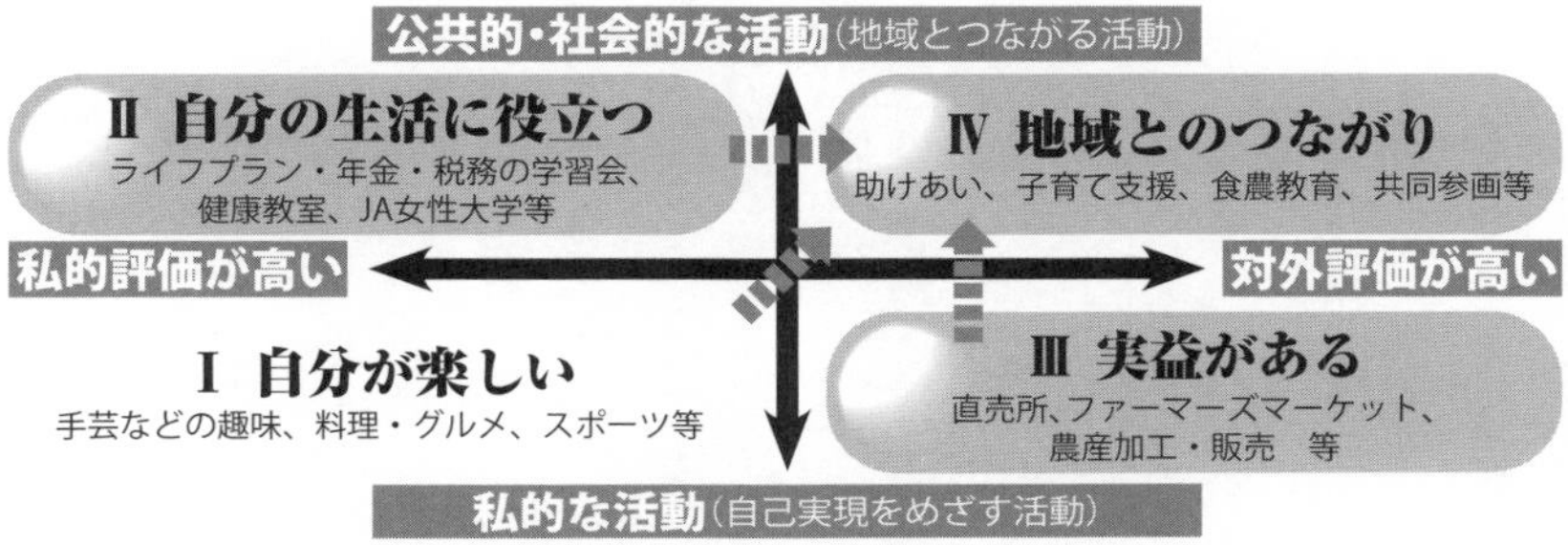

図2−8　女性組織活動の分類

資料：JA全国女性組織協議会「JA女性 気づこう一人ひとり、行動しよう 仲間とともに」(2010〜2012年度中期計画)より転載。

た活動で、より参加しやすい組織となるために、目的別組織を活性化させることでJA女性組織の求心力を高めます」とされた。

こうした方針が出されるなかで目的別活動は全国的な広がりをみせ、組織の活性化やメンバー数の維持などに効果をあげたと考えられる[50]。ただしその後の中期計画では課題も示されるようになっている。例えば、「JA女性 かわろう かえよう 宣言」(04〜06年度)では「目的別活動を組み入れた組織運営」をはかること、「JA女性 気づこう一人ひとり、行動しよう 仲間とともに」(10〜12年度)では「JA女性組織綱領および5原則等を踏まえた目的別活動」とすることなどが提起された。

こうした課題の提起は、目的別活動のみに参加するメンバーも少なくないなかで、役員の選出をはじめ組織運営上の役割負担が十分でないこと、活動内容が前述した70年代のグループ活動と同様に趣味やレクリエーション活動に偏っていることなどを反映していると考えられる。**図2−8**は10〜12年度の中期計画に示されたものだが、目的別活動の多くは「Ⅰ自分が楽しい」に該当する活動にとどまり、女性組織が目指す「Ⅳ地域とのつながり」に該当する活動に結びついているケースは少ないものと推察される。目的別活動は女性組織の活性化に寄与しているものの、限界もみられるようになっているのである。

（4）フレッシュミズへの対応強化

一方、近年女性組織においてあらためて強化をすすめているのがフレッシュミズ組織である。２０１３〜15年度の中期計画「ＪＡ女性 心ひとつに 今をつむぎ 次代へつなごう」では、「この指とまれ！フレミズ活動の促進」を掲げ、組織の育成段階を①ＪＡとの接点をもつ、②仲間同士で活動、③フレミズ加入、④ＪＡ女性組織活動に参加の四段階に分け、さらにそれぞれの段階においてポイントとなる取り組みを収めた「フレッシュミズ仲間づくり事例集」を策定している。

また、19〜21年度の中期計画「ＪＡ女性 地域で輝け50万パワー」では、すべての女性組織でフレミズ組織を設置することを掲げ、事務局向けに「ＪＡ女性フレッシュミズ組織設置・活性化の手引き」を策定している。同手引きでは、組織活動への参画をすすめる四つのステップとして認知・利用・参加・参画を挙げ、フレミズ世代が参画に至るまでの具体的な場を整理し、とくにＪＡ女性大学やあぐりスクールの受講など「利用」の段階における働きかけが、フレミズ組織の設置やリーダーの育成においてカギとなることを指摘している。

近年のフレミズ組織への対応は、組織化後の対応はもとより、組織化前の対応に目が向けられており、とくに女性大学を重要な場として位置づけているのが特徴的である。ＪＡ女性組織ではＪＡと協力して同大学の開講をすすめており、17年度においては４割を超えるＪＡで設置されている。(51)

このような対応をはかるなかで、フレミズ組織のメンバー数は１万７００５人（14年）→１万６３０７人（16年）→１万６７７７人（18年）と横ばい状況が続いている。(52)ＪＡ女性組織全体のメンバー数の減少が続いていることを考えれば、一定の成果をあげているといえるだろう。

（5）ＪＡとの一体的活動の展開

さて、ＪＡ女性組織はこれまでの歴史のなかで一貫して女性の地位向上を求めてきた。そのなかでは、組合加入をはじめとして女性組織側の求めがなかなか受け入れられなかったものも少なくない。しかし近年のこの分野での取り組みは、女性組織とＪＡグループが協調してすすめられるようになっている。

１９９９年６月、男女共同参画社会基本法が制定された。同法においては男女間の格差を改善するため、必要な範囲内において男女のいずれか一方に対し、社会のあらゆる分野における活動に参画する機会を提供する積極的改善措置が定められた。これを受けてＪＡグループでは、第22回ＪＡ全国大会（２０００年10月）において、各ＪＡで男女共同参画推進方策を策定すること、農業やＪＡ事業・活動において重要な役割を担う女性のＪＡ運営への参画を促進すること、ＪＡの職場における男女共同参画を促進することなどを決議するとともに、正組合員に占める女性の割合を25％以上（１９９９年４月時点で13・６％）、総代に占める女性の割合を10％以上（同１・９％）、合併ＪＡにおける女性理事を２名以上（同０・１人）とすることなどを目標数値として定めた[53]。

こうしたＪＡグループの方針や目標について、女性組織は率先してその達成に向けた行動に努めた。具体的には、それぞれのＪＡに対する目標数値や女性枠の設定に関する働きかけ、啓発資材の作成やそれに基づく学習活動の展開、女性理事を対象とする研修会、女性参画に関する全国実態調査、女性正組合員の加入実績に基づく表彰、そして女性組織メンバー自らの組合員加入運動などを展開した。

このような取り組みをすすめるなかで、**図２－９**に示されるとおり正組合員および総代に占める女性の割合、女性役員（理事・経営管理委員・監事）数はいずれも伸び続けた。そして近年になって目標数値

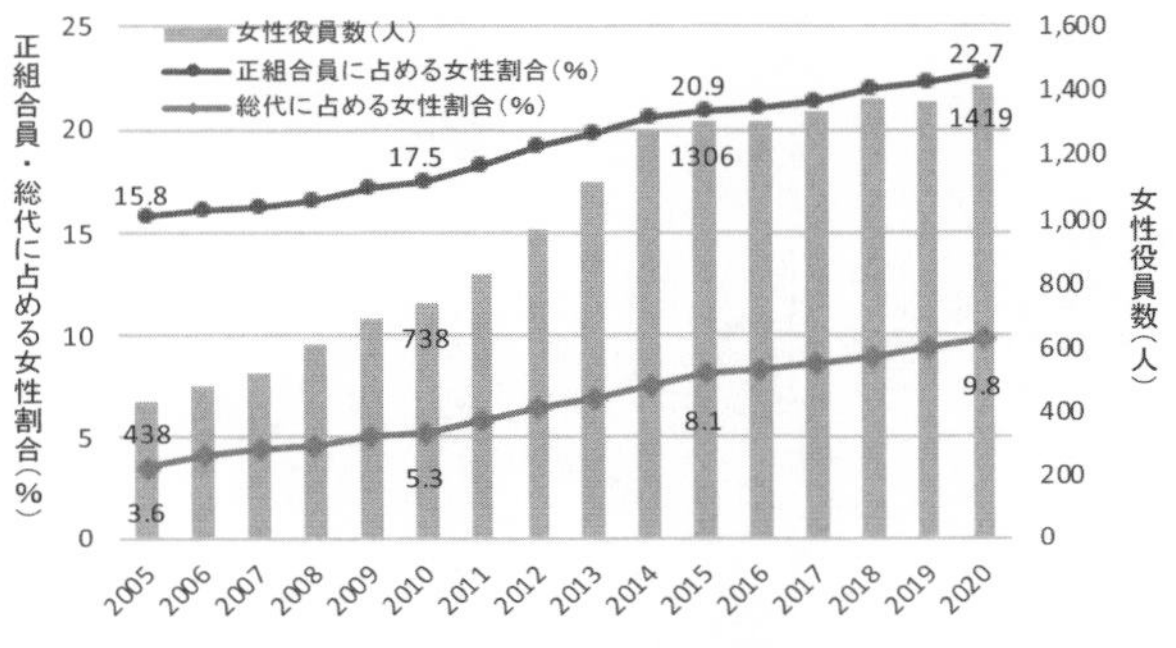

図２－９　ＪＡにおける女性参画の状況

資料：ＪＡ全国女性組織協議会ＨＰ。

に近づいてきたため、２０１９年度に正組合員に占める女性の割合を30％以上、総代に占める女性の割合を15％以上、理事などに占める女性の割合を15％以上とする新たな目標数値を設定している。(54)また、女性組織メンバーの組合加入も進展しており、18年では同メンバーのうち正組合員が32・２％、准組合員が22・３％となるなど、半数以上は組合員となっている。(55)

こうした女性参画をすすめるなかで、女性組織は一貫してＪＡとの対話を方針として掲げて自らの意見・要望を伝えることはもちろん、ＪＡがすすめようとする取り組みについては、女性の地位向上に関わる分野以外についても自らの活動として積極的に実践している。

例えば、第26回ＪＡ全国大会（12年10月）で提起された「ＪＡ支店を核に、組合員・地域の課題に向き合う協同」に対しては、13～15年度の中期計画のなかで「支店活動の充実と事務局体制の整備」を掲げ、支店における女性組織活動の充実化や、そのための支店長や支店運営委員との対話集会の開催、ＪＡと連携して支店ごとの事務局体制の整備に取り組むことなどを定めている。また、第27回ＪＡ全国大会（15年10月）で提起された「『アクティブメンバーシップ』の確立」に対しては、16～18年度の中期計画のなかで「まなぼう！」をスローガンとして掲げ、同メンバーシップの認知・参加・組織化・参画といった各段階における学習の強化に努める方針を定めている。

こうしたＪＡとの一体的活動の展開が、近年の女性組織の大きな特徴といえるだろう。

おわりに――未来に向けたグランドデザインを

以上の歴史を踏まえて、最後にＪＡ女性組織の未来に向けて二つの課題を提起する。

第一には、外に向かって訴求する組織への転換である。女性組織はピーク時にメンバーが３４４万人に達した巨大組織である。その一方で、早い段階から組織の退潮傾向に直面した。そのためその歴史の大半においてメンバーの加入促進に取り組むなど、巨大組織としての維持のために膨大なエネルギーを注いできた。

地域婦人会を出自にもつ女性組織は、集落をはじめとする既存の人と人とのつながりをベースとして誕生した。それゆえにきわめて多くのメンバーを抱えることとなったわけである。もちろん自発的に加入したメンバーも存在したであろうが、それは少数派だったのではないだろうか。既存のつながりを前提とした組織は、そのつながりが弱まれば組織としての存続が脅かされることとなる。女性組織がその歴史の大半において経験したことは、まさにこうした既存のつながりの弱体化であり、それに伴う組織の縮小化であったといえるだろう。

現在女性組織は、地域に開かれたこころざしを同じくする女性の組織として自らを定義している。この定義にしたがってメンバーの拡大をすすめれば、まして地域のなかでの人と人とのつながりが弱くなっている今日においてそれをすすめれば、そこでは無限のエネルギーが求められることとなる。組織化のありかたについて、再考すべきときが来ているのではないだろうか。これまでの女性組織が、メンバー化してから求心力を高める組織であったとするならば、今後の女性組織は、少数であったとしても高い意識をもつメンバーが外に訴求する組織を目指すべきではないだろうか。

もちろん最初から高い意識をもったメンバーは存在しないと考えるべきであろう。こうしたメンバーは組織のなかで育てなければならない。巨大組織としての維持のために注いでいたエネルギーは、高い意識をもつメンバーの育成と外に向かって訴求することにこそ用いるべきであろう。

第二には、ＪＡ組合員組織としての再設計についてである。綱領と5原則の最後の改定から25年が経過している。女性組織とはいかなる役割を果たす組織なのか、その役割を果たすために合理的な組織デザインとはいかなるものか、再検討すべき時期が近づいているのではないだろうか。現在の女性組織はじつに多様な活動を展開している。それはメンバー構成や社会的ニーズ・課題の多様化の結果といえるが、組織の力を分散させ、組織の存在を曖昧《あいまい》なものにしていることは否定できないだろう。

組合員組織としての再設計に当たって、その基本となるのは使命であろう。現在の綱領・5原則に基づけば、食と農の振興、地域づくり、女性の地位向上が挙げられる。JA綱領を踏まえれば生きがいも入るだろう。さらに現実の女性組織が果たしている役割を鑑みれば、JA運動の推進やJA運営への参画などもそこに加わるだろう。こうしたさまざまな候補のなかで、自らの使命について吟味する必要があるのではないか。

使命が定まればおのずと組織デザインの方向性はみえてくるはずである。現在の主要な組織単位には、本部・支部・班・世代別・目的別などがある。使命の定め方いかんによって、どの部分を強化すべきなのかは異なるものとなるだろう。また、新たな組織単位づくりの必要性が生じることや、逆に女性組織の枠組みから外れる組織単位が出てくることもありえるだろう。

JA女性組織が未来において果たすべき役割を展望して、組織のありかたにかかる積極的な議論が期待される。


（西井賢悟）

【注】
(1) 本章における戦後から2001年までのJA女性組織の展開状況にかかる記述は、全国農協婦人組織協議会『全農婦協二十年史』、1972年、同『全農婦協三十年史』、1982年、同『全農婦協40周年を迎えたこの道10年』、1992年、JA全国女性組織協議会『輝くあゆみ そして未来へ JA全国女性協50年史』、2002年に依拠している。以下では、直接的な引用や数値の引用にかぎって注釈を付すこととする。
(2) 全国農協婦人組織協議会「前掲書」、1972年、408頁より引用。
(3) 全国農協婦人組織協議会「前掲書」、1972年、412・413頁より引用。
(4) 全国農協婦人組織協議会「前掲書」、1972年、412頁より引用。
(5) 全国農協婦人組織協議会「前掲書」、1972年、87頁を参照。
(6) この調査は全農婦協が全単位組合を対象として実施したもので回収率は44・1%となっている。ここでの記述は全国農協婦人組織協議会「前掲書」、1972年、350・357頁を参照。
(7) この調査は全農婦協が全単位組合を対象として実施したもので3375組織から回答を得ている。ここでの記述は全国農協婦人組織

協議会「前掲書」、1972年、208・209頁を参照。

(8) 全国農協婦人組織協議会「前掲書」、1972年、409頁より引用。

(9) 全国農協婦人組織協議会「前掲書」、1972年、118頁より引用。

(10) 三輪昌男『農協の理念と現実』、日本経済評論社、1981年、36頁より引用。

(11) 同大会では「総合事業計画樹立実行運動に関する決議」のなかで「農協の協力組織として部落組織並びに青年・婦人組織等を育成し、系統一体活動の支柱とする」とされ（全国農業協同組合中央会「第三回全国農業協同組合大会宣言並びに決議」、1955年12月、4~5頁）、次の大会では「農協刷新拡充三ヵ年計画の実施に関する決議」のなかで「部落組織を拡充する」と「協力組織の育成強化をはかる」が併置して掲げられた（同「第四回全国農業協同組合大会宣言並びに決議」、1956年11月、5~6頁）。こうした点を踏まえると、当初の協力組織とは集落組織と青年・婦人組織を指し、その後青年・婦人組織のみを指すようになったと考えられる。

(12) 全国農業協同組合中央会「第15回全国農業協同組合大会議案」、1979年10月、93頁より引用。

(13) 山本修・武内哲夫・藤谷築次『農協革新の課題と実践』、家の光協会、1980年、76・77頁より引用。

(14) 全国農協婦人組織協議会「前掲書」、1972年、227・228頁より引用。

(15) 全国農協婦人組織協議会「前掲書」、1972年、232・233頁を参照。

(16) 注6と同様。

(17) 全国農協婦人組織協議会「前掲書」、1972年、298・302頁より引用。

(18) 全国農協婦人組織協議会「前掲書」、1982年、214・215頁を参照。

(19) 全国農協婦人組織協議会「前掲書」、1982年、219・223頁を参照。

(20) この調査は全農婦協が単位組合3809組織を対象として実施したものである。ここでの記述は全国農協婦人組織協議会「前掲書」、1982年、301・305頁、491・496頁を参照。

(21) 全国農協婦人組織協議会「前掲書」、1972年、360・365頁を参照。

(22) 全国農業協同組合中央会「第12回全国農業協同組合大会議案 農村生活の課題と農協の対策（案）―生活基本構想―」、1970年10月、61・62頁より引用。

(23) 全国農協婦人組織協議会「前掲書」、1972年、378・380頁を参照。

(24) 注20と同様。

(25) 全国農協婦人組織協議会「前掲書」、1982年、409・411頁を参照。

(26) 全国農協婦人組織協議会「前掲書」、1982年、411・412頁を参照。

(27) 全国農協婦人組織協議会「前掲書」、1982年、418頁を参照。なお、76年の調査とは、第二次計画の実践状況を点検するために全農婦協が全中と共同で全単位組合を対象として実施したものである。

(28) 全国農協婦人組織協議会「前掲書」、1982年、243頁、420・421頁を参照。

(29) 全国農協婦人組織協議会「前掲書」、1982年、244・247頁を参照。

(30) 全国農協婦人組織協議会「前掲書」、１９８２年、２５９頁を参照。
(31) 全国農協婦人組織協議会「前掲書」、１９８２年、２５９・２６０頁を参照。
(32) 全国農協婦人組織協議会「前掲書」、１９８２年、２６２・２６４頁を参照。
(33) 全国農協婦人組織協議会「前掲書」、１９８２年、２９４頁より引用。
(34) 全国農協婦人組織協議会「前掲書」、１９９２年、66・69頁を参照。
(35) ＪＡ全中五十年史編纂委員会『ＪＡ全中五十年史』、２００６年、１２６頁より引用。
(36) ＪＡ全中五十年史編纂委員会「前掲書」、２００６年、１２６頁を参照。
(37) 全国農協婦人組織協議会「前掲書」、１９９２年、56・58頁を参照。
(38) 全国農業協同組合中央会「第17回全国農業協同組合大会議案」（１９８５年10月）、１８６・１８７頁を参照。
(39) 全国農業協同組合中央会「第19回全国農業協同組合大会議案『農協・21世紀への挑戦と変革』」（１９９１年10月）、51・53頁を参照。
(40) 注20と同様。
(41) ＪＡ全国女性組織協議会・全国農業協同組合中央会「新たな飛躍をめざして～ＪＡ女性組織活性化検討委員会報告書～」（２００１年9月）、28・29頁を参照。
(42) 全国農協婦人組織協議会「前掲書」、１９８２年、２９２頁より引用。
(43) 全国農協婦人組織協議会「前掲書」、１９８２年、２９１・２９７頁を参照。
(44) １９８０年の結果は注20と同様。２０１５年の結果はＪＡ全国女性組織協議会・全国農業協同組合中央会「平成27年度ＪＡ女性組織メンバー意向調査・活動実態調査報告書」（２０１６年3月）、49頁を参照。なお、同調査では非農家の割合をフレミズ（おおむね45歳以下）とミドル（おおむね45～65歳）に分けて集計しており、ここではミドルの結果を示している。
(45) 以下の二つの方向性にかかる記述は、ＪＡ全国女性組織協議会・全国農業協同組合中央会「前掲報告書」（２００１年9月）、36・38頁を参照。
(46) ＪＡ全国女性組織協議会・全国農業協同組合中央会「前掲報告書」（２００１年9月）、40・42頁より引用。
(47) この調査は全農婦協が第一次計画の総括のために実施したもので、5県を除く各県組織から状況報告を受けている。全国農協婦人組織協議会「前掲書」、１９８２年、１２４・１２７頁を参照。
(48) 全国農業協同組合中央会「第17回全国農業協同組合大会議案」（１９８５年10月）では、「生活班の組織化をはかる一方で、組合員の活動目的に応じた組合員の自主的な参加による目的別組織の育成をすすめる。その主なものはスポーツ、趣味（略）などがあげられる。とくに食品、日用品などの生活必需品を対象とする頻度の高い共同購入活動を定着させるためには、活動を担う組織が必要（略）。農協婦人部（略）においても目的別の活動を強化することが必要である」（同大会議案１４５頁）とされた。90年代構想において「目的別」という用語を使用し、その位置づけの明確化をはかったのには、こうした系統農協の方針も強く影響していると考えられる。
(49) ＪＡ全国女性組織協議会「前掲書」、２００２年、２１３・２２１頁を参照。なお、以降のＪＡ全国女性協の中期計画にかかる記述は、直接それぞれの中期計画を参照している。

(50) ＪＡ全国女性組織協議会・全国農業協同組合中央会「前掲報告書」（２０１６年３月）では、目的別組織の効果として、「組織全体の活性化に役立っている」を75・５％のＪＡが選択している（同報告書の58頁）。ただし同様の設問のなかで「ＪＡ運営への参画意識が高まった」を選択したＪＡは14・６％にとどまっており、本文のすぐ後に記している「目的別活動を組み入れた組織運営」が課題として提起されたことと符合している。

(51) 全国農業協同組合中央会「平成29年度全ＪＡ調査調査結果」（２０１７年11月）を参照。

(52) ＪＡ全国女性組織協議会「第69回ＪＡ全国女性協通常総会資料」（２０１９年５月）、54頁を参照。

(53) 全国農業協同組合中央会「第22回ＪＡ全国大会決議『農』と『共生』の世紀づくりに向けたＪＡグループの取組み」（２０００年10月）、65・66頁を参照。

(54) 全国農業協同組合中央会「第28回ＪＡ全国大会決議 創造的自己改革の実践～組合員とともに農業・地域の未来を拓く～」（２０１９年３月）、32頁を参照。

(55) ＪＡ全国女性組織協議会「前掲資料」（２０１９年５月）、55頁を参照。

第3章 ＪＡ女性組織とＪＡ教育文化活動

【要旨】

ＪＡの事業・経営環境を取り巻く状況は、ますます厳しさをましている。

ＪＡの正組合員数は年々減少し、２００９年からは准組合員数が正組合員数を上回る「逆転現象」が続いている。また、農家数も急速に減少し、２０２０年『農業センサス』によれば、総世帯数に占める総農家数の割合は約３％にまで落ち込んだ。残念ながら、ＪＡの組織基盤は盤石とはいえない。

そうしたなかで「ＪＡ女性組織」と「ＪＡ教育文化活動」は、率直にいって「脇役」と位置づけられ、軽視されているケースが少なくない。しかし、ＪＡの将来を見据えるとき、この二つの命題の重要性が浮き彫りになってくる。なぜならば、「女性に見放されたＪＡに未来はない」からであり、ＪＡが協同組合として発展するためには「ＪＡ教育文化活動」の積極的な展開が不可欠だからである。

本章では「ＪＡ女性組織」と「ＪＡ教育文化活動」の役割と重要性について言及するとともに、二つの関連性や連携強化について考察していきたい。

一見、ＪＡの直接的な収支効果には縁遠いようにみえるこの二つのテーマにこそ、「将来も元気なＪＡ」や「地域になくてはならないＪＡ」を実現するためのカギが隠されている。

はじめに

本章では、ＪＡ女性組織とＪＡ教育文化活動の相互補完的な関係性について考察する。すなわち、ＪＡ女性組織を活性化するためにはＪＡ教育文化活動の積極的な展開が不可欠であり、ＪＡ教育文化活動を軌道に乗せるためにはＪＡ女性組織の活躍が必須条件になる。その意味での相互補完性である。

全国のＪＡを俯瞰《ふかん》してみると、事業・経営・組織・活動が好調なＪＡは、ほとんど例外なくＪＡ女性組織とＪＡ教育文化活動の役割を高く評価し、その活動促進に取り組んでいる。

将来も元気で「地域になくてはならないＪＡ」を目指すためには、この両者のたいせつさと関係性を再確認することが重要ではないだろうか。

1．ＪＡ教育文化活動の重要性

（1）ＪＡ教育文化活動をめぐる歴史的経過

そもそも「ＪＡ教育文化活動」とはなんなのか。どのような概念で、どのような経過で生まれたのか。

戦後の農協運動において、教育活動・広報活動・生活活動・文化活動などの諸活動は、単体の言葉としては存在していた。１９９０年頃に京都大学教授（当時）の藤谷築次氏の指導のもと、家の光協会がこれら四つの活動を総合的に整理し、再構築したのが「ＪＡ教育文化活動」であり、いわば造語である。

当時、ＪＡ教育文化活動は「教育広報活動」と「生活文化活動」に大別され、前者はＪＡの経営活動、後者は組合員の組織活動と位置づけられていた。

その後、２００８年に家の光協会は「教育文化活動実践検討委員会」を立ち上げ、教育文化活動の今日的な役割や重要性について再整理することを目指した。コーディネーターには協同組合経営戦略フォーラム代表の坂野百合勝氏、委員には広域ＪＡの常勤役員（９人）と家の光協会の常勤役員（３人）が参加。委員会の報告書は『ＪＡ教育文化活動の手引き』として刊行された。

この報告書の最大のポイントは、従来は「教育広報活動」と「生活文化活動」の二つに大別されていたＪＡ教育文化活動を、多様化する組合員の願いや期待に応えるために「教育・学習活動」「情報・広報活動」「生活文化活動」「組合員組織の育成活動」という四つの活動領域に細分化したことである（**表３－１**参照）。

それぞれの活動の趣旨について解説してみよう。

表３－１　ＪＡ教育文化活動の活動領域

① 教育・学習活動	＝	組合員（総代・正組合員・准組合員） 組合員家族（組合員次世代・子どもたちなど） 組合員組織（女性組織・青年組織・生産部会など） 地域住民（員外利用者・消費者・子どもたちなど） 役職員（とくに協同組合学習）
② 情報・広報活動	＝	組織内広報（ＪＡ広報誌、家の光三誌など） 組織外広報（対外広報誌、ＪＡホームページなど）
③ 生活文化活動	＝	健康づくり、高齢者生活支援、教養文化、生活技術、ライフプラン、食農教育、環境保全、子育て支援など
④ 組合員組織の育成活動	＝	女性組織・青年組織の育成と活性化支援 子どもたち・元気高齢者の活動支援 地域住民の活動支援と参加促進など

教育・学習活動＝協同組合は「共存同栄」という独自の思想・理念を有している。この考え方を浸透するためには教育・学習活動が不可欠である。まさに「教育なくして協同組合の発展なし」といわれるゆえんである。正・准組合員、ＪＡ女性組織をはじめとする多様な組合員組織、次代を担う子どもたち、そしてＪＡ役職員と対象者は多岐にわたっている。いま、ＪＡの教育・学習体系の再整備・再構築が大きな課題である。

情報・広報活動＝組合員が求める情報を充実・提供することはもとより、今後は地域住民（非農家）向けの情報・広報活動を強化する必要がある。いかにしてＪＡファンを増やし、組合員勢力の拡大につなげていくことができるのか。ＪＡの総合的な情報・広報戦略が求められている。

生活文化活動＝「こころ豊かに暮らしたい」という願いや期待は、

組合員（農家）や地域住民（非農家）を問わず、年々高まりをみせている。多様な組合員や地域住民がＪＡに親しみをもち、ＪＡに結集するためには、生活文化活動の強化と積極的な展開が必要である。

組合員組織の育成活動＝集落組織、生産組合、青年・女性組織、支所・支店運営委員会、年金友の会などの多様な組合員組織は、一般企業には存在しない、まさにＪＡの「財産」「宝物」である。組合員組織の自律的・主体的な活動こそ「協働活動」の基本であり、協同組合運動の原点である。

（2）ＪＡ教育文化活動の今日的な役割

１９４７年に「農業協同組合法」が公布されてから、４分の３世紀あまりの月日が経過しようとしている。ＪＡは今後も協同組合として発展し続けることができるのか、それとも市場原理主義とグローバル化の荒波に飲み込まれて縮小路線をたどらざるを得ないのか、まさに重大な転換期を迎えている。

ここで、ＪＡの組織基盤をめぐる内部課題を確認しておきたい。

①正組合員の減少と高齢化の進行＝高齢の正組合員が引退した後、果たして次世代は組合員資格を継承してくれるだろうか。また、資格を継承してくれたとしても、以前と同じ程度の出資金を拠出してくれるだろうか。今後は、組合員次世代や次々世代との関係性をどのように構築していくかが、ＪＡ存続のカギとなる。

②農家数の急激な減少＝総世帯数に占める総農家数の割合は約３％になった（２０２０年『農業センサス』）。いまや１００戸のうち97戸は非農家という時代の到来である。今後、いかにして地域住民をＪＡファンや地域農業の応援団として組織化できるかが、ＪＡの将来を左右するといっても過言ではない。

③女性組織メンバーの減少と高齢化の進行＝ピーク時の１９５８年には約３４４万人を数えた女性組織メンバー数が、２０１９年には約52万人まで激減している。また、正組合員と同様にメンバーの高齢化も進行している。今後は、若い女性たちと地域住民の女性たちの加入促進に本気で取り組む必要がある。

④**ＪＡ運営への女性参画の立ち遅れ**＝正組合員・総代・役員の女性比率は徐々に増加している（**表３－２**参照）が、まだまだＪＡは「男性社会」といわざるを得ない。しかし、地域農業・くらし・地域社会に果たす女性たちの役割は大きい。ＪＡ運営への女性参画の促進は、ＪＡ自己改革の今後のポイントといえるだろう。

こうした課題を見据えてＪＡの将来を考えるとき、次のような危機感が芽生えてくる。

○若い世代（組合員次世代）の参加・参画なくしてＪＡに未来はない
○地域住民（非農家）の応援なくしてＪＡに未来はない
○女性パワーのさらなる発揮なくしてＪＡに未来はない

若い世代・地域住民・その両方にかかる女性の多くは、ＪＡとの関係性が希薄である。こうした人びとが、まずＪＡに親しみと関心をもち、徐々に活動に参加して事業を利用し、組合員や女性組織に加入してくれるという流れをつくりださなければ、ＪＡの未来は明るいとはいえない。

そうした人びととの親密な関係性を築くための活動が「ＪＡ教育文化活動」である。

ここで誤解がないようにお断りしておくが、こうした人々の対極にある方々、すなわち高齢者・農家・男性たちを筆者は軽視しているわけではない。こうした方々に対しては、ＪＡは従来から一定の働きかけを実践しており、ＪＡとの関係性も比較的強い。ＪＡの将来を考えるとき、高齢者・農家・男性は従来どおりたいせつにしながら、いままで関係性が弱かった若い世代・地域住民・女性へのアプローチを強化する必要があると力説したいのである。そのためには、教育文化活動は担当部署まかせではなく、オールＪＡで取り組むことが重要である。なぜならば、その成否にＪＡの将来がかかっているからである。

表３－２　正組合員・総代・役員の女性比率の推移

	2013年	2014年	2015年	2016年	2017年	2018年	2019年
正組合員比率（%）	19.8	20.6	20.9	21.1	21.4	21.9	22.4
総代比率（%）	6.9	7.6	8.1	8.4	8.7	9.0	9.4
役員比率（%）	6.0	6.9	7.2	7.5	7.7	8.0	8.4

資料：ＪＡ全国女性組織協議会ホームページより。

また、ＪＡ教育文化活動には三つの「横糸の役割」があると、多くの研究者が指摘している。

①ＪＡの事業と事業を結ぶ横糸の役割

近年、ＪＡの事業・活動の縦割り化傾向がすすんでいる。営農は営農、信用は信用というように、ＪＡ職員は目の前の担当業務をこなすのが精いっぱいで、ＪＡ全体としてなにを目指しているのかを確認しづらい状況にある。これではＪＡの最大の強みである「総合力の発揮」は困難である。そこで、事業と教育文化活動を組み合わせることによって、縦割り化の弊害を克服しようと挑戦しているＪＡがある（後述の事例①、②参照）。

②ＪＡ職員と組合員・地域住民を結ぶ横糸の役割

ＪＡの広域合併によって、組合員・地域住民と円滑なコミュニケーションをとることのできない職員が増加している。職員が教育文化活動の「世話役」を担うことによって、両者の距離は確実に縮まるだろう。

③組合員と組合員、農家（生産者）と非農家（消費者）を結ぶ横糸の役割

ＪＡ教育文化活動を展開することにより、いままで顔も名前も知らなかった多様な組合員や地域住民が親睦を深め、新たな協同活動のスタートラインに立つ可能性は十分にある。

教育文化活動は、それ自体がＪＡに収益をもたらすものではない。しかし、ＪＡがさまざまな課題を克服し、協同組合として発展していくための基盤的な活動であり、必須の活動であるといえるだろう。

事例①　愛知県・ＪＡあいち知多

ＪＡでは、金融部と営農部の合同プロジェクトによって、新しい金融商品「**アグリパック**」を開発した。内容は、スーパー定期1年もの・新規２００万円の契約者に対して、２００口に限定して、ある特典を用意した。その特典とは、営農指導員が丹精込めて栽培した8種類の野菜を新規契約者が収穫し、おみやげとして持ち帰ってもらうという内容である。また、限定２００口にしたのは、収穫野菜の数量はあらかじめ決まっているからであり、契約者との約束を守るためである。

当初、ＪＡの担当者は「どのくらいの反応があるかなあ」と不安を隠せなかった。しかし、実際に蓋《ふた》を開けてみると、わずか約１か月で２００万円・２００口を完売したという。ここで注目すべきことは、信用事業という既存事業と農業体験活動という教育文化活動を組み合わせた点にある。いいかえれば、縦割り化しがちなＪＡ事業（信用事業と営農事業）に教育文化活動が「横糸」を通し、総合事業体である「ＪＡの最大の強み」をいかんなく発揮したということである。

「アグリパック」の成功によって、ＪＡは二つのことに気づいたという。一つは、非農家の方々はＪＡが想像する以上に農業体験活動に関心があるということ。二つは、この金融商品こそＪＡ以外の金融機関では絶対に実現することのできない「ＪＡらしいアイデア」だということである。

ＪＡは、この成果に満足することなく、新たな「横糸」を見つけだそうと、現在も奮闘中である。

事例②　滋賀県・ＪＡ東びわこ

こちらのＪＡは、旅行事業という既存事業と高齢者福祉という教育文化活動を組み合わせた。

名づけて「**シニアマーク付き旅行**」。高齢のため歩くのは遅いし、トイレも近いので、同行者に迷惑をかけてしまうと、団体旅行に参加することをほとんど諦めている高齢者向けの旅行プランである。

車いす・シルバーカーＯＫ、ＪＡが養成したヘルパー２級以上のボランティアが添乗する。トイレ休憩は、回数も時間も通常の旅行よりも多く確保し、高齢者や身体の不自由な人でも参加しやすいようにした。

もちろん、料金は通常の旅行よりも割高になるが、「もう旅行には行けない」と諦めていた高齢者の家族たちの多くは、喜んでおじいちゃん・おばあちゃんを旅行に送り出したという。

この事例も、総合事業に取り組むＪＡだからこそ実現したアイデアであり、その根底には協同組合の基本的な理念である「相互扶助」の精神が息づいている。残念ながら、この企画は諸事情により現在は中止しているが、今後のＪＡ事業・活動の方向性に多くの示唆《しさ》を与えてくれたといえるだろう。

2. ＪＡ女性組織の課題を克服するために

(1) ＪＡ女性組織の発展を目指して

前述したように、ＪＡ女性組織の課題はメンバーの減少と高齢化であり、それを克服するためには若い女性たちと地域住民（非農家）の女性たちの加入促進が必要不可欠である。

まず、若い女性たち（フレッシュミズ世代）のＪＡ女性組織への加入実態を調べてみよう。

２０１９年、全国のフレッシュミズのメンバー数は1万５５００人余り。これをＪＡ女性組織全体の52万人で割ると３・０％という数字になる。ただし、フレッシュミズ組織のあるＪＡは全体の半分強にすぎず、組織がなければフレッシュミズとしてカウントできないから、実際は2倍弱の「フレッシュミズ世代」が存在していると推定できる。しかし2倍としても、占有率に換算すれば６・０％である。

つまり、１００人の女性組織メンバーのうち、おおむね45歳未満の若い女性は６人しかいない。これがＪＡ女性組織の実態である。若い女性たちが加入したくなる女性組織に改革するには、なにが必要なのか。これが第一のポイントである。

次に、ＪＡ女性組織と地域住民（非農家）の関係性について考察してみよう。

前述したように、いまや総農家数の占有率は総世帯数の３％という時代を迎えた。ＪＡ女性組織も農家の主婦だけの「内向きの組織」であっては、今後の大きな発展は望めないといえるだろう。じつは、そうした時代の流れを、いまから25年前にＪＡ女性組織のリーダーたちは見事に予見していたのである。

1995年、当時の農協婦人部はJA女性組織と名称変更し、新たな「JA女性組織綱領・5原則」を制定した。かつての「農協婦人部綱領・五原則」と比較してみれば、その差は明らかである。

ここでは全文を掲載することは控えるが、基本的なスタンスの違いは、次のとおりである。

〔農協婦人部五原則〕

二・農村婦人の組織であります。農協婦人部は働く農民である婦人を中心として構成する組織です。

〔JA女性組織5原則〕

2．こころざしを同じくする女性の組織です。

つまり、「農民の婦人団体」から「農や食、地域社会にこころざしをもつ（心を寄せる）女性の組織」へと基本路線を大きく転換したのである。ここに至って、JA女性組織は地域社会に開かれたオープンな組織としての立場を鮮明に宣言したといえるだろう。

「農家でなくても構いません。JAの組合員でなくてもけっこうです。農業や食に関心のある方、地域社会を少しでもよくしたいと考えている方は、どうぞJA女性組織に加入してください」というメッセージを、JAや女性組織は、もっと自信をもって発信してよいのではないだろうか。これが第二のポイントである。

（2）「JA女性大学」開講のすすめ

第一のポイント＝若い女性の加入促進をはかるには、その中核となる若い女性リーダーの育成が重要であり、急務である。また、第二のポイント＝地域住民の加入促進をはかるには、「地域に開かれたJA女性組織」というメッセージを、だれの目にもはっきりと見える形で打ち出す必要がある。

そのときに有効な方策となるのが「ＪＡ女性大学」の開講である。

２０１０年、家の光協会はＪＡ全中とともに「ＪＡ女性大学開講促進委員会」を立ち上げた。コーディネーターは福井県立大学教授（当時）の北川太一氏、委員には広域ＪＡの「女性大学」担当課長（６人）とＪＡ全国女性組織協議会会長、ＪＡ全中・家の光協会の事務局が参加した。委員会の報告書は『ＪＡ女性大学開講のすすめ』としてまとめられ、全国のＪＡに配布された。

前述したとおり、ＪＡの将来を考えるとき「若い世代」「地域住民」「女性パワー」の三つが、キーワードになる。この三者が重なり合う地点に、若い世代や地域住民を対象にした「ＪＡ女性大学」は位置している。「ＪＡ女性大学」の開講の目的は、ＪＡの将来にとって重要な「若い女性リーダー」の育成や「ＪＡファン・地域農業の応援団」づくりを積極的にすすめていくことである。

女性正組合員のリーダーは将来の女性総代・女性役員の候補者であり、若い女性はフレッシュミズや女性組織リーダーの予備軍であり、地域住民の女性は女性組織メンバーや准組合員になる可能性をもっている。そのため「ＪＡ女性大学」の対象者は、女性組合員や組合員家族、女性組織メンバーに限定するのではなく、広く地域全体に呼びかけることがたいせつである。そして、「ＪＡ女性大学」をＪＡの組織基盤を強化するための「人づくり運動」として位置づけ、ＪＡとして主体的・戦略的に取り組む必要がある。

ここで、委員会に参加したＪＡのなかから、特徴的な二つの事例を紹介する。

事例③　福岡県・ＪＡにじ

開講の契機になったのは、２００２年度の全国家の光大会で長野県・ＪＡ松本ハイランドの「若妻大学」の体験発表を聴いて大きな感銘を受けたからだという。すぐにＪＡ松本ハイランドとＪＡ北信州みゆき（当時）を視察して先進事例を学び、翌年度の03年７月には「ＪＡ女性大学」を開講した。

受講期間は1期2年間、合計20回の講座を企画した。対象者はJA管内のおおむね20〜50歳の女性で、定員は60人とした。じつは、当初は45歳までという年齢制限を設けていたが、「あまりに若すぎる」と反発があったため50歳まで広げたという。開講時には無料の託児所を開設し、小さな子どもたちのお世話は地域の保育士OB組織に依頼している。若い女性たちの参加を促進するためには、保育所が不可欠である。受講料は1期につき5000円、他に講座の内容に応じて実費の追加徴収がある。

さて、JAにじの最大の特徴は、受講生になる条件として、JA女性部に加入することが求められるということである。女性部の部費500円は受講料の5000円に含まれており、受講生は自動的に女性部員になる。「それほど大きな反発はありませんでしたね。『JA』の『女性大学』なんだから仕方ないかな、という反応が多かったようです」と、JA事務局は述懐《じゅっかい》する。しかし、問題は卒業後に現れた。

「入学時に新たに女性部に加入した受講生の約7割が、卒業時に脱退してしまったのです。今の若い人たちはドライだなあと大きなショックを受け、女性大学の効果に疑問をもちました」

すぐに事務局は、当時の代表理事組合長・足立武敏氏に報告し、自分たちの悩みを吐露して力不足を謝罪した。しかし、組合長の反応は事務局の予想とはかけ離れていた。

「なにを悩んでいるのだ。7割が脱退したということは、受講生の3割が女性部に残ったということだろう？女性大学を開講していなければ、女性部への新規加入者はゼロだったのだから、すばらしい成果を上げたことになる。女性大学はJA運動の『裾野を広げる活動』なんだから、あまり欲張らずに自信をもちなさい」と、逆に励まされたという。

現在、フレッシュミズの約8割はJA女性大学の卒業生であり、そのなかから将来の女性部リーダーが着実に育ちつつある。JA女性大学が、女性部活性化の起爆剤になったことは明白だろう。

事例④　長野県・ＪＡ上伊那

長野県は「ＪＡ女性大学」の先進地である。ＪＡ上伊那でも、２００１年頃から開講しようという機運が高まったが、なかなか踏み切れずに月日が経過した。しかし、将来のＪＡを考えるとき、若い女性たちの参画は重要であると痛感し、06年に「フレッシュミズ大学」を開講した。

受講期間は1期1年間、合計12回のカリキュラムが組まれる。対象者は、ＪＡ管内に住む20～39歳の女性と非常に若く、女性部に加入している受講生は数％にすぎなかったという。

「フレッシュミズ大学」の活動がスタートすると、ＪＡ女性部員たちから思わぬ反応が湧きあがった。「若い人だけでなく、わたしたち女性部員も勉強したい」という要望が、ＪＡに続々と寄せられたのである。

そこでＪＡは、翌07年に「ミドルミズ大学」を開講。受講期間は1期1年間、合計12回。対象者は、40～59歳の組合員家族とした。このうち、ＪＡ女性部員は約8割を占める。ＪＡでは「ミドルミズ大学」を女性部や地域のリーダーを養成する場として位置づけている。現在では、生活班リーダーとして活躍している受講生や卒業生も多く、ＪＡ組合員や女性部への加入につながっているケースもあるという。

連鎖の波は、ここで終わらなかった。こんどは、高齢のＪＡ女性部員たちが「わたしたちも勉強したい」と声を上げたのである。ＪＡはこの要請にも耳を傾け、60歳以上のＪＡ女性部員（上限なし）を対象に、年間3～4回の「ナイスミドル講座」を10年に開講した。

ここに至って、ＪＡ上伊那の「女性大学」は年代別の三部制を確立したのである。「フレッシュミズ大学」が契機になって幅広い女性たちの学習意欲を刺激したという、貴重な事例である。

近年、若い世代や地域住民の女性たちを対象にした「ＪＡ女性大学」を開講するＪＡは、徐々にではあるが確実に増加している。「ＪＡ女性大学」はＪＡ女性組織の活性化やＪＡ運営への女性参画の促進に寄与するだけでなく、ＪＡ組合員勢力の拡大の原動力になる可能性をもっている。

若い女性たちや非農家の女性たちがＪＡに集うことによって、ＪＡは確実に元気になる。また、どちらかといえば閉鎖的と思われがちなＪＡのイメージが、地域に開かれた「ＪＡ女性大学」を開講することによって、開放的なイメージに変わることも期待できるだろう。

（３）ＪＡ運営への女性参画を促進するために

そもそも、我が国における男女共同参画社会の実現は、遅々として進んでいない。

「ジェンダーギャップ指数　２０２１」（世界男女格差指数）によれば、日本は１５６か国のなかで１２０位という、きわめて低位にランクされている。また、そうした日本のなかにあっても、ＪＡの女性参画の立ち遅れは深刻なものだといわざるを得ない。このままの状態が続けば、ＪＡは「古い体質の閉鎖的な団体」として、問題視されることは必定である。ＪＡが「新しい開放的な組織」として生まれ変わるためには、ＪＡ運営への女性参画の促進を本気ですすめていく必要がある。

そうした状況を受けて、ここでは二つの先進的な事例を紹介する。

事例⑤　岡山県・ＪＡ岡山西（当時）

２００９年、ＪＡ岡山西において「男女共同参画のつどい」が開催された。女性部リーダーが中心になって計２００人が参加したが、そのなかにＪＡ役員全員（常勤・非常勤）が含まれていた。じつは、当日の午前中にＪＡ理事会を開催し、引き続き午後から「つどい」を開催したのである。事務局は、こう述懐する。

「以前も男女共同参画のつどいを開催し、ＪＡ役員にも案内を出したのですが、出席者は非常に少なかった。そこで一計を案じ、理事会の直後にぶつけてみました。案の定、ほとんどの役員が出席してくれましたね。男女共同参画というのは、女性だけが学習しても効果は上がらないし、男性が変わらなければ前に進まない。その意味では、今回の作戦は大成功でしたね」

まず男性を巻き込み、男性の理解を得ることができなければ男女共同参画は実現しない。そのことを重要視した事務局の知恵は、多くのＪＡの参考になることだろう。

事例⑥　鳥取県・ＪＡ鳥取中央

前述したとおり、ＪＡ運営への女性参画の「王道」は、女性の組合員・総代・役員などを増やすことである。しかし、女性の能力・発想・感性を、別の角度から生かす取り組みに挑戦しているのがＪＡ鳥取中央である。

当ＪＡには８つのＡコープ店があったが、いずれも赤字続きで「残念だが閉店しようか」という状況にまで追い込まれた。２００２年、当時の代表理事組合長だった坂根國之氏は、大胆な改革を決断する。

Ａコープ店を株式会社化し、ＪＡ女性会メンバーから1店舗に1人ずつ、合計8人の取締役を募集したのである。そもそも赤字であるにもかかわらず、勇気ある女性たちが要請に応えた。その結果、8店舗のすべてがわずか1年間で黒字への転換を実現したという。坂根組合長は、こう述懐した。

「女性パワーの強さには驚いたが、じつは二つの側面がある。一つは、店舗の運営能力。Ａコープ店の利用者の多くは女性たちだが、その女性客のニーズや要望を敏感に察知し、運営を改善したのが女性取締役だった。二つは、女性会全体の応援パワー。自分たちの代表が取締役になったのだから応援したいと、従来よりも多くＡコープ店を利用してくれた。この二つの女性パワーが相まってＡコープ店の売り上げが増加し、経営を建て直すことができた。今から思えば、もっと早く女性たちの能力に気づくべきだったと反省している」

その後、ＪＡではファーマーズマーケットの店長への女性職員の登用や、女性管理職の増加を目指すなど、女性パワーの掘り起こしと発揮を継続的に追求している。

ＪＡ運営への女性参画の効果は、Ａコープ店にかぎったことではない。それぞれのＪＡの実情に応じて、どのような女性参画の「かたち」がふさわしいのか、その可能性を探求してほしいと思う。

3．家の光事業をＪＡ女性組織に生かすために

（1）情報媒体としての活用

家庭雑誌『家の光』は、１９２５（大正14）年にＪＡ全中の前身である産業組合中央会から刊行された。当時の会頭・志村源太郎は『家の光』創刊にさいして「共同心の泉」という一文を寄せた。これを要約すると、「産業組合（協同組合）にとって最もたいせつなものは、組合員の共同精神である。この共同精神を養うのは、組合員の家庭であり、家庭はすなわち共同心の泉である。本誌『家の光』の目的は、この共同心の泉を家庭において育て養うところに存在する」と、高らかに宣言している。

現在、家の光協会では家庭雑誌『家の光』、農業総合誌『地上』、子ども雑誌『ちゃぐりん』、家庭菜園情報誌『やさい畑』、農業・協同組合・生活実用・教養関連の書籍「家の光図書」などの各種媒体を発行している。とくにＪＡ女性組織は、さまざまな活動の参考書として幅広く『家の光』などを活用してきた。料理・手芸・健康などの生活実用記事は個人の暮らしに役立てるだけではなく、各種のグループ活動や生活文化教室、ＪＡ女性大学のテキストとして、多くのＪＡで活用されている。また、連載記事の「まんがルポ　ＪＡ女性組織」「フレミズ関連企画」「ＪＡ・協同組合関連企画」も、ＪＡ女性組織の学習資材として好評である。なかでも、超ロング企画の「まんがルポ」は人気が高い。

以前、あるＪＡの女性部研修会に出席して帰途に着くとき、一人の女性部員が分厚いファイルを抱えて挨拶《あいさつ》にみえたことがあった。ファイルの中身は「まんがルポ」２年分（24編）で、自宅にはあと４冊あるという。つまり、この方は10年分・合計１２０編の「まんがルポ」を保存しているのである。

「このファイルは、わたしの財産です。まんがだから短時間で読み切れるでしょう。もちろん、わたしたちの女性部活動の参考になるし、いちばん重宝するのは視察研修の候補地を決めるとき。このファイルを開けば、地元からの距離や候補になる女性部の活動内容が一目瞭然《いちもくりょうぜん》なのです。この連載はずっと続けてくださいね」という、ありがたいお言葉をいただいた。まさに「継続は力なり」である。

（2）ＪＡ教育文化活動の活性化支援

家の光協会は媒体を発行するだけでなく、ＪＡが取り組んでいるさまざまな教育文化活動を支援している。すべては網羅できないが、とくにＪＡ女性組織との関連が深い項目について紹介したい。

①教育・学習活動への支援

「協同組合大学」「ＪＡ女性大学」「ＪＡあぐりスクール」という三つの「学校」への支援が中心である。

「協同組合大学」とは「協同組合とはなにか?」「ＪＡの使命・目的とはなにか?」という基本を学ぶ学校であり、協同組合の理念や価値、ＪＡと一般企業との違いなどを再認識することを目的にしている。「ＪＡ女性大学」は前述したとおりである。「ＪＡあぐりスクール」は子どもたちを対象にした年間継続型の農業体験学校で、子どもたちに農業・食・自然・環境・ふるさと・ＪＡのたいせつさを伝えることが目的である。

いずれも「手引き書」や「先進事例集」を作成し、全国のＪＡにおける開講（開校）促進を目指している。

②各種フェスタへの支援

「ＪＡ家の光大会（女性フェスタ）」「ＪＡ家の光クッキング・フェスタ」「ちゃぐりんフェスタ」という三つの「フェスタ」への開催支援が中心である。支援内容は、企画・実施に関する相談、記念品の提供、開催経費の一部負担など多岐にわたる。

③各種生活文化教室への支援

「JA家の光料理教室」「JA手芸教室」「JA健康教室」「JA絵手紙教室」など、多種多様な生活文化教室を支援している。支援内容は、講師や教材・資材の斡旋《あっせん》などが中心である。

他にも「JAライフプラン&家計簿セミナー」「JA読書フェスタ」の開催や「家の光記事活用グループ」(家の光小グループ)の活動促進に向けて、講師の斡旋や経費の一部助成などを実施している。

事例⑦　JA静岡市・海野フミ子氏

ここでは、JA女性組織と『家の光』の結びつきを強化した事例を紹介する。

海野氏は1995年にJA静岡市女性部・美和支部の支部長に就任した。3年後の98年に女性部直営の直売所「アグリロード美和」を開設。新鮮な農産物はもちろん「生消《せいしょう》菜言《なごん》弁当」などの加工品が高い評価を受け、直売所は経営的にも軌道に乗った。出荷者の女性たちは生まれてはじめて自分自身の貯金通帳をつくり、自分が稼いだお金の価値とありがたさを実感したという。

開設当時から「アグリロード美和」の出荷者になるには、二つの条件がある。一つめがJA女性部の部員であること、そして二つめが『家の光』の購読者であることが求められた。

「アグリロード美和はJA女性部のお店ですから、出荷者が女性部の部員であることは絶対条件です。また、メンバーには学習意欲・向上心をもち続けてほしい。そのために、女性部の教科書である『家の光』の購読を条件にしたわけです」と、海野氏は当時を振り返る。

その後、海野氏は2005年にJA静岡市理事に就任。卓越した女性リーダーとして、内外から高い評価を受けた。また、13年にはメンバーの一人が「アグリロード美和」の活動を全国家の光大会で体験発表し、見事に家の光協会会長賞を受賞した。

「とても誇らしく思いました。それとともに、若い後継者が着実に育っていることを実感できてうれしかったですね。今後は若い人たちが頑張ってくれると信じています」

ＪＡ女性組織と家の光事業は、いわば相互補完的な関係にある。女性組織は『家の光』の記事活用を通じてレベルアップを目指し、家の光協会は女性組織の要望や意見に耳を傾けることによって掲載記事や文化活動の改善・強化に取り組むことができる。そうした意味で、ＪＡ女性組織がさらに元気になるためにも、ＪＡ教育文化活動を活発に展開するためにも、家の光事業のいままで以上の活用に期待したい。

4．ＪＡ女性組織の方向性

(1) ＪＡ女性組織の最大の強みとは？

わが国には多くの女性組織・女性団体が存在するが、ＪＡ女性組織にしかない「強み」とはなんだろう？

答えはズバリ！「食と農をテーマにした活動」である。

「食」の専門家はたくさんいる。栄養士・料理研究家・食文化研究者・料理人・食品産業の従事者など。また、農業の専門家も学者・農業試験場の研究者・ＪＡの営農指導員など数多い。しかし、「食」と「農」の両方のプロフェッショナルというのは、農村女性をおいて他にはないのである。農村に住む女性たちは、家族の健康を気遣いながら食事をつくる「家庭料理のプロ」であり、農作物を育てて収穫する「農業のプロ」である。

ＪＡ女性組織は、このことにもっと自信をもってよいのではないだろうか。「わたしたちは食と農のプロ。わたしたちが教えてあげるから、若い女性たちや地域のお母さんたち、いっしょに活動してみませんか？」というメッセージを強く発信すべきではないだろうか。

それでは「食と農」をテーマにした活動とは具体的になんなのか。筆者は、次の五点に整理した。

①農畜産物の直売・加工活動

朝市・直売所、農家レストラン、多種多様な加工食品づくりなど。

②子どもたちを対象とした食農教育

農業体験、調理や加工体験、学校給食への食材の提供など。

③消費者（大人）を対象とした食農教育

農業体験、調理や加工体験、直売所利用者の会員化など。

④都会と農村の相互交流活動

農業体験、調理や加工体験、農家民宿、市民農園、援農制度など。

⑤地域の食文化・食生活の継承活動

郷土料理・伝統食・行事食の伝承、伝統野菜の復活など。

こうした活動は程度の差こそあれ、ほとんどのＪＡ女性組織が実践している内容である。問題は、それぞれの活動がバラバラに取り組まれている事例が多いこと。①～⑤を上手に組み合わせる（コラボレーションする）ことができれば、ＪＡ女性組織の活動は現状の数倍に膨らむ可能性をもっている。

例えば、①の直売所を拠点として、③の消費者（リピーター）を対象にして、⑤の郷土料理講習会を開催する（もちろん講師は郷土料理の名人として名高い女性組織のメンバーである）。また、②と③をドッキングして「親子あぐりスクール」を開催するなど、組み合わせしだいで活動範囲は大きく広がっていくだろう。

こうした活動は准組合員や地域住民にとって魅力的な企画であり、ＪＡの認知度や親近感を高めるとともにＪＡファンづくりにも大きく貢献することだろう。

（２）ＪＡ自己改革と女性パワーの可能性

２０１８年1月、ＪＡ全国女性大会の場で神奈川県・ＪＡあつぎ女性部の寸劇『みんなが主役　わたしたちのＪＡ自己改革』が上演された。その内容は、政府主導の「農協改革」の実態を明らかにするとともに、ＪＡグループが主体的に取り組む「ＪＡ自己改革」との基本的な相違点を冷静に分析している。

そのうえで、ＪＡ女性組織がＪＡ自己改革をどう後押ししていくかが熱く語られる。強烈な危機感に裏打ちされたレベルの高い寸劇である。この寸劇は全国のＪＡ女性組織に新鮮な感動と刺激を与え、大きな波及効果をもたらした。いま、多くの女性組織では寸劇の作成・上演への挑戦が広がろうとしている。

ＪＡ攻撃の激化については、別掲の「農協法改正に至るまでの経緯」として整理してみた（**表３－３**参照）。この時期に比べれば、やや沈静化した感があるが、「ＪＡ事業の分離・分割」や「准組合員の事業利用規制」など課題は山積しており、まだまだ予断を許さない状況にある。

こうしたＪＡ攻撃を克服するためには、ＪＡあつぎ女性部が実践したような女性たちの後押しが不可欠であり、ＪＡはさらなる女性パワーの発揮に真剣に取り組む必要がある。

表３－３　農協法改正に至るまでの経緯（抜粋）

●規制改革会議（農業ＷＧ）「農業改革に関する意見」（2014,5,14）
① 中央会制度の廃止
② 全農の株式会社化
③ 信用事業の農林中金への移管
④ 准組合員の事業利用規制（正組合員の1/2以内）

●自民党「農協・農業委員会に関する改革の推進」（2014,6,10）
(1) 単位農協のあり方
① 信用事業の農林中金・信連への移管（単協は支店・代理店）
② 理事の過半は認定農業者（経営のプロ）
③ ＪＡの組織分割（組織の一部を株式会社・生協等に転換）
④ 准組合員の事業利用について一定のルールを導入など
(2) 連合会・中央会のあり方
① 全農・経済連は農協出資の株式会社に転換（可能とする）
② 農林中金・信連・全共連は農協出資の株式会社に転換（検討）
③ 厚生連は社会医療法人に転換（可能とする）
④ 中央会は自立的な新たな制度に移行

●在日米国商工会議所（ACCJ）意見書（金融 2014,6,4、共済 2014,10,9）
① ＪＡは本来の使命（農業生産力の増進等）に専念すべき
② ＪＡの金融・共済事業と、他の金融機関・保険会社の間に平等な競争環境を確立（イコール・フッティング）
③ ＪＡの金融・共済事業を（現在の農水省から）金融庁の監督下に
④ 員外利用規制の見直し（強化）
⑤ 准組合員の事業利用規制の実施
⑥ 独占禁止法適用除外の見直し
⑦ ＪＡ共済の生保・損保兼営の見直し

●「農業協同組合法」改正（成立 2015,8,28 ⇒ 施行 2016,4,1）
① 事業運営原則＝非営利規定の廃止、農業所得の増大に最大の配慮
② 理事構成＝過半数を認定農業者や販売・経営のプロに
③ 准組合員の事業利用規制＝５年間の実態調査後に検討
④ 中央会＝３年半後までに全中は一般社団法人、都道府県中央会は連合会に移行
⑤ 監査＝３年半後までに公認会計士監査へ
⑥ ＪＡ・連合会＝株式会社・一般社団法人・生協・社会医療法人への転換を可能に

また、ＪＡ自己改革の実践に当たっては、ＪＡ教育文化活動の重要性を再確認することも重要である。前述したように、ＪＡが協同組合として発展していくためには、教育文化活動は「平常時」でも必須の活動である。ましてやＪＡ攻撃が激化する「非常時」には、その役割と重要性がさらにましているといえるだろう。

ＪＡ全中は、組合員との「対話運動」を重視し、そのためのＪＡ役職員学習活動の必要性を強く訴えている。多様な組合員の要望や意見を「聴く」ことはもちろんたいせつだが、ＪＡの考え方や実情を「伝える」こともまた重要である。そのとき、①ＪＡと一般企業の相違点、②総合事業の目的と必要性、③准組合員制度と事業利用の正当性を、ＪＡ役職員は組合員に対してきちんと説明できるだろうか。ＪＡ自己改革を成功に導くためには、このことが大きなポイントになるだろう。

そして、多様な組合員のなかでも、とくに実質的にカギを握っているのが、ＪＡ女性組織を中心とした地域の女性たちである。地域農業を支え、くらしや地域社会の主役である女性たちのパワーを軽視することは禁物であり、ＪＡ女性組織との真摯《しんし》な「対話運動」が強く求められている。

おわりに

最後に、ＪＡ全中会長・中家徹氏の言葉を紹介する。

いまから20年以上前のことである。家の光協会が主催するある研修会において、当時、和歌山県・ＪＡ紀南の職員だった中家氏が、次のように発言した。

「これからのＪＡは、女性・子ども・地域住民をたいせつにしていかなければ生き残れないだろう。そして、そのためにはＪＡ教育文化活動が重要である。ＪＡ教育文化活動は有機質の肥料、すなわち『堆肥』である。ＪＡの営農販売事業・信用事業・共済事業といった多種多様な事業・活動も、作物と同じように良質な堆肥を施せば、きれいな花が咲き、りっぱな実もなる。ところが、ＪＡは経営が苦しくなると、堆肥づくりが面倒になり、安価な化学肥料に頼りたくなる。しかし、わたしは今こそ教育文化活動という名前の堆肥を熟成させ、組合員はもとより、女性・子ども・地域住民といった畑に投入することが重要だと確信する」

ＪＡ教育文化活動の本質を、これほど見事に表現した言葉はないだろう。

また、ＪＡ全中の副会長時代には、ＪＡ全国女性大会の来賓《らいひん》祝辞でこう述べた。

「これからのＪＡは、今まで以上に女性をたいせつにしなければなりません。なぜならば、地域農業を支え、実質的に家計を握って暮らしを支えているのは、みなさん女性たちだからです。だからこそ、大きな声で自信をもって申しあげたい。女性たちに見放されたＪＡに未来はないと！」

参加した女性たちが、絶大な拍手と喝采を送ったことはいうまでもない。

今回、筆者に与えられたテーマは「ＪＡ女性組織とＪＡ教育文化活動」であるが、ＪＡはまだまだ男性社会であり、ＪＡ教育文化活動の役割も全国のＪＡに広く浸透しているとはいいがたい。

しかし、ＪＡは女性たちが有している潜在的な能力・発想・感性のすばらしさに着目し、その掘り起こしと顕在化に取り組んでいくことが必要である。また、ＪＡ教育文化活動という名前の「堆肥」づくりを実践し、組合員や女性組織メンバー、地域住民との「絆」を強化することも喫緊《きっきん》の課題ではないだろうか。

なぜなら、将来も元気で「地域になくてはならないＪＡ」として発展していくためには、この二つのテーマがきわめて重要であると考えるからである。

（板野光雄）

第4章 世代別にみたJA女性組織メンバーの意識・参加の態様
―能動的メンバーの拡大を見据えて―

【要旨】

ＪＡ女性組織においては、メンバーのお客様化や役員のなり手不足が長きにわたって指摘されている。こうした状況を打開するための知見、とくに能動的メンバーを拡大するための手がかりを得るために、本章では女性組織メンバーに対して実施したアンケート調査に基づいて、メンバーの意識と参加の態様について考察した。

まず、活動単位や活動内容などからみた参加の実態と、組織に対する評価をはじめとする意識の実態を明らかにし、そのうえでメンバーを能動性の高い順にポジティブ・フレンドリー・ネガティブの三タイプに分類した。

次に、能動性を高めるには参加を通じて仲間づくりや学びなどの意義を実感できることが重要と考えられることから、三タイプの境界を決定づけている具体的な意義と、それが発揮されやすい活動単位を世代別に特定した。

最後に、メンバーの能動性を高める基本方策として、多様な活動単位をその位置づけや運営のありかたなどについて十分検討したうえで設置すべきこと、さらにそれらの活動単位をメンバーが事務局のサポートを得ながら選択できるようにすべきことを提起した。

はじめに

本章の課題は、ＪＡ女性組織メンバーの組織における能動性に焦点を当てながら、メンバーと組織のつながりの態様を明らかにすることにある。

ＪＡ女性組織のメンバーは多様である。高齢化が叫ばれて久しいが、現在も30歳代・40歳代といった若いメンバーもいる。働き方をみれば、正社員やパートなどとして勤め先をもつメンバーもいれば、もっぱら家の農業だけに関わる人、職をもたない人もいる。一方、組織への関わり方も多様である。役員として組織の運営に献身的に関わっているメンバーもいれば、自分の趣味を生かせる目的別活動だけに参加しているメンバーもいる。活動には参加せず籍だけをおいているメンバーも少なからず存在しているだろう。

本章では、とくに世代に着目しながらこうした多様性の紐解《ひもと》きを試みる。具体的には、女性組織メンバーに対して実施したアンケート調査に基づいて以下の検討を行う。第一に、家の概況や就労状況などからメンバーの特徴を明らかにする。第二に、女性組織への参加状況と意識の実際を明らかにする。第三に、組織とのつながりの態様からメンバーをポジティブ・フレンドリー・ネガティブの３タイプに分類し、その展開状況と対応策を明らかにする。最後に、今後の女性組織のありかたについて若干の課題提起を行う。

1．ＪＡ女性組織メンバーの構成と特徴

（1）分析データの概要

本章で分析に用いるのは、東北地方のＡ農協、関東地方のＢ農協、近畿地方のＣ農協で女性組織メンバーに実施したアンケート調査の回答データ、それぞれ２３７人、トータル７１１人分のデータである。(1)

Ａ農協は農村的性格の強い地域、Ｂ農協は都市的性格の強い地域に位置しており、Ｃ農協は両者の中間的な地域に位置する。[(2)] 女性組織のありかたに地域性があることはいうまでもないが、本章では議論の一般性を高めることやサンプル数の確保などを勘案して、３農協のデータを合算して分析をすすめる。

回答者の年齢構成（５人の不明を除く）は、30歳代以下12人（１・７％）、40歳代29人（４・１％）、50歳代98人（13・９％）、60歳代３３０人（46・７％）、70歳代１８３人（25・９％）、80歳代以上54人（７・６％）となっている。以下では、40歳代以下をフレッシュ世代、50歳代をミドル世代、60歳代をシニア世代、70歳代以上をシルバー世代と呼ぶこととする。

図４－１は世代別に家のＪＡ加入状況を示したものである。全体では、正組合員世帯が78・８％、准組合員世帯が16・１％、員外世帯が５・１％となっており、正組合員世帯のメンバーがかなり多くなっている。

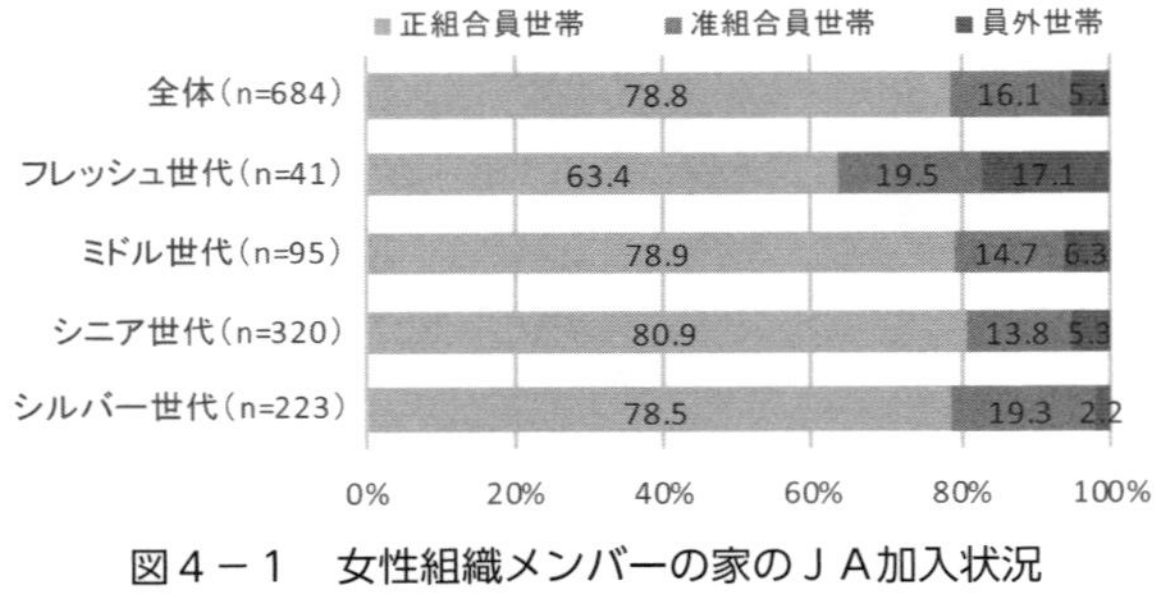

図４－１　女性組織メンバーの家のＪＡ加入状況

注：ｎは当該設問の回答数を意味する。

（２）メンバーの家と個の概況

表４－１は、世代別に世帯構成をはじめとする家の概況と、就労状況をはじめとする個の概況を整理したものである。それぞれの世代においては、正組合員と准組合員・員外に分けて集計した結果も示している。[(3)] ここではまず、全体の結果についてみていく。

世帯構成をみると、独居世帯８・９％、夫婦世帯29・２％、二世代世帯36・０％、三世代以上世帯25・９％となっている。国勢調査（２０１５年）によると、我が国の一般世帯では独居世帯が34・６％、夫婦世帯が20

表４－１　ＪＡ女性組織メンバーの家と個の概況

		該当数（人）	世帯構成 独居世帯（％）	夫婦世帯（％）	二世代世帯（％）	三世代以上世帯（％）	家の農との関わり 販売農家世帯（％）	自給農家世帯（％）	農的生活世帯（％）	消費者世帯（％）	就労状況 雇用率（％）	有業率（％）	農業従事 主体的に従事（％）	補助的に従事（％）	介護 従事あり（％）	地域活動 現参加者（％）	元参加者（％）	趣味活動 参加あり（％）
全体	計	711	8.9	29.2	36.0	25.9	25.8	52.9	8.6	12.7	25.0	49.7	18.1	41.4	14.6	25.7	30.6	48.0
	正組合員	539	9.2	26.3	34.9	29.5	32.8	67.2	0.0	0.0	26.9	54.7	20.5	48.9	16.4	26.7	33.7	47.7
	准組合員・員外	145	5.9	39.3	40.0	14.8	0.0	0.0	39.9	60.1	21.5	37.2	10.5	17.5	8.5	25.7	16.3	48.2
フレッシュ世代	計	41	2.7	8.1	48.6	40.5	26.8	36.6	12.2	24.4	57.5	75.0	7.3	29.3	12.2	20.5	2.6	34.1
	正組合員	26	0.0	0.0	43.5	56.5	42.3	57.7	0.0	0.0	64.0	80.0	7.7	38.5	15.4	16.0	4.0	23.1
	准組合員・員外	15	7.1	21.4	57.1	14.3	0.0	0.0	33.3	66.7	46.7	66.7	6.7	13.3	6.7	28.6	0.0	53.3
ミドル世代	計	98	2.2	15.7	50.6	31.5	35.8	43.2	5.3	15.8	50.5	79.4	11.5	50.0	25.0	38.1	7.2	46.3
	正組合員	75	1.5	10.6	48.5	39.4	45.3	54.7	0.0	0.0	52.0	82.7	12.3	65.8	28.0	40.0	8.0	50.7
	准組合員・員外	20	5.0	25.0	60.0	10.0	0.0	0.0	25.0	75.0	45.0	65.0	10.0	0.0	15.8	35.0	5.0	30.0
シニア世代	計	330	4.1	35.5	38.1	22.3	27.1	53.6	7.3	12.0	25.5	55.1	19.5	43.0	17.1	24.7	30.9	49.7
	正組合員	259	4.0	32.9	37.3	25.7	33.6	66.4	0.0	0.0	27.0	59.8	22.0	50.6	19.4	27.7	34.0	50.0
	准組合員・員外	61	3.3	43.3	41.7	11.7	0.0	0.0	37.7	62.3	21.3	41.0	10.0	13.3	6.7	14.8	19.7	44.8
シルバー世代	計	237	19.7	29.6	23.9	26.8	19.5	59.1	10.9	10.5	8.6	26.2	20.4	38.3	6.1	22.8	45.2	48.4
	正組合員	175	21.9	26.3	24.4	27.5	24.9	75.1	0.0	0.0	10.5	32.0	23.5	41.2	5.8	21.1	49.1	46.4
	准組合員・員外	48	9.8	46.3	22.0	22.0	0.0	0.0	51.1	48.9	4.2	12.5	10.6	31.9	8.5	35.6	22.2	57.8

注：該当数は表側の各セルの該当人数を意味。表頭の各項目の集計は、当該項目にかかる設問の無記入者を該当数から除いたうえで実施。

・１％、二世代世帯が37・５％、三世代世帯が４・１％、その他世帯が３・７％となっている。女性組織メンバーは三世代以上の世帯が多いといえるだろう。(4)

家の農との関わりについては、正組合員を販売農家世帯（農産物販売を行っている世帯）と自給農家世帯（農産物販売を行っていない世帯）、准組合員・員外を農的生活世帯（家庭菜園などを営む世帯）と消費者世帯（農業をまったく行っていない世帯）に分けて集計している。最も多いのは自給農家世帯で52・９％となっており、これに農的生活世帯を加えると61・５％となる。女性組織メンバーはこうした農との緩やかな関わりをもつ人が多いといえる。

就労状況については、雇用率と有業率を示している。雇用率とは、会社や団体などに雇われている人（＝雇用者）の割合を意味し、有業率とは、雇用者に自営や内職に就いている人、販売目的の家の農業への従事者などを加えた人（＝有業者）の割合を意味している。(5)総務省の「就業構造基本調査」（２０１７年）によると、我が国女性の雇用率は44・７％、有業率は49・６％である。(6)これに対し、女性組織メンバーの雇用率は25・０％、有業率は49・７％となっている。女性組織メンバーの家の外での就労状況はまだ低い水準にあるといえる。

農業従事については、主体的に従事している人が18・１％となっており、家の農業に積極的に関わっているメンバーは少ないといえる。介護については、従事ありが14・６％となっている。前述の総務省の調査結果によると、我が国の30歳以上の女性における介護従事者は７・９％である。女性組織メンバーの介護への従事状況はやや高いものと推察される。

地域活動については、地域婦人会および生活改善グループを地域活動と位置づけ、いずれかに参加している人を「現参加者」、以前参加していた人を「元参加者」として集計している。現参加者が25・７％、元参加者が30・６％となっており、地域活動への参加経験者が半数を超えている。趣味活動については、地域活動やJA女性組織以外での趣味・特技を生かせる場への参加状況を集計しており、参加ありの割合は48・０％と半数近くに及んでいる。

以上の全体の結果を踏まえつつ、次項では世代別の結果についてみていく。

（３）世代別にみた女性組織メンバーの特徴

フレッシュ世代の特徴

まず、フレッシュ世代についてみていく。世帯構成は、二世代と三世代以上で９割程度を占めている。子育て世代といえるだろう。正組合員では三世代以上が56・５％で親との同居が一般的であり、准組合員・員外では二世代世帯が57・１％で核家族世帯が多い。

就労状況は、雇用率が57・５％で全世代のなかで最も高い。正組合員に着目すると、雇用率が64・０％で同世代の平均よりさらに高く、その一方で農業に主体的に従事している人は７・７％にとどまっている。いわゆる農家の嫁であっても、外での勤め中心の生活を送っている人が少なくないと考えられる。有業率は75・０％

と高い水準にある。同世代の女性組織メンバーは、4分の3が仕事をもつ人で、4分の1が専業主婦といえる（以下、本章では非有業者を専業主婦と位置づける）。

地域活動および趣味活動の参加者は、正組合員より准組合員・員外のほうが多くなっており、とくに趣味活動への参加者は53・3％とかなり高い。ＪＡ女性組織に加入しているフレッシュ世代の准組合員・員外においては、家では子育て、外では仕事に加えて趣味もたいせつにするアクティブな人が多いと考えられる。

ミドル世代の特徴

世帯構成をみると、フレッシュ世代と同様に二世代世帯と三世代以上世帯の割合が高い。ただし、フレッシュ世代に比べて夫婦世帯の割合が約8ポイント高く、子どもの独立が始まる時期と考えられる。有業率は79・4％で、同世代の女性組織メンバーは5分の4が仕事をもつ人、5分の1が専業主婦といえる。

この世代において特徴的なのは、農業の補助的従事と介護への従事が全世代のなかで最も高い割合を示していることである。とくに正組合員において高く、前者は65・8％、後者は28・0％となっている。同世代の雇用率は50・5％でフレッシュ世代より7ポイント低いが、その分農業や介護などの家の仕事への従事が高まる時期といえる。もちろん、外で勤めながら家の仕事に従事することとなった人も少なくないだろう。

さらに、地域活動の現参加者も38・1％でフレッシュ世代より18ポイントほど高くなっている。家の仕事に加えて、地域との関わりも担うようになる時期と考えられる。総じて最も多忙な世代といえるだろう。

シニア世代の特徴

世帯構成をみると、夫婦世帯が35・5％で全世代のなかで最も高い。子どもの独立がいっそうすすむとともに、親の介護の必要性も低下していく時期といえるだろう。実際に介護従事の割合は、ミドル世代と比べて8ポイントほど下がっている。

雇用率は25・5％、有業率は55・1％でどちらもミドル世代と比べて20ポイント以上低い。仕事からの解放が一気にすすむ時期といえるだろう。ただし正組合員においては、農業への主体的従事が22・0％で、ミドル世代より10ポイントほど高い。外での勤めがなくなった分、家の農業に本腰を入れる人が少なくないと考えられる。

地域活動は現参加者が24・7％、元参加者が30・9％で、この世代においてはじめて元参加者の割合のほうが高くなっている。とくに、准組合員・員外では現参加者が14・8％でミドル世代より20ポイントほど下がっている。一方、趣味活動の参加者は、正組合員では前の世代とほとんど参加状況が変わらないものの、准組合員・員外では約15ポイント上がっている。准組合員・員外においては、定年を迎えて仕事や地域活動から退いていく一方で、趣味活動を活発に展開するようになっているものと考えられる。

シルバー世代の特徴

世帯構成をみると、独居世帯が19・7％でシニア世代より15ポイントほど高い。また、独居世帯の割合は正組合員で21・9％ととくに高くなっている。家の農との関わりをみると、准組合員・員外では農的生活世帯が51・1％、消費者世帯が48・9％でこの時期にはじめて前者のほうが高くなっている。としを重ねてから家庭菜園などを営む人が多いことは、JAが意識すべきことといえるだろう。

雇用率は8・6％、有業率は26・2％でいずれも全世代のなかで最も低い。ただし、正組合員においては販売農家世帯が比較的多く、家の農業に主体的に従事している人の割合は23・5％で全世代のなかで最も高い。シルバー世代を迎えても労働力として重要な位置を占めていることが窺《うかが》われる。

地域活動の現参加者は22・8％でシニア世代とほぼ同水準である。地域活動の参加者には生涯現役の人もいるものと推察される。また、趣味活動の参加者は48・4％で同活動もシニア世代と同水準である。趣味活動は高齢者の生きがいを支える重要な活動になっていると考えられる。

2. ＪＡ女性組織メンバーの参加の実際と特徴

（1）活動の単位と内容からみた参加状況

ＪＡ女性組織においては、多様な活動単位を通じて多様な活動が展開している。**表４－２**は、四つの世代別にその参加状況を示したものである。それぞれの世代については、さらに組合員タイプ別、有業者・専業主婦別に細分化して集計した結果も示している。

まず、活動単位別の参加状況をみていく。全体では、集落単位の活動が最も高く38・7％、次いで支部単位の活動が28・0％、さらに目的別活動が24・5％で続いている。班（集落）や支部などの地域をベースとする伝統的な活動単位が、現在も女性組織活動の中心を占めているといえるだろう。全体についてさらに組合員タイプ別にみると、集落単位の活動は正組合員のほう

表４－２　ＪＡ女性組織メンバーの活動参加状況

			活動単位別の参加している人の割合					活動内容別の参加している人の割合							
		該当数（人）	集落単位の活動（％）	支部単位の活動（％）	本部単位の活動（％）	目的別活動（％）	世代別活動（％）	料理（％）	手芸（％）	趣味の旅行（％）	研修旅行（％）	勉強会や研修会（％）	助け合い活動（％）	共同購入（％）	加工品の製造販売（％）
全体	計	711	38.7	28.0	13.1	24.5	2.7	30.8	22.5	13.5	16.7	13.5	5.3	29.3	1.0
	正組合員	539	42.3	27.6	13.4	23.4	3.0	30.4	21.0	12.8	16.9	14.7	5.8	31.7	1.3
	准組合員・員外	145	30.3	32.4	14.5	29.7	1.4	37.2	30.3	17.9	17.2	11.0	4.1	24.1	0.0
	有業者	348	44.5	29.6	14.9	19.8	4.0	31.0	21.6	12.6	19.0	15.2	6.3	30.5	2.0
	専業主婦	343	32.9	26.5	11.7	30.0	1.2	31.5	24.2	14.6	14.3	12.2	4.4	28.3	0.0
フレッシュ世代	計	41	19.5	29.3	12.2	4.9	17.1	19.5	7.3	2.4	12.2	14.6	2.4	19.5	2.4
	正組合員	26	23.1	23.1	15.4	0.0	23.1	23.1	7.7	0.0	11.5	19.2	3.8	26.9	3.8
	准組合員・員外	15	13.3	40.0	6.7	13.3	6.7	13.3	6.7	6.7	13.3	6.7	0.0	6.7	0.0
	有業者	30	20.0	36.7	10.0	6.7	16.7	23.3	10.0	3.3	13.3	16.7	3.3	16.7	3.3
	専業主婦	10	10.0	10.0	20.0	0.0	20.0	10.0	0.0	0.0	10.0	10.0	0.0	20.0	0.0
ミドル世代	計	98	50.0	26.5	9.2	10.2	2.0	26.5	15.3	8.2	12.2	14.3	6.1	32.7	1.0
	正組合員	75	60.0	29.3	10.7	8.0	2.7	28.0	16.0	8.0	14.7	17.3	5.3	38.7	1.3
	准組合員・員外	20	20.0	20.0	5.0	20.0	0.0	25.0	15.0	10.0	5.0	5.0	10.0	15.0	0.0
	有業者	77	50.6	27.3	7.8	6.5	2.6	26.0	15.6	9.1	11.7	14.3	5.2	33.8	1.3
	専業主婦	20	50.0	25.0	15.0	25.0	0.0	30.0	15.0	5.0	15.0	15.0	10.0	30.0	0.0
シニア世代	計	330	43.3	29.7	16.1	31.5	1.8	35.5	24.2	15.5	20.9	17.3	5.8	30.6	0.9
	正組合員	259	47.1	30.5	15.1	29.3	2.3	34.7	23.6	14.3	21.2	18.9	6.6	34.7	1.2
	准組合員・員外	61	29.5	27.9	23.0	42.6	0.0	42.6	27.9	21.3	19.7	13.1	1.6	16.4	0.0
	有業者	179	49.2	30.7	17.9	26.8	2.2	34.6	24.0	14.5	24.0	19.0	7.8	31.3	1.7
	専業主婦	142	35.2	27.5	14.1	38.7	1.4	38.0	25.4	16.9	16.2	16.2	2.8	30.3	0.0
シルバー世代	計	237	31.2	26.2	11.0	23.6	1.7	28.3	26.2	15.2	13.5	7.6	5.1	28.3	0.8
	正組合員	175	31.4	24.0	12.0	24.6	1.1	26.3	21.7	14.9	12.6	6.9	5.1	25.7	1.1
	准組合員・員外	48	39.6	39.6	10.4	20.8	2.1	43.8	47.9	20.8	18.8	10.4	6.3	43.8	0.0
	有業者	61	36.1	26.2	18.0	21.3	4.9	29.5	27.9	16.4	16.4	4.9	4.9	31.1	3.3
	専業主婦	167	30.5	26.9	9.0	25.1	0.0	28.1	26.3	15.0	12.6	8.4	5.4	27.5	0.0

注：表４－１と同様。

が高い一方で、支部単位の活動や目的別活動は准組合員・員外のほうが高い点が特徴的である。

活動単位別の参加状況について、世代別に特徴を列挙すると以下のとおりである。フレッシュ世代では、全世代のなかで世代別活動への参加状況が最も高く、集落単位の活動と目的別活動への参加状況は最も低い。ミドル世代では、全世代のなかで集落単位の活動への参加状況が最も高く、とくに正組合員において60・0％と高い。シニア世代では、全世代のなかで目的別活動への参加状況が最も高く、とくに准組合員・員外において42・6％、専業主婦において38・7％と高い。シルバー世代では、支部単位の活動への参加状況が准組合員・員外において39・6％と高い。

次に、活動内容別の参加状況をみていく。全体では、料理が最も高く30・8％、次いで共同購入が29・3％となっており、これに続く手芸の22・5％とはやや開きがある。JA女性組織においては、料理と共同購入が基本活動といえるだろう。全体についてさらに組合員タイプ別にみると、料理では准組合員・員外のほうが高く、共同購入では正組合員のほうが高くなっている。

活動内容別の参加状況について、世代別に特徴を列挙すると以下のとおりである。フレッシュ世代では、料理・手芸・趣味の旅行の参加状況が低い。また、共同購入について、准組合員・員外において6・7％、有業者において16・7％とそれぞれ低い。ミドル世代では、准組合員・員外において研修旅行が5・0％、共同購入が15・0％とそれぞれ低い。シニア世代では、准組合員・員外において料理が42・6％と高い一方で、共同購入が16・4％と低い。シルバー世代では、准組合員・員外において料理が43・8％、手芸が47・9％、共同購入が43・8％とそれぞれ高い。

(2) 役員の経験状況

さて、JA女性組織においてはかつてより役員負担が大きく、それがメンバー減少の一因とされてきた。そこでここではどのような人が役員に就いているのかについて確認する。**表４－３**によれば、全体において役員経験をもつ人は40・２％となっている。全体のなかをさらに組合員タイプ別にみると、正組合員44・２％、准組合員・員外29・０％である。正組合員のほうがやや高いものの、准組合員・員外からの役員選出も決して珍しくない状況にあると考えられる。一方、有業者は41・４％、専業主婦は39・７％となっている。この結果をみるかぎりは、役員選出と仕事の有無はほとんど関係がなさそうである。

各世代において役員経験をもつ人をみると、フレッシュ世代では14・６％、ミドル世代では38・８％、シニア世代では43・３％、シルバー世代では41・４％となっており、ミドル世代以降で割合が高くなっている。各世代についてさらに組合員タイプ別の結果をみると、役員経験者の割合はフレッシュ世代ではほとんど差がないのに対し、ミドル世代とシニア世代では正組合員のほうが高く、シルバー世代では再びほとんど差がみられなくなっている。また、有業者・専業主婦別の結果をみると、ミドル世代において有業者35・１％、専業主婦55・０％、シルバー世代で有業者50・８％、専業主婦38・９％となるなど、これら二つの世代でやや差がみられる。

表においては、役員の種類別の経験状況についても示している。全体では、支部役員まで経験が78・７％、本部役員まで経験が17・８％、県段階

表４－３　ＪＡ女性組織メンバーの役員経験状況

		該当数（人）	役員経験あり（％）	支部役員まで経験（％）	本部役員まで経験（％）	県段階等の役員を経験（％）
全体	計	711	40.2	78.7	17.8	3.5
	正組合員	539	44.2	77.3	18.9	3.8
	准組合員・員外	145	29.0	85.7	11.9	2.4
	有業者	348	41.4	72.2	22.9	4.9
	専業主婦	343	39.7	85.3	12.5	2.2
フレッシュ世代	計	41	14.6	33.3	50.0	16.7
	正組合員	26	15.4	25.0	50.0	25.0
	准組合員・員外	15	13.3	50.0	50.0	0.0
	有業者	30	16.7	40.0	40.0	20.0
	専業主婦	10	10.0	0.0	100.0	0.0
ミドル世代	計	98	38.8	84.2	10.5	5.3
	正組合員	75	42.7	84.4	9.4	6.3
	准組合員・員外	20	25.0	80.0	20.0	0.0
	有業者	77	35.1	85.2	11.1	3.7
	専業主婦	20	55.0	81.8	9.1	9.1
シニア世代	計	330	43.3	74.1	22.4	3.5
	正組合員	259	49.4	71.9	24.2	3.9
	准組合員・員外	61	19.7	91.7	8.3	0.0
	有業者	179	45.3	66.7	28.4	4.9
	専業主婦	142	40.8	82.8	15.5	1.7
シルバー世代	計	237	41.4	85.7	12.2	2.0
	正組合員	175	42.3	86.5	12.2	1.4
	准組合員・員外	48	45.8	86.4	9.1	4.5
	有業者	61	50.8	80.6	16.1	3.2
	専業主婦	167	38.9	89.2	9.2	1.5

注：表４－１と同様。

等の役員を経験が３・５％となっている。このような種類別の経験状況は、全体のなかをさらに組合員タイプ別、有業者・専業主婦別にみても大きな差はない。世代別にみてもミドル世代以降はほぼ同様であるが、フレッシュ世代では支部役員まで経験が33・３％と低く、本部役員まで経験が50・０％と高くなっている。これは、同世代の人数が少ない一方で本部役員のなかにフレミズ枠などが設けられ、フレッシュ世代のメンバーがなんらかの役員に就くと、すぐに本部役員まで求められることを示唆《しさ》している。同世代は役員経験をもつ人自体は少ないが、役員に就いた場合の負担は大きいものと考えられる。

（３）高参加者・低参加者・未参加者の展開状況

以上、活動参加状況と役員の経験状況をみてきた。では、結局のところＪＡ女性組織の活動に積極的に参加しているのはだれなのか、ここで整理しておこう。**表４－４**は、ＪＡ女性組織メンバーを高参加者・低参加者・未参加者の三タイプに区分してその展開状況を示したものである。高参加者とは、先の**表４－２**に示される五つの活動単位のうち二つ以上、かつ八つの活動内容のうち二つ以上に参加している人、未参加者は五つの活動単位と八つの活動内容いずれにも参加していない人、低参加者は高参加者・未参加者のどちらにも該当しない人を意味している。

全体では、高参加者が20・５％、低参加者が52・２％、未参加者が27・３％となっている。ＪＡ女性組織においては、その４分の１程度が活動に参加していない形式的なメンバーといえる。このような状況は、全体のなかをさらに組合員タイプ別、有業者・専業主婦別にみてもほぼ同様である。ただし役員経験あり・なし別でみると、明確な相違がみられる。高参加者は役員経験ありの人では33・６％、なしの人では13・３％、未参加者はありの人では10・５％、なしの人では31・７％と一定の差がみられる。ＪＡ女性組織においては、役員経験者の活動参加が顕著に活発といえる。

表４－４　高参加者・低参加者・未参加者の展開状況

		該当数（人）	高参加者（%）	低参加者（%）	未参加者（%）
全体	計	711	20.5	52.2	27.3
	正組合員	539	21.7	52.7	25.6
	准組合員・員外	145	19.3	53.1	27.6
	有業者	348	23.0	50.9	26.1
	専業主婦	343	19.0	53.4	27.7
	役員経験あり	286	33.6	55.9	10.5
	役員経験なし	347	13.3	55.0	31.7
フレッシュ世代	計	41	14.6	34.1	51.2
	正組合員	26	19.2	30.8	50.0
	准組合員・員外	15	6.7	40.0	53.3
	有業者	30	16.7	36.7	46.7
	専業主婦	10	10.0	20.0	70.0
	役員経験あり	6	66.7	33.3	0.0
	役員経験なし	31	6.5	38.7	54.8
ミドル世代	計	98	16.3	56.1	27.6
	正組合員	75	20.0	61.3	18.7
	准組合員・員外	20	5.0	45.0	50.0
	有業者	77	16.9	53.2	29.9
	専業主婦	20	15.0	70.0	15.0
	役員経験あり	38	31.6	60.5	7.9
	役員経験なし	58	6.9	55.2	37.9
シニア世代	計	330	25.2	53.6	21.2
	正組合員	259	26.3	53.7	20.1
	准組合員・員外	61	23.0	55.7	21.3
	有業者	179	26.3	53.6	20.1
	専業主婦	142	24.6	53.5	21.8
	役員経験あり	143	35.7	53.1	11.2
	役員経験なし	164	17.7	57.3	25.0
シルバー世代	計	237	16.9	52.3	30.8
	正組合員	175	16.6	51.4	32.0
	准組合員・員外	48	22.9	58.3	18.8
	有業者	61	24.6	45.9	29.5
	専業主婦	167	15.0	54.5	30.5
	役員経験あり	98	28.6	60.2	11.2
	役員経験なし	93	11.8	55.9	32.3

注：表４－１と同様。

各世代について高参加者の割合をみると、フレッシュ世代14・6%、ミドル世代16・3%、シニア世代25・2%、シルバー世代16・9%となっている。活動参加が最も活発なのはシニア世代で、他の世代はあまり差がないといえるだろう。一方、未参加者の割合をみると、フレッシュ世代において51・2%と他の世代よりかなり高くなっている。同世代は形式的なメンバーが多く、活動参加が最も不活発な世代といえる。

各世代の高参加者の割合について、さらに組合員タイプ別の結果をみると、フレッシュ世代とミドル世代においては准組合員・員外の高参加者の割合が一桁台と低位にとどまっている。同様に有業者・専業主婦別の結果をみると、フレッシュ世代とシルバー世代において有業者のほうがやや高く、他の二世代はほとんど差がない。役員経験のあり・なし別では、いずれの世代も「あり」の人の割合のほうが高く、その差は若い世代ほど大きくなっている。

３．ＪＡ女性組織メンバーの意識の実際と特徴

（１）組織に感じている意義と不満

本節では、ＪＡ女性組織メンバーの組織に対する意識に焦点を当ててアンケート結果をみていく。**表４－５**は組織に感じている意義を、**表４－６**は組織に感じている不満を示したものである。どちらの表も、左から全体において選択割合が高かった項目順に並べている。

まず、組織に感じている意義をみていく。**表４－５**によれば、全体では親睦、仲間づくりができるが55・4％と群を抜いて高く、旅行・観劇などに参加できるが29・３％、学習や知識を深められるが28・４％で続いている。また、健康づくりができる、趣味が生かせる、共同購入を利用できるも２割を超えるなど比較的高い割合となっている。ＪＡ女性組織メンバーは、仲間づくりやふれあいを基本として、旅行・観劇や趣味などを通じた生きがいづくり、学びを通じた自己の成長、健康づくりや共同購入を通じた生活面での実益享受など、多様な意義を実感しているといえるだろう。

世代別に特徴を列挙すると以下のとおりである。フレッシュ世代では、健康づくりができる、趣味が生かせる、共同購入を利用できるがそれぞれ１割前後とやや低い。ミドル世代では、親睦、仲間づくりができるが６割超、学習や知識を深められるが３割超とそれぞれやや高い一方で、旅行・観劇などに参加できるは２割弱とやや低い。シニア世代では、ミドル世代と同様に親睦、仲間づくりができるが６割超、学習や知識を深められるが３割超とそれぞれやや高い。シルバー世代では、学習や知識を深められるが２割弱とやや低い一方で、健康づくりができるが３割とやや高い。

次に、組織に感じている不満をみていく。**表４－６**によれば、全体では活動がマンネリ化しているが27・１％で最も高くなっている。メンバーの高齢化と固定化のなかで、現在の女性組織においては新規活動が展開し

表４－５　ＪＡ女性組織メンバーが組織に感じている意義

	該当数（人）	親睦、仲間づくりができる（%）	旅行・観劇などに参加できる（%）	学習や知識を深められる（%）	健康づくりができる（%）	趣味が生かせる（%）	共同購入を利用できる（%）	地域づくりに貢献できる（%）	女性の意見をＪＡ運営に反映できる（%）
全体	711	55.4	29.3	28.4	24.6	20.7	20.4	15.2	4.6
フレッシュ世代	41	46.3	24.4	24.4	9.8	12.2	12.2	14.6	9.8
ミドル世代	98	61.2	18.4	34.7	21.4	18.4	14.3	20.4	6.1
シニア世代	330	62.1	31.2	33.6	23.9	21.2	23.0	15.5	5.2
シルバー世代	237	46.0	32.1	19.4	30.0	22.8	21.1	13.1	2.5

注：表４－１と同様。

表４－６　ＪＡ女性組織メンバーの組織に対する不満

	該当数（人）	活動がマンネリ化している（%）	役員を押しつけられる（%）	ＪＡ事業を押しつけられる（%）	組織でしばられて参加を強要される（%）	自分のしたいことがない（%）	人間関係がわずらわしい（%）	外部との交流が少なく閉鎖的（%）	自分の意見や要望が活動内容に反映されない（%）
全体	711	27.1	21.2	15.0	9.8	7.0	4.8	3.9	2.0
フレッシュ世代	41	22.0	12.2	9.8	9.8	7.3	7.3	0.0	0.0
ミドル世代	98	32.7	34.7	28.6	19.4	9.2	8.2	3.1	2.0
シニア世代	330	32.1	22.7	17.3	12.4	7.6	6.1	5.5	1.8
シルバー世代	237	19.4	15.2	7.6	2.5	5.5	1.3	3.0	2.5

注：表４－１と同様。

にくい状況にあると考えられる。世代別では、ミドル世代とシニア世代で3割を超えるなどとくに不満が強くなっている。

全体において、活動がマンネリ化しているに次いで高いのが、役員を押しつけられるであり、21・2％となっている。さらにＪＡ事業を押しつけられるが、15・0％で続いている。これらについての不満は、ミドル世代においてとくに強くなっている。

先の**表４－３**でみたとおり、ミドル世代になると役員経験者の割合が大きく高まっており、この時期にはじめて役員に就く人が多いと考えられる。そのさいに自ら進んで役員となる人は少なく、頼まれたから仕方なく引き受けている人が多いものと考えられる。また、役員に就くと、共同購入をはじめとするＪＡ事業に関する役割も求められるようになることは容易に想定される。こうした役割は、役員を仕方なく引き受けているなかで組織に対する不満を強める要因になっていると考えられる。

(2) 組織に魅力を感じているメンバーの展開状況

以上のように組織に対する意義と不満を感じているなか

表4－7　ＪＡ女性組織に魅力を感じているか否か

		回答数（人）	魅力を感じる（%）	どちらともいえない（%）	あまり魅力を感じない（%）
全体	計	612	22.5	58.3	19.1
	正組合員	474	20.7	58.2	21.1
	准組合員・員外	122	30.3	57.4	12.3
	有業者	318	21.1	59.1	19.8
	専業主婦	281	23.8	58.4	17.8
	役員経験あり	265	30.9	49.4	19.6
	役員経験なし	326	16.3	65.6	18.1
フレッシュ世代	計	36	13.9	66.7	19.4
	正組合員	24	12.5	62.5	25.0
	准組合員・員外	12	16.7	75.0	8.3
	有業者	27	14.8	70.4	14.8
	専業主婦	8	12.5	62.5	25.0
	役員経験あり	6	50.0	50.0	0.0
	役員経験なし	30	6.7	70.0	23.3
ミドル世代	計	93	15.1	64.5	20.4
	正組合員	73	15.1	69.9	15.1
	准組合員・員外	17	17.6	47.1	35.3
	有業者	73	15.1	64.4	20.5
	専業主婦	19	15.8	68.4	15.8
	役員経験あり	37	27.0	62.2	10.8
	役員経験なし	56	7.1	66.1	26.8
シニア世代	計	299	21.7	58.9	19.4
	正組合員	237	20.7	56.5	22.8
	准組合員・員外	56	25.0	67.9	7.1
	有業者	166	15.1	64.4	20.5
	専業主婦	127	15.8	68.4	15.8
	役員経験あり	133	25.6	50.4	24.1
	役員経験なし	157	18.5	66.2	15.3
シルバー世代	計	181	29.3	53.0	17.7
	正組合員	138	25.4	54.3	20.3
	准組合員・員外	36	47.2	41.7	11.1
	有業者	51	27.5	45.1	27.5
	専業主婦	125	29.6	56.8	13.6
	役員経験あり	88	38.6	43.2	18.2
	役員経験なし	82	22.0	62.2	15.9

注：回答数は当該集計にかかる設問の無記入者を除いた人数。

で、メンバーはＪＡ女性組織をどのように評価しているのだろうか。**表４－７**はＪＡ女性組織メンバーが組織に魅力を感じているか否かについての集計結果である。

　全体をみると、魅力を感じるが22・５%、どちらともいえないが58・３%、あまり魅力を感じないが19・１%となっている。魅力を感じると答えた人の割合は世代が上がるごとに高まっており、シルバー世代では29・３%となっている。現在の女性組織は、年齢が高いほど組織に好意的なメンバーが多いといえる。一方、どちらともいえないと答えた人が６割弱と多数にのぼっているが、これは女性組織に感じている意義と不満が拮抗《きっこう》しているメンバーが多いことを意味していると考えられる。

　魅力を感じると答えた人の割合について、全体のなかをさらに組合員タイプ別にみると、正組合員では20・７%、准組合員・員外では30・３%となっており、後者のほうがやや高くなっている。この傾向はとくにシルバー世代で強くなっている。有業者・専業主婦別では、全体においてもいずれの世代においても差はほとんどみられない。役員経験あり・なし別では、ありが30・９%、なしが16・３%で前者のほうが高くなっている。この傾向はいずれの世代においても共通で、とくにフレッシュ世代で差が大きくなっている。

（3）組織の一員としての自覚をもつメンバーの展開状況

さて、組織に魅力を感じているメンバーの展開状況は以上のとおりであるが、魅力の内実がたんに楽しいや役に立つという感情だけを意味するならば、そのメンバーと組織のつながりはかならずしも強いものとはいえないだろう。組織の維持・発展を考えるならば、組織の一員としての自覚や組織に対する責任感をもつメンバーの存在も必要である。本アンケート調査では、役員の引き受け意思とメンバーを増やすための周囲への呼びかけ意思を尋ねており、ここではそれら両方の意思をもつ人を組織の一員としての自覚をもつ人とみなすことにする。[7]

表4－8によれば、全体において自覚ありは22・4％となっている。各世代について自覚ありの割合をみると、フレッシュ世代13・6％、ミドル世代18・3％、シニア世代28・8％、シルバー世代20・2％となっている。組織の一員としての自覚をもつメンバーはシニア世代に多いといえる。

表４－８　組織の一員としての自覚の有無

		回答数（人）	自覚あり（%）	自覚なし（%）
全体	計	559	22.4	77.6
	正組合員	429	23.8	76.2
	准組合員・員外	114	18.4	81.6
	有業者	282	25.9	74.1
	専業主婦	265	18.5	81.5
	役員経験あり	238	31.5	68.5
	役員経験なし	291	15.5	84.5
フレッシュ世代	計	34	13.6	8.3
	正組合員	22	13.6	86.4
	准組合員・員外	12	8.3	91.7
	有業者	25	12.0	88.0
	専業主婦	8	12.5	87.5
	役員経験あり	5	40.0	60.0
	役員経験なし	28	7.1	92.9
ミドル世代	計	89	18.3	12.5
	正組合員	71	18.3	81.7
	准組合員・員外	16	12.5	87.5
	有業者	71	15.5	84.5
	専業主婦	18	22.2	77.8
	役員経験あり	36	27.8	72.2
	役員経験なし	52	9.6	90.4
シニア世代	計	271	28.8	20.0
	正組合員	215	28.8	71.2
	准組合員・員外	50	20.0	80.0
	有業者	146	32.9	67.1
	専業主婦	119	20.2	79.8
	役員経験あり	121	33.1	66.9
	役員経験なし	138	21.7	78.3
シルバー世代	計	162	20.2	20.0
	正組合員	119	20.2	79.8
	准組合員・員外	35	20.0	80.0
	有業者	39	28.2	71.8
	専業主婦	118	16.1	83.9
	役員経験あり	75	29.3	70.7
	役員経験なし	72	11.1	88.9

注：表４－７と同様。

全体についてさらに組合員タイプ別にみると、自覚ありの割合は正組合員が23・8％、准組合員・員外が18・4％となっている。先にみた組織に感じている魅力とは異なり、正組合員のほうがやや高くなっている。この傾向は、フレッシュ・ミドル・シニアの三世代では同様であり、シルバー世代のみ組合員タイプでの差がほとんどみられなくなっている。同様に有業者・専業主婦別に自覚ありの割合をみると、有業者が25・9％、専業主婦が18・5％で前者がやや高くなっている。この傾向はシニア・シルバー世代では同様であるが、フレッシュ世代ではほとんど差がみられず、ミドル世代では専業主婦のほうが7ポイントほど高いなど、世代によってバラつきがある。役員経験あり・なし別に自覚ありの割合をみると、ありでは31・5％、なしでは15・5％となっており、役員経験者において組織の一員としての自覚をもつ人が多くなっている。この傾向はいずれの世代においても同様となっている。

4．能動的メンバーの展開状況と拡大方策

（1）組織に対する意識からみたメンバーの3類型

前節では、組織に魅力を感じているメンバーや組織の一員としての自覚をもつメンバーの展開状況をみた。こうした意識はさまざまな要因で醸成されると考えられるが、実際に活動に参加してそこでなんらかの意義を感じられるのならば、魅力や自覚の醸成はやはりすすむだろう。本節ではこうした観点から考察をすすめる。

まず、魅力と自覚についてであるが、これらの二つの意識は活動に参加するなかで前者が先に醸成され、組織との関わりを深めるなかで後者も醸成されていくのが現実であろう。つまり、魅力なし・自覚なし（第一段階）→魅力あり・自覚なし（第二段階）→魅力あり・自覚あり（第三段階）という順序で意識の醸成はすすむものと考えられる。以下では第一段階に該当する人をネガティブメンバー、第二段階に該当する人をフレンドリーメンバー、第三段階に該当する人をポジティブメンバーと呼ぶこととする。

こうした3類型に基づくメンバーの展開状況を示すと**表4－9**のとおりとなる。全体では、ポジティブメンバーが20・5％、フレンドリーメンバーが63・4％、ネガティブメンバーが16・1％となっている。各世代に

ついてみると、ポジティブメンバーの割合は、フレッシュ世代12・5%、ミドル世代16・3%、シニア世代23・7%、シルバー世代19・1%となっており、シニア世代でやや高い。一方、ネガティブメンバーの割合は、フレッシュ世代18・8%、ミドル世代19・8%、シニア世代16・3%、シルバー世代12・2%となっており、シルバー世代でやや低くなっている。

組合員タイプ別にみると、全体においては3類型の構成割合に大きな差はみられないが、フレッシュ世代では准組合員・員外においてフレンドリーメンバーの割合が20ポイントほど高く、ミドル世代では准組合員・員外においてネガティブメンバーの割合が26ポイントほど高く、シニア世代では准組合員においてフレンドリーメンバーが18ポイントほど高くなるなど、これら三世代では組合員タイプによって差が大きい。

表4－9　組織に対する意識の３類型とメンバーの展開状況

		回答数（人）	ポジティブメンバー（%）	フレンドリーメンバー（%）	ネガティブメンバー（%）
全体	計	497	20.5	63.4	16.1
	正組合員	382	21.2	61.8	17.0
	准組合員・員外	102	19.6	66.7	13.7
	有業者	256	23.4	60.2	16.4
	専業主婦	231	17.3	67.1	15.6
	役員経験あり	210	28.1	56.7	15.2
	役員経験なし	275	14.5	69.1	16.4
フレッシュ世代	計	32	12.5	68.8	18.8
	正組合員	21	14.3	61.9	23.8
	准組合員・員外	11	9.1	81.8	9.1
	有業者	23	13.0	73.9	13.0
	専業主婦	8	12.5	62.5	25.0
	役員経験あり	5	40.0	60.0	0.0
	役員経験なし	27	7.4	70.4	22.2
ミドル世代	計	86	16.3	64.0	19.8
	正組合員	69	17.4	68.1	14.5
	准組合員・員外	15	13.3	46.7	40.0
	有業者	68	14.7	64.7	20.6
	専業主婦	18	22.2	61.1	16.7
	役員経験あり	35	28.6	60.0	11.4
	役員経験なし	51	7.8	66.7	25.5
シニア世代	計	245	23.7	60.0	16.3
	正組合員	194	24.7	56.2	19.1
	准組合員・員外	46	19.6	73.9	6.5
	有業者	134	29.9	55.2	14.9
	専業主婦	106	16.0	66.0	17.9
	役員経験あり	106	27.4	52.8	19.8
	役員経験なし	132	20.5	65.9	13.6
シルバー世代	計	131	19.1	68.7	12.2
	正組合員	96	18.8	68.8	12.5
	准組合員・員外	29	24.1	62.1	13.8
	有業者	30	23.3	60.0	16.7
	専業主婦	97	17.5	71.1	11.3
	役員経験あり	63	27.0	61.9	11.1
	役員経験なし	64	10.9	76.6	12.5

注：表４－７と同様。

有業者・専業主婦別にみると、全体では有業者においてポジティブメンバーの割合がやや高く、専業主婦においてフレンドリーメンバーの割合がやや高くなっている。こうした傾向はシニア世代とシルバー世代では同様であるが、フレッシュ世代ではポジティブメンバーについての差はほとんどみられず、ミドル世代では専業主婦においてポジティブメンバー割合が高くなるなど、これら二世代では異なる傾向になっている。

役員経験のあり・なし別でみると、全体では役員経験ありにおいてポジティブメンバーの割合が高く、役員経験なしにおいてフレンドリー・ネガティブメンバーの割合が高くなっている。こうした傾向は世代を問わず共通となっている。

（2）組織に対する意識と参加を通じて感じる意義の関係

前述したとおり、組織に感じる魅力や組織の一員としての自覚は、実際に活動に参加してそこでなんらかの意義を感じるなかで醸成がすすむと考えられる。以下では、ポジティブ・フレンドリー・ネガティブメンバーそれぞれが感じている意義の差について特定を試みる。

表４－10は、フレンドリーメンバーとネガティブメンバーがJA女性組織に感じている意義を示したものである。ここで示している意義は先の**表４－５**に示した8項目である。なお、サンプル数を確保するためにフレッシュ世代とミドル世代を統合している。

全体では、「親睦、仲間づくりができる」（以下、「仲間づくり」と表記）、「旅行・観劇などに参加できる」（以下、「旅行・観劇」と表記）、「学習や知識を深められる」（以下、「学び」と表記）、「健康づくりができる」（以下、「健康」と表記）の四つで有意差が認められている。つまり、ネガティブメンバーがこれら四つの意義を感じると、フレンドリーメンバーへとステップアップする可能性が高いといえるのである。

世代別にみると、フレッシュ・ミドル世代では仲間づくり、シニア世代では旅行・観劇、健康、「趣味が生かせる」（以下、「趣味」と表記）、シルバー世代では学びでそれぞれ有意差が認められている。ステップアップを促す意義は、世代によって大きく異なるといえる。

一方、**表４－11**はポジティブメンバーとフレンドリーメンバーについて、同様の集計結果を示したものであ

表4－10　フレンドリー・ネガティブメンバーの組織に感じる意義の差

		回答数（人）	親睦、仲間づくりができる		旅行・観劇などに参加できる		学習や知識を深められる		健康づくりができる		趣味が生かせる		共同購入を利用できる		地域づくりに貢献できる		女性の意見をＪＡ運営に反映できる	
			該当者の割合（%）	χ^2値	該当者の割合（%）	χ^2値	該当者の割合（%）	χ^2値	該当者の割合（%）	χ^2値	該当者の割合（%）	χ^2値	該当者の割合（%）	χ^2値	該当者の割合（%）	χ^2値	該当者の割合（%）	χ^2値
全体	フレンドリーメンバー	315	61.0	17.414**	29.8	7.157*	29.8	8.464**	25.7	6.283*	21.6	2.449	18.1	0.424	12.4	0.345	3.5	0.397
	ネガティブメンバー	80	35.0		15.0		13.8		12.5		13.8		15.0		10.0		5.0	
フレッシュ・ミドル	フレンドリーメンバー	77	66.2	17.070**	23.4	2.386	33.8	3.694	20.8	0.689	15.6	0.043	11.7	0.509	16.9	0.194	6.5	0.145
	ネガティブメンバー	23	17.4		8.7		13.0		13.0		17.4		17.4		13.0		4.3	
シニア	フレンドリーメンバー	147	63.9	3.556	32.7	4.771*	32.0	2.171	27.2	6.899**	23.8	5.166*	19.7	0.100	8.8	0.073	3.4	1.290
	ネガティブメンバー	40	47.5		15.0		20.0		7.5		7.5		17.5		7.5		7.5	
シルバー	フレンドリーメンバー	90	51.1	2.147	31.1	0.241	23.3	4.656*	27.8	0.053	23.3	0.021	21.1	1.960	14.4	0.042	1.1	0.179
	ネガティブメンバー	16	31.3		25.0		0.0		25.0		25.0		6.3		12.5		0.0	

注1：表4－7と同様。
注2：該当者の割合は、それぞれの項目について意義を感じている人の割合を意味する。
注3：**は1％水準、*は5％水準で有意を意味する。

表4－11　ポジティブ・フレンドリーメンバーの組織に感じる意義の差

		回答数（人）	親睦、仲間づくりができる		旅行・観劇などに参加できる		学習や知識を深められる		健康づくりができる		趣味が生かせる		共同購入を利用できる		地域づくりに貢献できる		女性の意見をＪＡ運営に反映できる	
			該当者の割合（%）	χ^2値	該当者の割合（%）	χ^2値	該当者の割合（%）	χ^2値	該当者の割合（%）	χ^2値	該当者の割合（%）	χ^2値	該当者の割合（%）	χ^2値	該当者の割合（%）	χ^2値	該当者の割合（%）	χ^2値
全体	ポジティブメンバー	102	83.3	17.306**	49.0	12.536**	52.9	17.958**	34.3	2.838	29.4	2.624	40.2	20.934**	31.4	19.671**	12.7	12.162**
	フレンドリーメンバー	315	61.0		29.8		29.8		25.7		21.6		18.1		12.4		3.5	
フレッシュ・ミドル	ポジティブメンバー	18	100.0	8.368**	38.9	1.811	72.2	8.916**	22.2	0.018	27.8	1.476	27.8	3.006	33.3	2.468	16.7	1.958
	フレンドリーメンバー	77	66.2		23.4		33.8		20.8		15.6		11.7		16.9		6.5	
シニア	ポジティブメンバー	58	82.8	6.915**	48.3	4.351*	51.7	6.918**	29.3	0.091	29.3	0.665	36.2	6.124*	32.8	18.057**	12.1	5.670*
	フレンドリーメンバー	147	63.9		32.7		32.0		27.2		23.8		19.7		8.8		3.4	
シルバー	ポジティブメンバー	25	76.0	4.932*	48.5	5.228*	40.0	2.760	56.0	6.953**	32.0	0.779	60.0	14.209**	28.0	2.502	12.0	6.910**
	フレンドリーメンバー	90	51.1		29.9		23.3		27.8		23.3		21.1		14.4		1.1	

注：表4－10の注1～3と同様。

る。前表に比べて多くの箇所で有意差が認められているため、1％水準での有意箇所にかぎって抽出すると、全体では仲間づくり、旅行・観劇、学び、「共同購入を利用できる」（以下、「共同購入」と表記）、「地域づくりに貢献できる」（以下、「地域づくり」と表記）、「女性の意見をＪＡ運営に反映できる」（以下、「運営参画」と表記）の6項目が挙げられる。

世代別にみると、フレッシュ・ミドル世代では仲間づくりと学び、シニア世代では仲間づくり、学び、地域づくり、シルバー世代では健康、共同購入、運営参画が挙げられる。ステップアップを促す意義は、世代によってやはり異なるといえるだろう。

（3）活動単位に着目した組織の活性化方策

表4－12は、世代別にメンバーのステップアップを促す意義を整理したものである。ＪＡに求められるのは、こうした意義を実感できる活動への参加を働きかけることといえる。

活動を通じた意義の実感は、活動単位や活動内容、それぞれの活動における運営の巧拙《こうせつ》などさまざまな要素に影響を受けると考えられるが、ここでは活動単位に着目することとする。それは活動単位が活動をともにするメンバーを決めるものであり、だれとともに参加するかが意義の感じ方にも大きく影響すると考えられるからである。

表4－13は、世代別にメンバーを参加している活動単位で分け、それぞれが組織に感じている意義を示したものである。先の**表4－2**に示されるように、活動単位は集落・支部・本部・目的別・世代別の五つであり、実際の参加の組み合わせはさまざまであるが、ここでは各活動単位の意義を明確にするために特定の活動単位のみに参加しているメンバーを抽出している。ただし、本部単位の活動と世代別活動についてはそれのみに参加しているメンバーが著しく少ないため、他の活動単位へ参加しているメンバーも含めて抽出した[8]。また、こうした作業を行ってもシニア・シルバー世代の世代別活動参加者はほとんどサンプルを抽出できなかったため、集計を行っていない。

まず、フレッシュ・ミドル世代についてみていく。同世代のネガティブ

表4－12　世代別にみたメンバーのステップアップを促す意義

	ネガティブからフレンドリーへ	フレンドリーからポジティブへ
フレッシュ・ミドル世代	仲間づくり	仲間づくり 学び
シニア世代	旅行・観劇 健康 趣味	仲間づくり 学び 地域づくり
シルバー世代	学び	健康 共同購入 運営参画

注：フレンドリーからポジティブへは１％水準の有意項目のみ示している。

表４－13　参加している活動単位別にみた組織に感じる意義

	参加している活動単位	該当者数（人）	仲間づくり（%）	旅行・観劇（%）	学び（%）	健康（%）	趣味（%）	共同購入（%）	地域づくり（%）	運営参画（%）
フレッシュ・ミドル世代	集落単位のみ	35	62.9	20.0	25.7	17.1	8.6	17.1	28.6	2.9
	支部単位のみ	12	75.0	50.0	25.0	0.0	0.0	0.0	8.3	0.0
	本部単位（他にも参加）	11	100.0	18.2	72.7	36.4	45.5	9.1	36.4	36.4
	目的別のみ	6	16.7	0.0	33.3	33.3	50.0	16.7	16.7	0.0
	世代別（他にも参加）	9	77.8	44.4	66.7	22.2	11.1	33.3	11.1	22.2
シニア世代	集落単位のみ	68	61.8	19.1	14.7	14.7	5.9	11.8	19.1	2.9
	支部単位のみ	14	85.7	35.7	14.3	28.6	0.0	21.4	7.1	7.1
	本部単位（他にも参加）	52	84.6	44.2	55.8	30.8	30.8	40.4	28.8	9.6
	目的別のみ	60	60.0	23.3	51.7	33.3	40.0	20.0	13.3	3.3
シルバー世代	集落単位のみ	39	53.8	28.2	15.4	20.5	15.4	35.9	10.3	2.6
	支部単位のみ	30	63.3	40.0	16.7	30.0	20.0	20.0	6.7	0.0
	本部単位（他にも参加）	25	84.0	68.0	48.0	56.0	32.0	32.0	28.0	8.0
	目的別のみ	29	37.9	27.6	20.7	41.4	44.8	13.8	10.3	0.0

注：該当者数は表側のそれぞれのセルに該当する人数を意味する。

メンバーをフレンドリーメンバー化するには、仲間づくりを実感できることが重要になる。**表4－13**によれば、仲間づくりは本部単位において100％を示している。一方、フレンドリーメンバーをポジティブメンバー化するには、仲間づくりに加えて学びを実感できることが重要になる。表によれば、学びは本部単位が72・7％、世代別が66・7％となっており、これら二つにおいて他の活動単位よりかなり高くなっている。以上を踏まえると、同世代のメンバーへの働きかけは、まずは本部などの広域での参集を通じて広く仲間づくりを促進し、その後世代別活動へ誘導をはかるのが望ましいといえるだろう。

次に、シニア世代についてみていく。同世代のネガティブメンバーをフレンドリーメンバー化するには、旅行・観劇、健康、趣味が重要になる。表によれば、旅行・観劇は本部単位、健康と趣味は目的別が最も高い。一方、フレンドリーメンバーをポジティブメンバー化するには、仲間づくり、学び、地域づくりが重要になる。表によれば、仲間づくりは支部単位と本部単位、学びと地域づくりは本部単位でかなり高くなっている。以上を踏まえると、同世代のメンバーへの働きかけは、まずは健康づくりや各種の趣味をテーマとする目的別活動への誘導をはかり、その後支部単位や本部単位の活動への参加を促すのが望ましいといえるだろう。

最後に、シルバー世代についてみていく。同世代のネガティブメンバーをフレンドリーメンバー化するには、学びが重要になる。表によれば、学びは本部単位で最も高く、次いで目的別となっている。一方、フレンドリーメンバーをポジティブメンバー化するには、健康、共同購入、運営参画が重要になる。これらのうち共同購入と運営参画については、過去に役員として共同購入に尽力したことが強く影響していると考えられる。健康にかぎって表をみれば、本部単位で最も高く、次いで目的別となっている。以上を踏まえると、同世代のメンバーへの働きかけは、目的別を基本としながら、健康などをテーマとする本部単位の学びの場に誘導をはかるのが望ましいといえるだろう。

おわりに

本章ではＪＡ女性組織メンバーのとくに世代に着目しながら、意識と参加の態様についてみてきた。ここでは能動的なメンバーをいかに拡大するかという観点から、二つの課題提起を行って論を結ぶこととする。

第一には、潜在的に存在している能動的メンバーの顕在化を通じた拡大である。本章ではポジティブメンバーと呼んだが、同メンバーは役員の引き受け意思など組織の一員としての自覚をもつ人である。そして本章の分析結果によれば、同メンバーは世代や組合員タイプを問わず、広範に一定程度存在している。それは多くのＪＡにおいても同様であろう。

しかしながら、現在のＪＡ女性組織においてはメンバーのお客様化や役員のなり手不足ばかりが聞かれる。このような状況は、能動的メンバーが表舞台に出てこないことに起因しているのではないだろうか。まずは、潜在的に存在している能動的メンバーを特定することが重要になる。それには女性組織メンバーと日常的に接し、コミュニケーションの機会も多いはずである事務局の役割が重要になるだろう。

第二には、多様な活動単位を通じた能動的メンバーの拡大である。本章のなかで指摘したとおり、メンバーのステップアップをはかるうえでの有効な活動単位は世代によって異なると考えられる。にもかかわらず画一的な組織化を続ければ、ポジティブメンバーの拡大は阻害され、ネガティブメンバーの増加に帰結することとなるだろう。

多様な活動単位をその位置づけや活動内容、運営のありかたなどを十分検討したうえで設置すべきである。そしてメンバーは、事務局のサポートを得ながら自らにとって最も望ましい活動単位に参加できるようにする。こうした体制を整えるなかで、能動的なメンバーが安定的に増えていくはずである。また、潜在的に存在している能動的メンバーの顕在化もすすむだろう。

（西井賢悟）

【注】

(1) 2016年4~7月にかけて、3JAの女性組織メンバー約4000人にアンケート調査を実施した。調査票の配布は各JAの担当者を通じた手わたし、もしくは郵送とし、回収はすべて郵送とした。回収総数は1365人で回収率は3割強であった。JA間で回収数の差が大きく、最も少ないJAでは237人にとどまった。そのため、他の2JAもサンプル数を合わせることとした。なお、そのさいのサンプル抽出には乱数表を用いた。

(2) 3JAの概況を記しておくと、A農協は正組合員約6000人、准組合員約2000人、貯金残高約400億円、販売品販売高約40億円、B農協は正組合員約5000人、准組合員約1万4000人、貯金残高約3000億円、販売品販売高約10億円、C農協は正組合員約8000人、准組合員約1万3000人、貯金残高約2000億円、販売品販売高約30億円などとなっている。

(3) 正組合員とは正組合員世帯の女性組織メンバー、准組合員・員外とは准組合員世帯もしくはJAに加入していない世帯の女性組織メンバーを意味する。なお、以下では正組合員と准組合員・員外を同様の意味で用いている。

(4) 三世代以上の世帯が多いことに加え、独居世帯が少ないことも特徴といえる。ただし、独居世帯については注意を要する。本文中の国勢調査の結果は全世代の結果であり、同調査において65歳以上の世帯員がいる一般世帯にかぎれば、独居世帯の割合は16・8%となっている。この数値は、表4-1に示されるシルバー世代の独居世帯の割合と大差はない。

(5) 総務省「就業構造基本調査」では、雇用者と有業者のみ定義しており、雇用率と有業率は本章独自のものである。

(6) 雇用率は、総務省「就業構造基本調査」(2017年)における30歳代~80歳代の雇用者を、有業率は同調査における30歳代~80歳代の有業者を、それぞれ同年齢層の我が国女性人口で除して算出している。

(7) 役員の引き受け意思は、①本部・支部役員を引き受けてもよい、②支部役員までなら、引き受けてもよい、③負担が軽減されれば、支部役員を引き受けてもよい、④順番でやっているので、支部役員を引き受けるのは仕方ない、⑤やりたくない、⑥役員をやるなら、脱退したい、⑦その他、を選択肢として、周囲への呼びかけ意思は、①個人的にも積極的に呼びかける、②支部で呼びかけが決まればそれにしたがう、③呼びかけに応じるような人がいない、④呼びかけない、⑤その他、を選択肢としてそれぞれシングルアンサー形式で尋ねており、役員の引き受け意思について①~④のいずれかを選び、かつ周囲への呼びかけ意思について①あるいは②を選んだ人を、組織の一員としての自覚をもつ人とした。

(8) 本部単位の活動と世代別活動の両方に参加している人は、表の世代別(他にも参加)に含めることとした。

第5章 JA女性組織の組織構造
―基本構造と目的別組織のコンビネーションの実相―

【要旨】

本章では、JA女性組織における組織構造の見直しの方向性について検討を行った。組織構造の見直しに当たっては、「目的型参加」の比重を高めていくこと、運営者を目的別組織からも確保するとともに、運営者の運営負担の軽減・分散をはかっていくことが基本的な方向性となると考えられる。

JA女性組織は、地縁を基盤とする〈本部―支部―班〉の基本構造によって運営されてきたことから、地縁的つながりが後退している地域ほど、基本構造の維持は困難となり、ドラスティックな見直しが必要となる。

地縁的つながりが相対的に維持されている組織の場合、前述の基本構造を維持し、既存のつながりを生かしつつ「目的型参加」を促進するとともに、班と目的別組織の両方から役員（運営者）を確保していくことになるだろう。

地縁的つながりが後退している組織の場合、基本構造の維持については優先順位を下げ、目的別組織を中心的な活動単位とし、組織の規模の維持よりも質的充実（自主的運営の強化）に重点を置くとともに、役員の確保母体についても目的別組織を主体としていくことになるだろう。

はじめに

ＪＡ女性組織は、地縁的つながりを基盤に、〈本部―支部―班〉という三段階の基本構造によって運営されてきた。だが、少子高齢化や構成員の異質化がすすみ、集落のコミュニティが弱体化するなかで、基礎的な組織単位である班の一斉脱退や解散がすすんでおり、前述の基本構造に基づいた組織運営を維持することは困難になりつつある。[(1)]

本章の課題は、ＪＡ女性組織における組織構造の実態と、その見直しの方向性を検討することである。そのさい、次の二点を基本に据えることとする。一つは、ＪＡ女性組織におけるメンバーの参加行動において、地縁などの既存の人間関係に基づく「関係ありき」の参加（以下、便宜的に「関係型参加」とする）が主体である状況から、自身のニーズや目的を満たすための参加（同じく、以下、「目的型参加」とする）の比重を大きくしていくことである。ただし、これは関係型参加の否定ではなく、関係型参加と目的型参加の併存も想定に含むものであることに留意されたい。もう一つは、ＪＡ女性組織の中心的な運営者（役員や班長など）を班に代わる別の母体から確保するとともに、運営者の運営負担を軽減・分散させていくことである。

以下では、まず第１節で、ＪＡ女性組織の組織構造と組織運営の概況について、既存の統計データを使用しつつ一般論的に整理を行う。次に第２節では、地縁的活動単位が比較的に維持されているＪＡ女性組織の組織構造と組織運営の実態について、ＪＡ松本ハイランドを事例に検討する。続く第３節では、地縁的活動単位が後退しているＪＡ女性組織における組織構造の見直しの実態について、ＪＡ東びわこの取り組みをみていく。最後に「おわりに」で、以上の検討結果を踏まえ、ＪＡ女性組織における組織構造の見直しの方向性にかかる示唆《しさ》について整理を行う。

1．ＪＡ女性組織における組織構造・組織運営とその問題状況

（1）組織構造の概況

一般に、ＪＡ女性組織の活動単位には、①本部・支部・班という地域で分けられた活動単位、②エルダー・ミドル・フレッシュミズのように世代（年齢）によって分けられた活動単位、③「目的別組織」や「目的別グループ」と呼ばれる活動内容・活動目的によって分けられた活動単位、という三つの区分があり、ＪＡによってこれらすべてが採用されていたり一部のみが採用されていたりする。そのうえで、実際には各メンバーがそのなかから一つあるいは複数の活動単位を選択して活動に参加しており、その組み合わせには多様なパターンがみられる。

①本部・支部・班

多くのＪＡ女性組織では、〈本部—支部—班〉という三段階の階層構造が組織の基本構造となっている。支部はＪＡの支所・支店のエリア単位であることが多く、班は集落単位であることが多い。班に相当する単位が支部と呼ばれているなど、名称が異なっている場合もあるだろうが、〈ＪＡ全体—ＪＡ支所・支店のエリア—集落〉という階層構造はおおむね共通のものであろう。(2) そのなかで、現在のＪＡ女性組織では多くの場合、支部、すなわちＪＡ支所・支店単位の組織が、中心的な活動単位となっているとみられる。

ここで班について若干の検討を行っておこう。班は、集落での日常生活において形成された人間関係を基盤とする基礎的な組織単位である。班の主な機能としては、第一に班活動の実施、第二に支部との間の情報伝達（活動の案内の周知や出欠の取りまとめなど）や商品の配達（『家の光』や共同購入商品など）、第三に班長の選出が挙げられる。ＪＡ女性組織では、一般的に、班長のなかから支部役員が選出され、この支部役員が事務局のサポートを受けつつ支部の組織や活動を運営していることから、第三の機能がとくに重要であるといえる

だろう。ところが、現実には、この班の機能低下や解散が急速にすすんでいる状況にある。班のリーダーが高齢化し、班長を務める人物が確保できなくなったタイミングで班が解散したというケースは、全国的によく聞かれるところであろう。こうした事態がすすめば、班長すなわち支部役員候補が確保できなくなり、中心的な活動単位である支部の運営が立ち行かなくなることから、看過できない問題であるといえる。

②世代別組織

世代別組織については、エルダー・ミドル・フレッシュミズといった三世代に区分するケースや、フレッシュミズのみ設置しているケースがある。こうした世代別の区分では、組織の実状に応じて、年齢制限を厳格に運用していないことも多い。

近年新たに世代別を導入したＪＡ女性組織では、フレッシュミズのみの設置が多いようである。『日本農業新聞』によれば、フレッシュミズを組織しているＪＡ数は２０１９年８月末時点で２９９であり、(3)全ＪＡ数の約半分に及んでいる。19～21年度の「ＪＡ女性組織３カ年計画」、および19年３月のＪＡ全国大会決議では、すべての組織でのフレッシュミズ組織設置が記されており、今後、組織化はさらに進展するものとみられる。

一方で、フレッシュミズが組織されているＪＡであっても、活動についてはフレッシュミズ単独ではなく他世代と一体で行っているケースが多いようである。直近の20年度において、「世代別にわかれて活動してはいないが、フレッシュミズ組織（部会）はある」としたＪＡは39・９％であるのに対し、「世代別にわかれて活動している」は26・１％にとどまっている。(4)

世代で分かれずに活動することには、世代を超えたメンバー間のつながりが形成される、ＪＡ女性組織としての一体感が高まる、といったメリットがあるだろう。一方で、世代別で活動することには、世代ごとのニーズや行動様式の違いを反映した活動内容を設定できる、上下の人間関係にあまり気を使わずに活動することができる、といったメリットがあると考えられる。それぞれのメリットを踏まえ、世代別での実施と一体での実施の両方を使い分けるなど、組織の状況に合った活動単位を選択することが理想であるだろう。

③目的別組織

目的別組織（目的別グループ）は、ニーズや目的を等しくするメンバーが集まって活動を行う活動単位である。具体的には、料理や手芸などの趣味のグループ、家の光記事活用グループ、農産物加工グループ、助けあい組織などが挙げられる。これらは、支部ごとに組織されているケースと、支部の垣根を越えてJAのエリア全域から参加することができるケースがみられる。

全国のJA女性組織における目的別組織の設置状況をみてみよう。JA全国女性組織協議会「JA女性組織事務局実態調査」（以下、「事務局調査」）[5]によれば、15年の、回答のあったJA女性組織数に占める目的別組織を設置している組織数の割合は60・4％であり、目的別組織の導入はJA女性組織の6割に達している実態が確認できる。これは前述のフレッシュミズを組織しているJAの割合を上回っている。

次に、事務局調査における、目的別組織の導入で「効果があった」項目（複数回答）をみると、目的別組織を導入したJA女性組織の75・5％で、「組織全体の活性化に役立っている」と事務局が実感している。多くのケースでJA女性組織の活性化につながっていることが読み取れるだろう。

（2）運営体制の概況

次に、JA女性組織の運営体制の概況を、一般論的に整理しておこう。

JA女性組織の運営では、ごくおおざっぱにいって、役員・代表者が中心となって運営を行うパターン（以下、「役員中心型」）と、運営の大部分を事務局に依存しているパターン（以下、「事務局依存型」）があるだろう。

役員中心型については、さらに二つのパターンに分かれる。一つは、意欲ある役員や代表者がリーダーシップを発揮して、他のメンバーにも役割を分担しつつ、組織を引っ張っているパターンである。これは全体のなかでは少数にとどまるとみられる。

もう一つは、輪番制や年齢が若いことを理由に頼まれるなどして非能動的に役員や代表者に就いた人物が、いわゆる「世話役」となり、必要最低限の範囲で活動の準備や後片づけなどを行っているパターンである。(6)

他方の事務局依存型は、ＪＡ女性組織の事務局を務めるＪＡ職員が活動の企画・運営の大部分を担っているパターンである。メンバーの高齢化や参加意欲の停滞により、役員や世話役を輪番制で回していてもメンバー中心での運営ができなくなっている組織においてみられ、多くの組織がこの状況かそれに近い状況にあるとみられる。

こうした状況について、事務局調査の結果をみると、「事務局の課題」の設問（複数回答）において、「メンバー自身が自主的な組織として活動ができていない」が41・5％で、「ＪＡ女性組織メンバーをいかに増やすか」の67・4％、「次期リーダーを発掘、育成できていない」の59・9％に次いで高い割合となっている。このことから、やはり多くのＪＡ女性組織では運営が事務局依存の状況にあり、事務局もそのことを課題として認識していることがわかる。また同設問では、「自主的な運営とするための話し合いや学習活動ができていない」が23・8％となっており、話し合いや学習の不足が自主的運営の停滞の要因の一つとなっていることが読み取れる。

こうした事務局依存の一方で、相対的に若いメンバーがいる場合などに、そのメンバーに役員などの負担が集中しているケースも少なくない。事務局調査において、過去3年間にミドル層のメンバー数が「減った」と回答した組織について、事務局がその要因として認識している事柄をみると、役員負担が多いことが51・5％で最も高い割合となっている。組織運営の中心的担い手として期待されるミドル層の退出は、組織の存続を左右しかねないものであり、その主たる要因の一つとみられる運営負担の問題について早急な対応が必要となっている。

（3）ＪＡ女性組織の問題状況と組織の見直し方向

以上を踏まえ、ＪＡ女性組織の組織構造と運営における問題状況を整理すれば、次の三点が指摘できよう。第一に、組織や活動の運営において自主的運営が十分に行われていないことである。第二に、一部のメンバーに運営負担が集中していることである。第三に、これまでは組織運営を担う役員の確保を班の機能に頼ってきたが、班の機能低下や解散によってそうした状況が持続困難となっていることである。また、これらに加えて、第4章でメンバーへのアンケート調査結果から示されたように、メンバーにとって活動内容がマンネリ化し活動の魅力が低下していることも、関連する問題である。

こうした問題点はこれまでも繰り返し指摘されてきたことであり、したがって一気に解決できるような特効薬的な対策は存在しないだろうが、ここでは、目的別組織を積極的に取り入れ、そのなかの意欲的な組織・グループから自主的運営を広げていくとともに、目的別組織からＪＡ女性組織の中心的な運営者の確保をはかっていくことを、基本的な方向性の一つとして提示したい。

多くのＪＡ女性組織において活動が停滞傾向にある最大の要因は、活動の魅力が十分に高くないことであると考えられる。理屈のうえでは、活動が十分に魅力的であれば、多くのメンバーは運営の負担などを引き受けてでも活動に参加するはずである。(7) つまり、ごく単純化していえば、活動が停滞しているＪＡ女性組織の多くは、活動の魅力が運営面の負担感を下回る状態（魅力＜負担感）にあるということになる。(8)

このうち魅力については、それを高めるうえで、やはり目的別組織として同じニーズを有するメンバーが集まり、そのニーズに即した内容で活動を行うことが基本となるだろう。

また負担については、矛盾するようだが、企画を含めて可能なかぎりメンバー自らが運営を行うことが望ましい。容易なことでないのは百も承知だが、ポイントは活動の魅力と比較されるのは主観的な負担感であるということである。負担の量が同程度であっても、例えばそのプロセスにおいて自律的に運営することができたり、自身のアイデアを取り入れることができたりすれば、運営自体の楽しさややりがいが高まり、主観的な負担感は軽減されるだろう。加えて、メンバーが負担を心理的に受け入れるうえでは、参加の有無の選択が可能であるなかで、自身の意思で参加しているということが重要な意味をもつ。この点で、既存の人間関係の影響を受けにくく、したがって付き合いによる参加が比較的起こりにくい目的別組織が適合的であるだろう。

ただ、当然ながらすべての組織においてそのような運営を行うことは現実的でない。ひとまずは、意欲的な一部の組織・グループから徐々に取り組みを広げていくことが肝要だろう。

また、そうしたなかで、これまで班の機能に頼っていた役員（中心的な運営者）の確保についても、徐々に目的別組織にその機能をもたせていくことが必要となると考えられる。

以下、第2節と第3節では、このような方向性について二つの事例を取り上げて検討を行う。

2. 地縁的活動単位が維持されているＪＡ女性組織の組織構造と運営 ――ＪＡ松本ハイランド

ＪＡ松本ハイランド女性部は、班の6～7割が存続しており、〈本部―支部―班〉という基本構造による組織運営が現在もかなりの程度機能している。そのなかでも、目的別グループを積極的に取り入れつつ、活発な活動が展開されている。また、同ＪＡでは女性のＪＡ運営への参画促進に力を入れており、女性部を含む多様な女性組織がその基盤となっている。本節では、同ＪＡを事例に、地縁的つながりが比較的に維持され〈本部―支部―班〉の基本構造が機能しているＪＡ女性組織の組織構造・組織運営の実態と、そのなかで目的別組織がどのように取り入れられているのかをみていく。

（1）ＪＡの概況

ＪＡ松本ハイランドは、長野県中部の東筑摩郡（生坂《いくさか》村、麻績《おみ》村、筑北《ちくほく》村、山形村、朝日村）、安曇野《あづみの》市の一部、松本市をエリアとしている。[9] 管内には高原地域や中山間地域、市街化地域などが含まれている。リンゴ・ブドウなどの果樹作やナガイモ・スイカなどの野菜作、水田作といった複合的な産地が形成されている。正組合員数は２万１２７５人、準組合員数は１万１０７１人である。役員数は45人（うち常勤６人）、職員数は７６２人である。各事業の取扱高は、貯金残高２９１４億円、貸出金残高６１４億円、長期共済保有高８０３７億円、購買品供給高54億円、販売品取扱高１７９億円である。支所数は19支所である。

同ＪＡは、多様な組合員学習の場である「夢あわせ大学」や、各種の組合員組織活動などの教育文化活動に早くから力を注いできたＪＡとして知られている。また、基礎組織である農家組合についてモデルとなる組合の育成に取り組むなど、基礎組織の活性化にも力を入れている。

（2）支部・班の組織と活動

同ＪＡ女性部の部員数は１５８９人である。年齢層別の内訳は、50歳未満が１４６人、50歳代が２１５人、60歳代が４９６人、70歳代が６９０人、年齢不詳が42人となっている。

図５－１は、同ＪＡの女性部の組織機構を示している。女性部の支部は、一部の支所を除いて、ＪＡの支所のエリア単位（おおむね中学校区）で組織されており、支部数は17支部である。

同ＪＡの女性部活動は、全体として支部単位の活動が中心であるが、本部活動も活発であり、班についても６～７割が存続している。

各支部では、全体活動として、地産地消料理活動、商品研修会、健康管理活動、福祉活動、地域貢献活動、

ＪＡ役職員との交流活動などが行われている。これらの活動区分ごとに、活動実績があれば本部から活動費助成が支給されることもあり、ほとんどの支部でこれらすべての区分の活動が行われている。ＪＡ役職員との交流活動では、その支部を所管する支所の職員が参加し、部員とともに農作業やレクリエーションなどを行ったり、併せて懇親会を実施したりしている。

加えて、各支部では部員が目的別グループをつくって自主的に活動を行っている。こちらは支部の全体活動ではなく、参加は完全に任意となっている。目的別グループは女性部全体で１２７グループ、平均すると1支部当たり7・5グループとなっている。趣味の活動が中心であるが、農産物加工グループやボランティア活動グループも活動している。加えて、目的別グループ以外にも、全部で15の家の光記事活用グループが活動している。これらについても、一定の要件を満たすことで活動費が助成される。

各支部では、支部間で程度差はあるものの、基本的に部員の参加は能動的である。ただし、組織や活動の運営では事務局のサポートも重要な役割を果たしており、それなしでの運営はむずかしい状況となっている。

過去には、ＪＡ女性部（農協婦人部）の多くが町会の婦人部と一体的に運営されている状態にあった。現在は、山間部ではおおむねそうした状況が継続している一方、市街地寄りの地域では解消されている。

各支部の役については、支部長1人、副支部長1人、会計1人、専門部長３人（詳細は後述）となっている。任期はそれぞれ2年

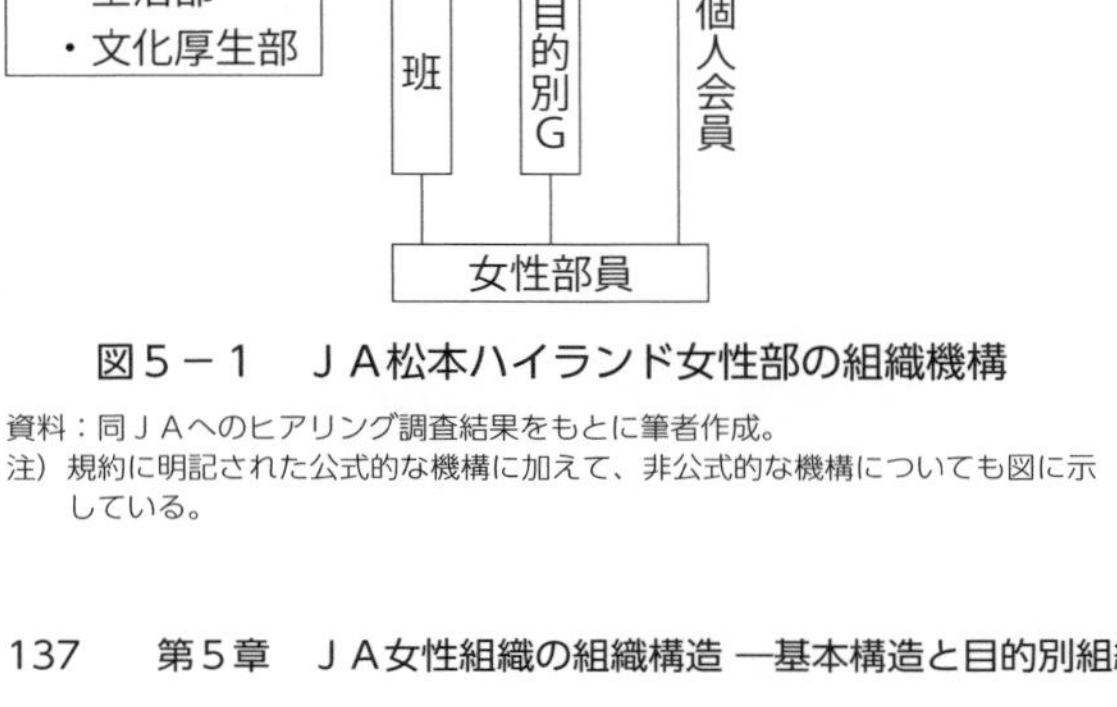

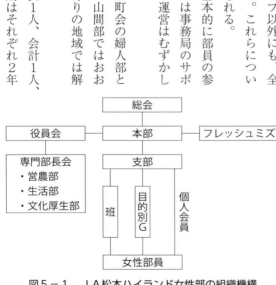

図５－１　ＪＡ松本ハイランド女性部の組織機構

資料：同ＪＡへのヒアリング調査結果をもとに筆者作成。
注）規約に明記された公式的な機構に加えて、非公式的な機構についても図に示している。

間で、再任の制限はない。各支部における役員選出方法の実態は正確には把握されていないが、輪番制ではなく、各班の班長および各目的別グループの代表者が話し合いによって役を分担している状況にあるようである。各支部の役員会は年間で4～5回であり、主な内容は、支部活動の進捗管理、活動の企画・準備の話し合い、本部役員会の内容やＪＡ事業の情報の共有などとなっている。各支部の総会は年1回の開催となっている。

各支部には、より基礎的な活動単位として班が存在する。班は、解散したところも少なくないが、前述のように現在も6～7割ほどは維持されている。

また、班が解散した場合、各支部の個人会員として所属を続ける部員も少なくない。支部によっては、一度解散した班について、複数の班をまとめる形で、情報伝達のためのグループとして再び組織化する取り組みも行われている（第6章第3節（1）参照）。

個人会員の実態は、共同購入や本部単位の活動のみ、参加したいときに参加するという状況のようである。女性部やＪＡとの接点を確保する意義はある一方で、役員の引き受けや活動の手伝いを行っている他の部員との不公平感が懸念材料となっている。

（3）本部の組織と活動

女性部の本部は、役員会（支部長会）と専門部長会によって運営されている。このうち、役員会は各支部の支部長全17人で構成され、17人の互選により女性部長1人、副部長2人を本部役員として選出している。役員の任期は2年で、再任の制限はない。また、役員会の顔ぶれは1期ごとにおおむね半数ずつが入れ替わっている。役員会は年に4～5回開催されており、これにイベントや県女性協の研修などを含めると、月に一度程度は役員会のメンバーで集まっている。また本部では、各支部の総会が終わる時期に、総会を年に1回開催している。

同ＪＡにおける本部活動の特徴的な点として、役員会とは別に、三つの専門部が設置されていることが挙げられる。営農部・生活部・文化厚生部の三つであり、一つの支部から営農専門部長１人・生活専門部長１人・文化厚生専門部長１人が選出され、全17支部で17人ずつの専門部長が各専門部のメンバーとなる。(10) 専門部は、役員会の専門委員会的な位置づけにある。役員会との役割分担は、女性部の全体活動の企画や準備をこの専門部が担当し、役員会はそれらの活動の進捗《しんちょく》管理や各支部への案内・出欠取りまとめの段取りといった女性部全体の総括的な役割を担当する、という関係となっている。

専門部の具体的な活動内容の一つは、女性部の全体活動の企画・運営である。営農部は食農教育活動や自給率向上運動など、生活部は共同購入や商品研修会など、文化厚生部は女性部全体の研修旅行などの全体交流についてて、それぞれ企画・運営を行っている。そのさい、各専門部のメンバーが、自身の所属する支部で出された活動への要望を踏まえて企画を検討しており、各支部のニーズを本部へと反映させるルートの一つとなっている。各専門部で検討した企画は、本部役員会の承認を経て、専門部が本部事務局のサポートを受けつつ実施に向けた準備を行う。専門部の会議である専門部長会は、定例の会こそ年２回であるが、それ以外にも必要に応じて集まって準備を行っている。

専門部の活動内容のもう一つは、専門部ごとのメンバーのみで開催する研修会である。この研修会では、料理を中心とする実習などが行われており、前述の女性部全体活動の企画・運営にかかる会議や集まりとセットで実施されている。

これらの他、世代別組織として本所の管轄でフレッシュミズ部会が組織されており、30～40人ほどが所属している。

（４）女性部以外の女性関係組織・機関

①若妻大学

同ＪＡは、女性部以外にも、女性の学びや活躍の場づくりに力を入れている。その一つが、全国でも先駆的な女性大学の「若妻大学」である。若妻大学は、次代の女性リーダー育成を目的として、約半世紀前の１９７２年に開始された。若い世代の女性が、１期３年で、食育や子育て、地域貢献などの講座を受講するとともに、グループでの共同研究に取り組んでいる。これまでに17期、１０００人以上の女性が同大学を卒業している。卒業生は、「若妻大学ＯＧ会」に加入する他、フレッシュミズへ加入したり、生活指導普及員（第６章第２節（４）参照）やＪＡ理事として活躍する卒業生も出てきている。

②女性参画センター

同ＪＡは、女性のＪＡ運営への参画や協同活動での活躍を促進するため、２００８年に「女性参画センター」を設置している。同センターは、女性部と若妻大学ＯＧ会、助けあい組織「夢あわせの会」、くらしの専門委員会（後述）、生活指導普及員という同ＪＡの五つの女性組織の代表者と、ＪＡ女性理事、女性職員で組織されている。同センターでは、同ＪＡの各女性関係組織を集めた研修会（テーマは地域活性化など）や女性総代の研修会（テーマは総代の役割や総代会資料の見方など）を開催したり、家の成員としてではない女性個人の意見をどうＪＡ運営へ反映させるかに関する学習や話し合い、メンバーがほぼ男性のみの組織である生産部会との交流会などを行っている。話し合いの議長はＪＡ女性理事が務め、ＪＡの代表理事専務理事がまとめ役を担っている。(11)

③くらしの専門委員

同ＪＡでは、各農家組合にくらしの専門委員と呼ばれる役職があり、女性一人が輪番制で務めることが慣習となっている。同委員は、くらしの分野に関わる農家組合とＪＡとの連絡係であり、ＪＡからの情報の受け皿と、ＪＡへの意思反映の役割を果たしている。もともとＪＡと接点のなかった女性が務めることも多く、女性部支部によっては、このくらしの専門委員とともに活動を行っているところもある。

（5）小括

以上を踏まえ、同ＪＡ女性部の組織構造と組織運営について若干の考察を行う。

まず、支部・班についてである。同女性部では、支部ごとに目的別グループを設置する形がとられていた。これには、支部において地縁を中心とする既存の人間関係が比較的に維持されているなかで、そのつながりを維持しながら、目的型参加を促進する効果があると考えられる。支部活動が活発なＪＡ女性組織において目的型参加を促進するには、このように各支部に目的別組織を設置する形が有効であるとみられる。

また、同女性部では、支部役員が班長に加えて目的別グループの代表からも選出されうる形となっていた。同女性部では班の6～7割が現在も存続しており、この割合は全国的にみても高いものであるとみられるが、やはり今後は班の機能低下や解散が加速する可能性が高いとみられ、目的別グループに支部役員の選出母体としての役割をもたせることは重要であると考えられる。

班については、同女性部でも、支部役員のなり手を出すことができずに解散してしまうケースが多いようである。その一方で、前述のように、支部によっては活動単位としてではなく情報伝達機能だけをもたせる形で班の再組織化が行われており、これも有効な手法であるだろう。

次に、本部についてである。同女性部では、本部において役員会とは別に専門部が設置されており、この専門部が女性部の全体活動の企画・運営を行う形で、本部における役割分担がなされていた。本部役員会メンバーは各支部の支部長でもあり、専門部メンバーは各支部から3人ずつ選出された専門部長であるから、これは各支部のなかで支部長の負担を専門部長が分担して負担しているのと同じことである。このように、専門部は支部長の運営負担を分散させる仕組みとして機能しているといえる。

また、各専門部はいわば本部における目的別グループでもあり、会合と併せて実施する研修会がメンバーにとって楽しみとなって、専門部に参加するインセンティブとして機能していると考えられる。専門部の活動を通じて人間関係が築かれ、活動のノウハウが習得されることで、任期終了後に同じメンバーで新たに目的別グループを正式に立ち上げて活動するケースも現れている。

このように、専門部の仕組みは役員負担の集中の緩和や女性部の全体活動の活発化に寄与しているとみられ、非常に示唆的な取り組みであるといえる。

ところで、同ＪＡでは総代と理事の女性比率がそれぞれ20・２％、16・２％と、ＪＡグループにおける女性のＪＡ運営参画目標を達成しており、とくに総代については女性枠が設けられていないなかでの達成となっている。その背景には、女性部や若妻大学、女性参画センターといった多様な女性関係組織の取り組みに加えて、男女共同参画推進に対するＪＡトップの高い意欲があるという。このように、女性の参画をたいせつにする同ＪＡの組織文化も、女性を女性部に引きつける要因の一つとなっているものと考えられる。

3．地縁的活動単位が後退したＪＡ女性組織における組織の見直し――ＪＡ東びわこ

ＪＡ東びわこ女性部は、基礎的な組織単位である支部（集落単位）の一斉脱退により部員数が大きく減少するなか、２０００年代に組織の大幅な見直しをすすめ、中心的な活動単位を支部から目的別組織にシフトさせるとともに、能動的に参加する部員を中心とする自主的運営の強化をはかってきた。本節では、同ＪＡの取り組みから、地縁的活動単位が後退したＪＡ女性組織における組織の見直しの具体的ありかたを考えてみよう。

（1）ＪＡの概況

ＪＡ東びわこは、滋賀県彦根市、愛荘《あいしょう》町、豊郷《とよさと》町、甲良《こうら》町、多賀町の1市4町をエリアとしている。管内は琵琶湖の東に広がる平場の水田地帯であり、農家世帯の兼業化と大規模経営体への農地集積が相当程度すすんでいる。

正組合員数は7796人、准組合員数は1万3562人である。役員数は36人（うち常勤6人）、職員数は441人である。各事業の取扱高は、貯金残高2471億円、貸出金残高383億円、長期共済保有高5412億円、購買品供給高15億円、販売品取扱高29億円である。支店数は14支店である（数値は19年度）。

（2）見直しの背景

同ＪＡは97年に五つのＪＡの合併で誕生しており、これに伴って女性部についても合併し、一組織となっている。合併後の女性部は、旧ＪＡ女性部の支部（集落単位）と本部の二段階の組織機構となっており、ＪＡの支店のエリア（おおむね中学校区）での組織単位は設置されていない。また、それぞれの支部は地域婦人会と一体的な関係となっていた。

そうしたなか、同女性部では部員数の減少が急速に進んでいた。[12]「勤めに出ている人は、役員を引き受けられないから脱退する」「部費（年間500円）を徴収されるが、活動に頻繁には参加できないため支払った分を回収できない」「私たちはＪＡの『物売り』『小間使い』じゃない」といった理由から、部員の脱退がすすんだためである。[13]また、支部活動は停滞する傾向にあり、地域婦人会の解散に伴う支部単位での一斉脱退も頻発し、支部数の減少も急速に進行していた。

（3）女性部組織の見直しの取り組み

このような状況を受け、同ＪＡでは01年に「女性部組織改革プロジェクト」を立ち上げ、基本的な方向性を検討した。そして、女性部の運営を事務局主導から自主的な運営へとシフトさせるため、02年から次のような見直しを開始した。第一に、女性部の本部役員制度を廃止したうえで、ＪＡ家の光大会や女性のつどいといった、女性部が企画するイベントについて、実行委員会方式で準備を行うこととした。第二に、部費を廃止するとともに、前述のイベント開催にかかる費用の一部を、受益者負担として参加者から徴収することとした。第三に、女性部の目的別組織の一形態として、家の光小グループの組織化を促進することとした。

また、07年には、本部役員会に代わる会議体として女性協議会を設置した。そのねらいは、女性協議会が女性部の核となり、女性のニーズに即した研修会や講座などを企画・運営すること、およびＪＡ運営に女性の意見を反映させることである。現在の協議会のメンバーは、目的別組織の代表5人、支店代表13人、相談役として女性経営管理委員5人となっている。目的別組織の代表は、主体的に活動を行っている三つの目的別グループと二つの助け合い組織のそれぞれの代表者である。支店代表は、地域ごとに異なる女性の意見を女性部やＪＡの運営に反映させるため、各支店のエリアで活躍する女性に同協議会のメンバーとして参画してもらうもので、組合員をもたない1支店を除く13支店から1人ずつが参加している。

（4）見直し後の変化

前述のように、女性部見直しの基本的な方向性が、事務局主導から部員による自主的な運営へ、ということであったことから、見直しを開始してからは、付き合いで参加していた部員を中心に女性部からの脱退がいっそうすすんだ。とりわけ、女性部支部の一斉脱退の加速が顕著であった。１９９８年度に５２００人であった部員数は、組織の見直しを開始した02年度には２６５０人と約半分にまで減少した。その後、00年代は２００

0人台を維持したが、10年度の2241人から11年度には1357人と再び大きく減少し、その後も徐々に減少している。この間の支部数の推移をみると、02年度に85あった集落単位の支部は、10年度に48、17年度に13、20年度には5となっており、支部の一斉脱退が部員数減少の最大の要因であると考えられる。

このように支部を中心としてメンバー数が劇的に減少する一方で、主体性をもった目的別組織やメンバーによる、活動の活発化や自主的運営の強化もすすむこととなった。

女性協議会の設置以後、女性部は、同協議会を核としてさまざまな取り組みを主体的に実施してきた。具体的には、同JAの「JAフェスタ」におけるイベント企画や、編集委員会方式による女性部10周年記念冊子の制作・発行、「女性起業家育成講座」「女性部あぐり講座」の企画、11年の東日本大震災のチャリティー活動としての軽トラ市の開催などである。

また、女性部の小グループとして家の光小グループづくりをすすめたことで、全体の部員数こそ減少しているものの、女性部への新規加入者は増加した。17年度には、同グループ数は49、メンバー数は延べ504人となっている。同年度の女性部員数が1005人、支部の所属者数が340人であるから、この家の光小グループが同女性部における中心的な活動単位となっているといってよいだろう。

加えて、前述の三つの目的別グループの一つ、「食の研究会」は、「ちゃぐりんキッズクラブ」や「男の料理教室」、JA新入職員向け料理講習会などで講師役として活躍しているなど、目的別グループにおいては活発な活動が行われるとともに、運営もメンバーが主体的に行っている。

こうした状況について、板野（2017）では、同JA女性部事務局が「おつき合い、義理だけで入部していた女性たちが、高齢化することによって少しずつ脱退していくのはやむを得ない。でも逆に、女性部活動に目的や期待感をもって参加してくれる人が増えた」と捉えていることが示されている。

（5）女性部の現在の組織構造と組織運営

ここで、現在の同女性部の組織構造を**図5－2**からみておこう。同女性部の活動単位には、集落単位の支部（5支部、122人）、家の光小グループ（43グループ）、助け合い組織（2グループ）、目的別グループ（3グループ、延べ37人）があり、加えて女性部の全体活動がある。中心的な活動単位は、家の光小グループと目的別グループ、助け合い組織となっている。

組織の見直しをはかる前は、〈本部―支部〉の二段階が女性部の基本構造であった。対して、現在の女性部はさまざまな組織や主体からなる連合組織となっており、本部役員会に代わって女性協議会が女性部の核となっている。女性協議会のメンバーは、地縁を基盤とする支部からではなく、目的別組織から確保している。支店代表については、支店長がいわゆる一本釣りで確保している。

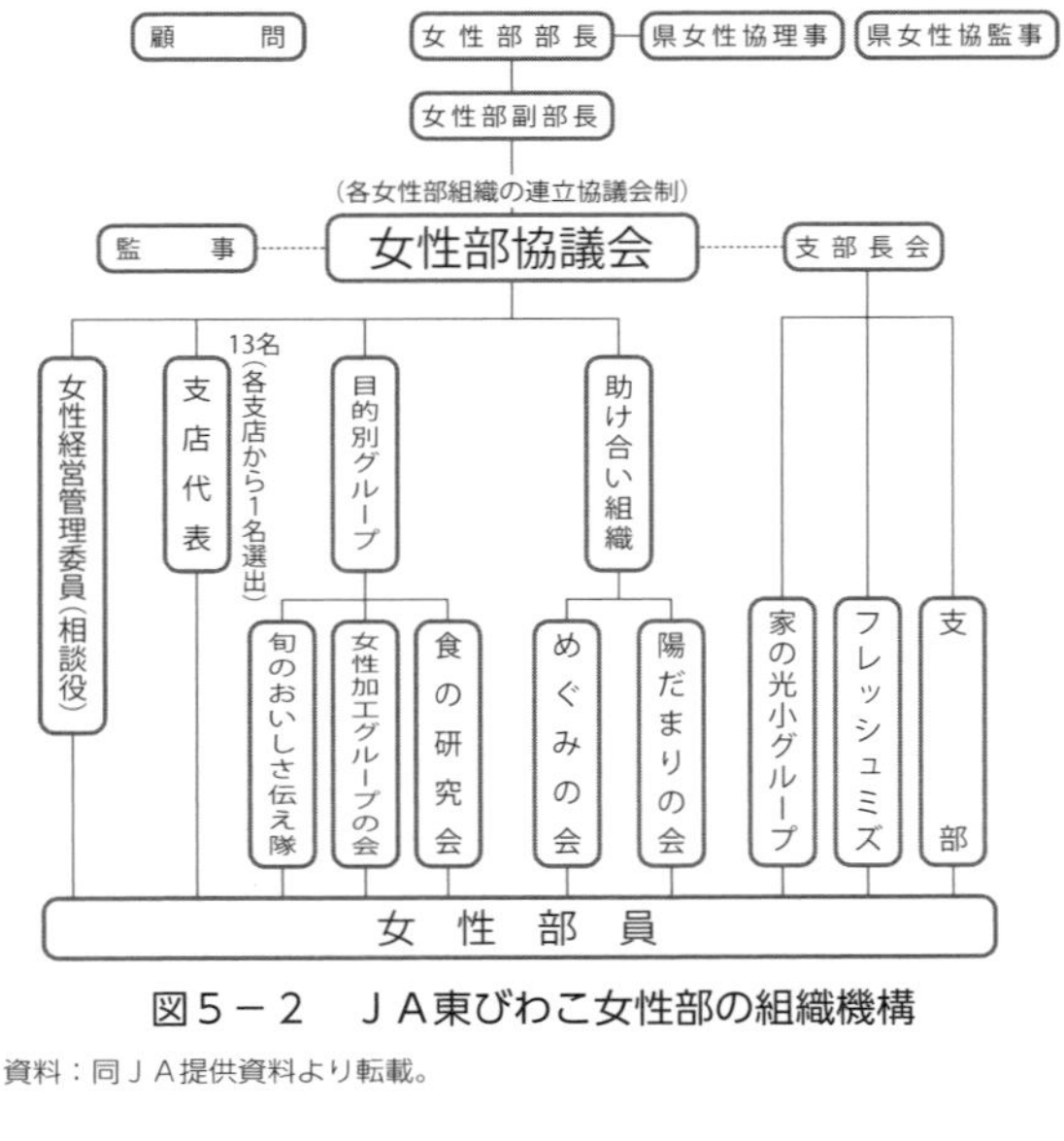

図5－2　ＪＡ東びわこ女性部の組織機構

資料：同ＪＡ提供資料より転載。

女性部の組織運営については、組織の見直しから15～20年という年月が経過するなかで、過渡期を迎えているといえる。いずれの活動単位においてもメンバーの高齢化がすすみ、世代交代が課題となっている。そうしたなかでも、目的別グループについては現在も主体的に活動を行っているものの、助け合い組織は活動の継続が難しくなりつつあり、家の光小グループも組織数が増加から減少に転じている。とりわけ女性協議会については、設置から14年が経過するなかで、当初のように主体的に活動するメンバーを確保することが困難になっており、事務局主導での運営とならざるを得ない状況にある。

このような状況は、主体的に活動していたメンバーが高齢化でリタイアしたものの、その後を継ぐ次世代のメンバーが不在であるために生じていると考えられ、JA女性組織において次世代のメンバーを確保することがいかにむずかしい課題であるかという現実を突きつけているともいえる。同JAもこうした実状に対し強い危機感を抱いており、活性化策の検討をすすめている。

(6) 小括

以上、同JAにおける女性部の組織の見直しの実態をみてきた。同女性部の現状は楽観視できるものではないものの、兼業化地帯で集落単位の支部の弱体化が避けられないと考えられるなかにあって、組織の見直しにより目的型参加と自主的な運営を促進してきた同女性部の取り組みはきわめて示唆的なものである。そのポイントとして、次のことが指摘できるだろう。

一つは、全体の部員数維持については優先順位を下げ、目的型参加と、主体性の高いメンバーによる自主的運営の促進に注力したことである。具体的には、支部から役員を選出する形の本部役員制度の廃止、全体活動における実行委員会方式の導入、家の光小グループの設置促進、部費の廃止と受益者負担方式の導入などである。それによって、支部の一斉脱退という形で、付き合いや義理による関係型参加の部員の脱退がすすんだ一方で、全体活動における女性協議会を核とする自主的運営や、多数の家の光小グループの新設という成果が現れることとなった。こうした、いわば組織の規模の維持から質的充実へという考え方の転換は、今後のJA女性組織における一つの基本方向となるものではないだろうか。

もう一つは、組織の中心的な運営者の確保や意思反映といった機能を、〈本部―支部〉という基本構造ではなく、〈女性協議会―目的別組織〉というラインにもたせていることである。こうした組織構造の見直しは、とくに地縁的つながりが後退している地域のＪＡ女性組織にとって、検討に値するものであろう。加えて、同ＪＡでは、各支店のエリアで活躍する女性についても、女性協議会のメンバーとして参画する機会を用意している。こうした取り組みは、女性部以外の場で活躍する地域の女性の力を借りることにつながるとともに、地域的な偏りを排して女性の意思を反映するうえでも有効であるだろう。

おわりに――地縁的つながりの状況に応じた見直しの基本方向

本章では、ＪＡ女性組織における組織構造・組織運営の実態と今後の見直しの方向性について、二つの事例を取り上げて検討を行った。ここでは、本章の結びとして、以上の検討結果の要約的整理を行う。

ＪＡ女性組織は、地縁を基盤とする〈本部―支部―班〉の基本構造によって運営されてきたことから、地縁的つながりが後退している地域であるほど、基本構造の維持は困難となり、ドラスティックな見直しが必要となるだろう。

地縁的活動単位が相対的に維持されているＪＡ松本ハイランドの女性部は、①〈本部―支部―班〉という基本構造は維持、②支部ごとに目的別組織を設置して既存のつながりを生かしつつ目的型参加を促進、③班＋目的別グループで役員（運営者）を確保、④本部にも目的別組織を導入し本部活動の活発化や役員負担の集中を緩和、といった特徴を有していた。これは、関係型参加と目的型参加との折衷的な形であり、より厳密にいえば、関係型参加を前提とする基本構造のなかに、目的型参加を取り入れるものであるといえるだろう。

対して、地縁的活動単位が後退しているＪＡ東びわこの女性部は、①〈本部―支部〉の基本構造の維持は重視せず、②目的別組織を主体とし、組織の規模の維持よりも質的充実（自主的運営の強化）を優先、③〈女性協議会―目的別組織〉というラインで役員を確保、といった特徴を有していた。これは、目的型参加にほぼ特化している形であるだろう。
また、両事例に共通しているのは、目的型参加の比重を高めていること、運営者を目的別組織からも確保するとともに、運営者の運営負担の軽減・分散をはかっていることであり、これはＪＡ女性組織の基本的な方向性となるものと考えられる。
最後に、本章では組織構造、いわゆる「ハコ」の議論を中心に検討を行ったが、この組織構造の操作のみで組織の活性化をはかることには一定の限界がある。こうした組織構造の見直しとともにＪＡがセットですすめるべきは、ヒトの部分、すなわち事務局によるサポートであるだろう。この事務局のありかたについての検討が、本章に続く第６章の課題である。

（岩﨑真之介）

【注】

(1) 増田は、「女性部活動が沈滞する一つの要因」として、ＪＡ女性組織が「本部―支部―班を中心とする地縁が組織の骨格を成し、活動もそれらの地縁単位で実施される場合が少なくな」く、「『関係ありき』の活動となっている」ことを挙げ、「支部などの活動においても、みずからの選択に基づく参加であることを実感できる仕組みづくりや運営の工夫が必要」との指摘を行っている。増田（２０２０）２０１頁。

(2) ＪＡ女性組織の実際の組織運営においては、こうしたピラミッド型組織からイメージされる規律や権限を重視した運営ではなく、緩やかでフラットな運営が行われているとみられる。

(3)「論説　フレミズ組織化　緩やかに柔軟に一歩を」『日本農業新聞』２０１９年11月18日。

(4) ＪＡ全中調べ。

(5) 配付先数６８１組織、回収率90・２％。

(6) 役員中心型であっても、事務局から多少のサポートを受けていることが多く、ＪＡからの活動費助成の調整などを含めれば、事務局からいっさいのサポートを受けずに活動しているケースはほぼ皆無であろう。

(7) このことは、第６章における事例分析からも窺うことができる。

(8) こうした考え方は、経営学において組織均衡論として理論化されている。ここでは、同理論における「誘因」を魅力、「貢献」を負担感と読み替えている。

⑼　同ＪＡは２０２０年11月に、ＪＡ松本市およびＪＡ塩尻市との合併（ＪＡ松本ハイランドは存続農協）を実施したが、本稿の記述は、ヒアリング調査を実施した合併前の時点における内容となっている。数値については、とくに記載のない場合は19年度のものである。

⑽　つまり、全部で営農専門部長17人、生活専門部長17人、文化厚生専門部長17人となる。また、各専門部とも、メンバーである17人全員が「専門部長」であるが、各専門部長がなんらかのグループの長であるというわけではない。

⑾　同ＪＡは、２０１９年度における女性のＪＡ運営参画目標の「三冠ＪＡ」（正組合員の30％以上、総代の15％以上、理事の15％以上をすべて達成、２０１９年度は全国８ＪＡのみ）であるなど、女性の運営参画が比較的にすすんでいるＪＡであるが、それでも男女共同参画はまだまだ遅れているという問題意識から、同センターの名称に「男女共同参画」ではなく「女性参画」を用いている。

⑿　同ＪＡにおける女性部の見直しの取り組みについては、板野（２０１７）に詳しい。本節における女性部の見直しにかかる２０１７年以前の事実関係の記述も、その多くが当該論考に基づいている。

⒀　板野（２０１７）９頁。

【引用・参考文献】

(Ⅰ)　板野光雄「女性たちの主体的な活動を目指して～ＪＡ東びわこの果敢な挑戦～」『ＪＣ総研レポート』ＶＯＬ43、８～15頁、２０１７年。

(Ⅱ)　伊丹敬之・加護野忠男「組織構造」『ゼミナール経営学入門　第3版』、日本経済新聞出版社、２６１～２９６頁、２００３年。

(Ⅲ)　小林元「ＪＡの基礎組織と課題」増田佳昭編著『ＪＡは誰のものか　多様化する時代のＪＡガバナンス』家の光協会、１１９～１４６頁、２０１３年。

(Ⅳ)　坂野百合勝『ＪＡ女性部活動のすすめ』家の光協会、１９９６年。

(Ⅴ)　西井賢悟「多様化する組合員と意思反映のしくみ」増田佳昭編著『ＪＡは誰のものか　多様化する時代のＪＡガバナンス』家の光協会、１４７～１８０頁、２０１３年。

(Ⅵ)　根岸久子「農協の女性組織活性化の課題―地域ぐるみの農協活動の基盤を創る女性組織―」『農林金融』１９９９年６月号、28～42頁。

(Ⅶ)　増田佳昭「組合員政策をどうすすめるか」同編著『つながり志向のＪＡ経営　組合員政策のすすめ』家の光協会、１９６～２０７頁、２０２０年。

第6章　JA女性組織事務局の支援行動
―メンバーの自主性を引き出す働きかけの実態―

【要旨】

本章では、メンバーの自主性を引き出し、組織の自主的運営を促進するための、JA女性組織事務局の支援行動のありかたについて、JA松本ハイランド女性部事務局の事例から検討を行った。
実際に女性部支部においてメンバーの自主性を高めることに寄与しているとみられる事務局の支援行動について検討を行った結果、その主要な行動は、①活動の魅力を高める働きかけと、②自主性を引き出す働きかけから構成されていることが確認された。
①については、活動をオープンに行うこと、活動を通じて参加者が発見を得られるようにすることが心がけられていた。②については、事務局が関わる部分と部員に担ってもらう部分との仕分けを行うこと、部員のチャレンジを後押しすること、意図的に関わりを弱めることなどが実践されていた。
組織の自主的運営の確保に向けては、①のような働きかけによりメンバーに活動参加を動機づけ、メンバーの貢献意欲が一定程度高まった状況で、②のような働きかけによりメンバーを手伝いや役員引き受けといった組織への貢献的行動へと方向づけることが有効であると考えられる。

はじめに

ＪＡ女性組織は、メンバーのニーズに基づく組合員活動を主たる活動内容とする組織である。だがその組合員活動の運営面に着目すると、事務局への依存状態にあって自主的運営がなされていないケースが多く見受けられる。協同組合の組合員組織として自主的な運営が望ましいことは当然であるが、それ以上に、運営が自主的になされていない状況では、メンバーの組織に対する愛着や共感といった心理的つながりは育たないし、活動を通じたメンバーの学習や成長も期待できないだろう。そしてなによりも、そうした活動はメンバー自らが企画や運営に関わることで、より大きなやりがいや満足感を得られるものとなるのではないだろうか。であれば、自主的に運営される活動を一つでも増やし、またメンバー一人ひとりの自主性の度合いを少しずつでも高めていくことは、ＪＡ女性組織にとって不可避の課題であるといえる。

一方、全国のＪＡでは、生活文化活動やＪＡ女性組織がかならずしもその意義に見合った位置づけをなされておらず、[(1)]これらを担当する職員の体制は縮小される傾向にある。ＪＡ経営を支えてきた金融事業を取り巻く環境が悪化しているなかで、こうした方向性は今後いっそう加速する可能性が高く、この点でも事務局主体での運営からメンバー主体での運営へのシフトが求められているといえる。

本章の課題は、メンバーの自主性を引き出し、組織の自主的運営を促進するための、ＪＡ女性組織事務局の支援行動のありかたを検討することである。そのため、ＪＡ松本ハイランド女性部の支部の事務局を担当しており、実際にメンバーの自主性を高めることに寄与しているとみられる職員を事例として取り上げ、女性部事務局としての考え方と具体的な支援行動を詳細に記述し分析する。

本章の構成は次のとおりである。まず第1節では、ＪＡ女性組織事務局の体制について全国的状況を確認するとともに、事務局に期待される役割について概念的な整理を行い、本章ではとくにどの役割に着目するのかを明確にする。続いて第2節および第3節では、メンバーの自主性を引き出し、組織の自主的運営を促進するためのＪＡ女性組織事務局による働きかけについて、ＪＡ松本ハイランド女性部事務局の事例から、現場的・実践的な示唆《しさ》を得ることを試みる。最後に「おわりに」では、ＪＡ女性組織事務局による支援のあり方について、当該事例から得られる示唆を整理する。

1．ＪＡ女性組織事務局の全国的状況と期待される役割

（1）事務局の体制と研修受講の概況

ＪＡ全国女性組織協議会「ＪＡ女性組織事務局調査(2)」によれば、２０１５年の全国のＪＡにおけるＪＡ女性組織事務局の一ＪＡ当たり平均担当者数は11・25人となっている。この内訳を専任・兼任別にみると、「従たる業務として兼任」が6・27人と過半を占めており、「主たる業務として兼任」が2・85人、「専任」が2・13人で続いている。このことから担当者の大半は、ＪＡ女性組織事務局の業務が業務量的に副次的なものとならざるを得ない状況にあることがわかる。

図6－1は、同調査からＪＡ女性組織の本所事務局が置かれている部署をみたものである。これによれば、全国では営農部門が43・0％で最も多く、これに生活・福祉部門が25・2％、総務・企画管理部門24・6％で続いている。

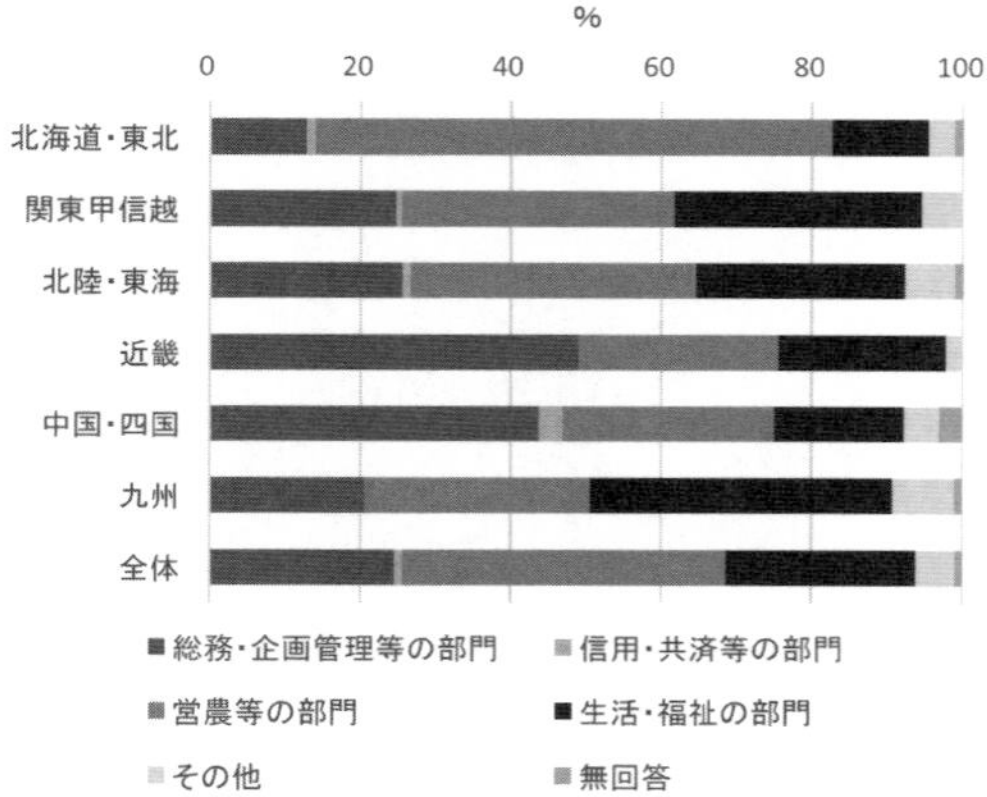

図6－1　ＪＡ女性組織の本所事務局の配置部門別の構成比

資料：JA全国女性組織協議会「ＪＡ女性組織事務局調査」（2015年）をもとに筆者作成。

ブロック別にみると、関東甲信越と北陸・東海は、総務・企画管理、営農、生活・福祉の３部門がおおむね同程度ずつとなっている。これと比べると、北海道・東北は極端に営農部門の割合が高く、近畿と中国・四国は総務・企画管理部門が、九州は生活・福祉部門が高い結果となっている。

次に、事務局の研修受講状況をみてみよう。同調査によれば、「回答者がＪＡ女性組織事務局として受けている研修」（複数回答）の種類は、該当者の割合が高い順に、「家の光記事活用に関する研修」34・7%、「自己啓発・資格認証等の講座」25・4%、「組合員組織とは何かについての研修」16・6%、「ファシリテーションやワークショップのすすめ方に関する研修」11・1%、「その他」4・6%となっている。一方で、「とくになし」が40・4%を占めており、事務局の約4割は、研修を通じた事務局としての能力開発の機会が用意されていない状況にある。

（２）事務局の役割に関する概念整理——自主的運営の観点から

本節では、既存の論考をもとに、ＪＡの組合員組織担当者に期待されている役割を概観し、メンバーによる自主的運営の促進という観点から、そうした役割のうち本章ではどの部分に着目するのかを整理する。検討に当たっては、坂野（２００８）を素材とする。(3)

坂野は、組織担当者は、大別して次の三つの役割を担っていくことが期待されるとしている。すなわち、①プランナー（企画者）としての役割、②オルガナイザー（組織者）としての役割、③コーディネーター（実務者）としての役割である。

①プランナーとしての役割は、「組合員とその家族、さらには地域住民も参加・参画する活動を企画（原案作成）する業務を担当する職員としての役割」であるとされている。そのより具体的な役割としては、「組合員の願いの把握」「事業計画、活動計画の策定」「形成教育と発達教育」が挙げられている。

②オルガナイザーとしての役割は、「組合員が自主的に活動する組織をつくる世話をして、いきいきとした活力ある組織運営ができるように、組織を拡大・強化していく役割」である。具体的には、「組織の構成員の代表で『世話人会』や『準備委員会』『実行委員会』などをつくり、自らの力で自らの組織のあり方や規約、会費、役員などのあり方の原案をつくり、ＪＡに提案してもらうように仕掛けること」とされている。

③コーディネーターとしての役割は、組織の脇役として、「組合員が活動する組織を、いかにして組合員の自主的な組織として育てていくかという、総合的な設計と調整をし、さまざまな要素を組み合わせて、もっともよい方法で運営をしていく役割」である。実務者として事務処理などを行うことも挙げられているが、組織を育て運営していく役割のほうがより強調されている。

坂野（２００８）においては、例えば、組合員の願いの把握と計画策定が①と③の両方に含まれているなど、三つの役割の区分はかならずしも明瞭ではないものの、おそらくは、①と②は、活動と組織を新たに立ち上げるさいの初期により求められる役割、ないし企画・計画や組織の大枠をつくるような役割であり、③は、そうしてつくられた企画・計画や組織を実際に動かしていく役割、あるいは自律的に動いていくよう調整する役割、といった解釈ができるのではないだろうか。

ＪＡ女性組織の場合、新たに一から活動や組織をつくっていくこともちろんあるだろうが、多くの組織ではすでにさまざまな活動が行われているのであり、その運営における組合員の自主性を引き出していくこともまた重要な課題といえるだろう。また、新規の活動の企画立案や組織づくりにかかる事務局の役割については、ノウハウがマニュアル化されていたり、そうしたノウハウをもつ人物が組織内で明確であったりするのに対し、既存の活動においてメンバーの自主性を引き出していくための事務局の役割については、ノウハウが容易には手に入らない状況にあるのではないだろうか。後者の役割は、坂野が提起する三つの役割における③コーディネーターの役割に相当するものであろう。

そこで、次節以降では、JA女性組織の事務局における、メンバーによる自主的運営を促進するためのコーディネーター的役割について詳細に検討を行う。

2．JA女性組織事務局の体制と人材育成の実態 ——JA松本ハイランドの取り組み

本節および次節では、JA松本ハイランドの事例を取り上げ、女性部事務局の詳しい実態と、そこから示唆される事務局のありかたについて検討を深める。(4) 本節では同JAの女性部事務局の体制と人材育成の実態を記述し、次節で女性部支部事務局の現場における支援行動の実態について検討を行う。

(1) 事務局の体制見直しの経過

同JAでは、近年、女性部対応にかかる体制の大幅な見直しをすすめてきた。従来は、専門職であり料理や手芸などのスキルを有する生活指導員が女性部事務局を担当してきたが、全国的にJAの経営環境が厳しいものとなるなかで、同JAは生活指導員を廃止し、各支所に「ふれあい相談員」を配置して、支部の事務局についてはこのふれあい相談員が担当することとした。それまでの生活指導員については、ふれあい相談員となった職員もいるが、多くは「生活文化担当」として本所に集約された。そのうえで、女性部の支部活動にかかる業務のうち、料理講習会の企画や講師役といった専門的な知識・スキルが必要となるものにかぎり、本所の生活文化担当が担うこととした。

その後、2018年度にはこの生活文化担当も廃止されることとなり、女性部関係以外の業務を含めて、それまで生活文化担当が担っていた業務の大部分が、各支所のふれあい相談員へと移管された。そのうえで、これらふれあい相談員の業務について、個人の業務ではなく各支所の担当課の業務であるという認識を浸透させ

るねらいから、ふれあい相談員の名称が「ふれあい活動担当」へ変更された（「員」は個人を想起させるとの判断）。

（2）現在の事務局の体制

現在、同ＪＡでは女性部本部の事務局を本所の総務企画部組合員文化広報課が、女性部支部の事務局を各支所の営農生活課または組合員課が、それぞれ担当している。

本所の組合員文化広報課の人員は10人で、内訳は課長1人、考査役1人、係長1人、一般職員が7人である。10人のうち、女性組織関係の業務を担当するのは5人で、基本的に女性組織関係業務を従とする兼任である。女性部関係の業務内容は、女性部本部の事務局、県女性協や対外的な対応、支所への指示や案内、支所ふれあい活動担当のサポートなどである。

各支所で女性部支部の事務局を担当しているのはふれあい活動担当である。ふれあい活動担当は全部で20人で、各支所（営農生活課または組合員課）に1人ずつ配置されている。その内訳は、性別が女性15人、男性5人、雇用形態が正規職員11人、臨時職員9人、年齢層が20歳代5人、30歳代5人、40歳代3人、50歳代5人、60歳代2人である。後述のように、ふれあい活動担当は女性部関係の業務以外にも多くの業務を担当している。

ふれあい活動担当の直属の上席者は、同担当の所属する課の課長である。女性部関係業務については、それを統括する本所の組合員文化広報課の指示に基づいて業務を行う。

（3）能力開発と人事考課

女性部事務局の能力開発としては、県中央会が研修と認証を行う「くらしの活動相談員」や「くらしの活動専門員」の認証資格の取得を、本所人事教育課から各ふれあい活動担当へ働きかけており、実際にふれあい活動担当の多くがこれを取得している。当該資格は、廃止前の生活指導員に近いものであり、ふれあい活動担当は資格取得に当たって、県中央会が開催するいくつかの研修（料理、ファシリテーションスキル、協同組合論など）を受講している。当該資格の取得は人事考課にも反映されている。

ただ、認証資格にかかる研修以外では、女性部事務局の研修は実施できておらず、A氏によれば、とくに協同組合理念に関わる研修が不足している状況にある。

OJTについては、同JAでは、組織担当者に必要となる最低限の能力はすべての職員が身につけることを方針としており、組合員訪問活動をそのための手法の一つに位置づけている。毎月、ふれあい訪問日を設定し、全職員が正・准組合員の自宅を訪問して広報誌などを配付しており、実施に当たっては組合員と直接に対話を行うことが重視されている。

（4）生活指導普及員制度

前述のような生活文化担当の廃止は、各支所のふれあい活動担当の業務負担を増加させることとなった。こうしたなか、同JAでは、以前から設けられていた「生活指導普及員」制度が、女性部活動の支援策として、また意欲や能力を有する組合員の活躍の機会として、期待を集めている。

同制度は、組合員のうち生活文化活動に役立つ専門的なスキルをもつ人物について、同JA代表理事組合長が「生活指導普及員」として3年間の任期で委嘱を行い、生活文化活動のサポーターを有償で担ってもらうというものである。(5) 現在、52人の組合員が生活指導普及員と

料理講習会で講師役を務める生活指導普及員（右端と左から２番目が生活指導普及員。写真はJA提供）

して委嘱を受けており、居住地域の支所の管内において、女性部支部の料理講習会のレシピづくりや講師役などとして活躍している（写真）。

それぞれの生活指導普及員の出自は、女性部役員の任期を終えた人物や若妻大学ＯＧ、女性関係組織とは直接関わりのなかった人物など多様である。若妻大学ＯＧについては、ＯＧ会のなかで3年ずつ交代で生活指導普及員を担っているケースもある。

ＪＡでは、毎年、プロの料理人や野菜ソムリエを講師に招いて生活指導普及員の全体研修会を開催しており、そこで料理や栄養に関わる高度な知識やスキルを学ぶことができる点が、生活指導普及員にとってモチベーションの源泉の一つとなっているようである。

現在のところ、生活指導普及員の活動分野は料理に関わるもののみで、それぞれの活動範囲も支所のエリア内にとどまっているが、A氏は、今後は手芸など他分野の専門的な知識・スキルをもつ人物についても生活指導普及員として活躍してもらうとともに、意欲ある人物については支所の範囲を超えて活動を行うような方向へと展開させていきたいと考えている。

3．ＪＡ女性組織事務局の支援行動の実態 ——支部事務局の実践からの検討

（1）女性部D支部の概況

本節で取り上げるB氏は、C支所管内の女性部D支部の事務局を担当している。当該地区は、松本市中心部の近郊に位置する農村地域である。水田地帯で、大部分の水田が法人経営体へと集積されており、農家世帯の土地持ち非農家化が進展している。

B氏が事務局を担当する女性部D支部は、部員数82人の支部である。部員の年齢層は60～70歳代が中心であ

る。部員の大部分が正組合員または正組合員世帯家族である。

支部内には班と目的別グループが組織されており、主な活動単位は支部の全体活動と目的別グループとなっている。

班は、従来からあった集落単位の班が6班、個人会員のみが所属する班が4班ある。集落単位の班については、6班に計38人が所属している。このうち班活動を実施している班が1班、事務局とのあいだの連絡対応のみの班が5班であり、同支部は他支部と比べて班活動が後退している状況にある。

個人会員の班については、4班に計44人が所属している。この個人会員の班は、もともと、集落単位の班のいくつかが解散したことに伴い約40人が同支部の個人会員となっていたのを、事務局からの情報伝達を効率化する目的で、B氏が再び班として組織化したものである。4班のうち、参加者が個人会員のみであった目的別グループを班として位置づけ直したものが2班、C支所に併設されている直売所の職員が所属する班（班単位の活動なし）が1班で、残る1班はこれら3班に所属していない個人会員が所属する班（同）である。この見直しによって、同支部のすべての部員がいずれかの班に所属することとなった。

目的別グループは、7グループが活動している（前述の個人会員の班二つを含めれば9グループ）。活動内容は、パッチワークや絵手紙制作、家の光記事活用、農産物加工、ボランティア活動などである。1グループの人数は10人弱から25人程度で、前述の集落単位の班に所属している部員と個人会員との区分に関係なく、自由に所属している。活動の回数は年に3～4回のグループが多いが、活発なグループでは月に1～2回の活動が行われている。これらのうち、ボランティア活動を行うグループは、三世代交流や地域交流の促進を目的に、休日に保護者が不在となる家庭の子どもを日中に預かり、手づくりの昼食を提供したりいっしょに遊んだりする、子どもの居場所づくりの活動の運営を手伝っている。

（2）B氏のキャリアと担当業務

B氏が所属するC支所は、他の支所と同じく組合員課・営農生活課・金融共済課の三つの課が設置されており、職員数は21人（直売所を除く）である。

B氏は40歳代前半の女性職員であり、C支所営農生活課でふれあい活動担当として勤務している。同JA管内の出身で、短大を卒業後、2000年度に正規職員として入組している。最初はAコープの店舗に数年間勤務しており、このときにチェッカーコンテスト（レジ担当者の接客コンテスト）で優勝した経験を有している。その後、結婚と出産、1年間の産休取得を経て、06年度の復帰のさいに、はじめて支所のふれあい相談員として配属された。女性部の事務局を担当したのもこのときが最初である。その後は、途中に2年間の購買センター（生活事業の拠点施設）勤務を挟んでいるが、それ以外は複数の支所においてふれあい相談員（18年度からはふれあい活動担当）として勤務しており、合計10年間以上、女性部支部の事務局を担当している。現在の所属先であるC支所には17年度に配属されている。また、自身も地元の同JA女性部支部の部員である。

【女性部関係の業務】
・会議体運営（支部役員会、支部総会）
→案内、当日の段取り、役割の分担、資料作成、懇親会の段取り、当日の運営補助、JAからの情報の伝達
・会計
・活動の企画・計画
・活動の開催案内、出欠確認
・活動実施の補助
→会場の確保、材料の調達補助、講師の確保、当日の運営補助、会費（活動費）の計算と徴収、活動報告書の作成
【女性部以外の業務】
・生活購買
・くらしの専門委員事務局
・若妻大学OG会事務局
・若妻大学事務局
・旅行友の会事務局
・直売所の運営・精算
・各種推進の目標達成

表6－1　B氏の主要な担当業務

資料：B氏へのヒアリング調査結果および同JA提供資料をもとに筆者作成。

表6－1は、B氏の20年度の主要な担当業務をまとめたものであり、女性部関係の業務については内容をやや詳細に示している。女性部事務局以外にも生活購買や複数の組合員組織事務局などを担当しており、B氏の業務量全体に占める女性部事務局業務の割合は15～20％程度となっている。

(3) 働きかけ① 活動の魅力を高める働きかけ

ここからは、B氏の女性部D支部事務局としての具体的な行動と考え方を詳しくみていこう。(6)

①基本的な考え方

B氏が女性部事務局としてとくにたいせつにしている方針は、活動を「楽しくする」ということである。これは、部員にとってより楽しめる活動、魅力的な活動にするということはもちろんだが、それだけではなく、事務局である自身にとっても楽しいものにするということも含んでいる。活動が楽しくないと、やはり部員も事務局も負担感が高まってしまうという。

そのため、B氏は活動の魅力を高めるための工夫を積極的に行うよう心がけている。また、B氏はこれまでの経験から「楽しくすることを事務局が心がけていれば、その姿勢は次第に部員にも伝播していき、部員の方も楽しくしようと意識するようになる」と実感している。

部員にとって魅力的な活動にしていくうえでは、やはり部員のニーズを満たすものにすることが必要となる。B氏が部員の一般的なニーズとして認識しているのは、〝楽しい仲間と新しい発見〟、つまり仲間とともになにか発見がえられるような活動がしたい、ということである。

「楽しい仲間と」という点では、部員の要望を尊重しつつも、できるだけオープンな活動とすること、参加を広く呼びかけることを心がけている。また「新しい発見」という点については、具体的な工夫はこの後にみるが、発見という要素を活動に盛り込むことは活動のマンネリ化を防ぐうえでも効果的であると考えられる。

また、事務局自身にとっても楽しいものに、ということについては、後述のように、自身が部員と同じように活動に参加して楽しむという意味合いではない。部員が楽しんでくれたことによる喜びや、楽しんでもらうための自身の工夫やアイデアがうまくいったときの達成感や充実感など、事務局としての楽しさを指している。

②活動の魅力を高める工夫

ここでは、活動を魅力的にするための働きかけや工夫の具体例について、B氏の実践の一部をみてみよう。

(a)メーカーの実演

料理講習会のさいに、JAの生活購買品のメーカーを招いて、料理の実演をしてもらっている。例えば、エコープマーク品であるむしパンミックスのメーカーの担当者に実演してもらい、その商品を使っておいしく作るコツを紹介してもらう。また、漬け物のメーカーを招いたときは、部員は漬け物づくりの腕前は相当なものであるので、あまり発見はないように思われたが、漬け物樽に大きなビニール袋をセットするさい、簡単にセットするコツをメーカーの担当者が披露したところ、部員からは感嘆の声が上がった。派手なことでなくても、そういった小さな、しかしくらしに役立つ発見があれば、部員の満足感は高まるようである。反対に、ただみんなで和気あいあいと料理を行うばかりだと、部員は「家で一人でもつくれるものだし、わざわざ参加しなくてもよいか」となってくるという。

(b)試供品の配布

これもメーカーの協力を得て行うもので、部員にすすめたいよい商品について、事前にメーカーと交渉して試供品を提供してもらい、活動の参加者に配付している。ちょっとした試供品であっても喜んでくれる部員は案外多い。JAとメーカーにとっては、商品のよさを伝えて、購買につなげる効果的な手段ともなっている。

(c)宅配商品の展示

宅配の商品は、通常はチラシで商品を紹介するが、活動のさいに現物を展示するとより興味をもってもらえる。食材となる商品の場合は、実際に料理講習会で使用してみることもある。

(d)多くの人が楽しめる活動

部員から活動の要望や提案が寄せられたときには、少しアレンジを加えて、その人だけでなくより多くの部員が楽しめるような活動にしてもらえるよう、働きかけを行うことがある。

(e) オープンな活動

班活動や支部の全体活動では、部員の意向を尊重しつつ、別の班の部員や、女性部員ではない地域内のくらしの専門委員（第5章参照）などにも声かけを行い、参加してもらうことが少なくない。部員以外の参加者からは、「ＪＡがこんな活動をしているなんて知らなかった」「ＪＡの活動は参加できないと思っていた」などの声がよく聞かれるという。Ｂ氏がこうした声かけを行うのは、閉鎖的に活動していると、メンバーが高齢化して参加者数が少なくなったときに、まだ参加者がいるのに活動が続けられなくなってしまうため、そうした事態を回避したいという意図がある。

（4）働きかけ②　自主性を引き出す働きかけ

①基本的な考え方

Ｂ氏は、活動を楽しくするうえで、部員がお客さんとして参加するのではなく、運営面にも携わることが有効であると考えている。

「女性部活動以外にも、地域ではいろいろな活動が行われていますが、ＪＡの活動は、そうした活動と同じではいけないと思います。最初はお客さんとしてただ参加するのでよいですが、そのなかで『自分もなにか手伝ってみたい』と感じたときに、お手伝いにも関わることで『自分にもできるんだ』と達成感を感じられる。そうして手伝っているうちに、活動が自分たちのものになっていく。それがＪＡ女性部の本来の姿だと考えています」

またＢ氏によれば、事務局が活動を楽しくしようという姿勢で関わっていると、徐々に、部員のほうから「なにか手伝えることはない？」と声をかけてもらえるようになっていくという。これは、Ｄ支部においても、またこれまでに担当してきた他の支部においても当てはまることであり、B氏は経験則として実感している。

D支部においては、B氏が配属された当初は、支部役員（支部長1人と専門部長3人）のなり手を各班の班長と目的別グループ代表のなかから確保するということができず、唯一、班活動を行っていた一つの班から、毎回、4人の支部役員を確保せざるを得ない状況であった。それが、徐々に「役員をやってみてもいいよ」という部員が出てきて、現在は支部役員の4人中3人を、前述の負担が集中していた班ではない班と目的別グループから確保できるようになっている。選出の仕方も、事務局からとくに働きかけをしなくても、任期満了となった役員が自分たちで候補者に後任を打診して確保している状況にある。こうしたことは、活動や組織が魅力的であれば、部員は運営面の負担を受容するようになるということを示唆するものではないかと考えられる。

②仕分けを行う

一方で、事務局のサポートがなければ活動は継続できない、というJA女性組織がほとんどであるのが実態であろう。そこで、「事務局としてどこまで関与し、どこからをメンバーに担ってもらうか」ということが問題となる。B氏はこの点の重要性を次のように指摘している。「職員は皆、『もっとメンバーの力になってあげたい』という思いがあると思います。そのなかで、ほんとうにいっぱいいっぱいで手を貸せないときがある一方、手を貸せる状況であってもぐっとこらえて貸さない、貸すべきでないという場面もあって、組合員組織の事務局ではその仕分けがたいせつになります」。

このようにB氏が仕分けの必要性を指摘するのは、次のような理由からである。「女性部さんたちが自分たちでやれていることを、もし事務局が手伝ってしまったとき、女性部さんが『もうその仕事は私たちの仕事じゃなく事務局の仕事だよね』という意識になってしまうことがあるのがこわいところです。事務局は部員に『自分たちの活動』という意識を薄れさせないように関わらないといけません」。つまり、事務局の対応の一つひとつが部員の自主性に影響を与える可能性をもっているため、過剰な関与によって自主性を奪ってしまわないよう、事務局側は、女性部に対しどこまで支援を行うかについて自分なりの基準やスタンスを持っておく必要があるということだろう。

また、一般に、女性部の運営が事務局依存となり、事務局が疲弊してしまっているケースはしばしば聞かれるところであるが、同ＪＡにおいても、支部によってはそうしたケースがみられるようである。Ｂ氏によれば、その要因の一つに、事務局側が前述のような基準をもっていないことがあり、その典型例として、それまで組合員組織の事務局を経験したことのない職員が新たに事務局を担当するケースが挙げられるという。

例えば、まだ経験が浅く役員の仕事に不安を抱いている女性部支部役員から「私にはそれはできないから、お願い」となんらかの役割を頼まれたときなどに、経験のない職員には断ることはむずかしく、引き受けてしまう。そうすると、「なんだ、ここまでＪＡがやってくれるのか」と、さらに事務局を頼るようになる。結果、部員の側は負担が減って楽になり、活動への参加は増えるが、事務局の負担はどんどん大きくなっていく。ところが、最初のうちは、「たくさん参加してくれた」という喜びや達成感で、事務局の当人は負担になかなか気づかない。その後、時間が経過して負担感を実感するようになっていくが、その状態から女性部への関わり方を変えていくことは容易ではなく、事務局が疲弊してしまう、といった具合である。

それではどのように仕分けを行えばよいのだろうか。これについては、残念ながら明確な答えはなく、経験しながら摸索する他ないようである。女性部の状況や、事務局が抱える業務の状況などによっても違ってくるだろう。ただ、以下の③および④で示しているＢ氏へのヒアリング結果から、いくつかの考え方を学ぶことはできるだろう。

③チャレンジを後押しする

Ｂ氏は、部員に手伝いを頼んだり運営を任せたりする場合については、その部員が事務局へ助けを求めてきたときに、できるかぎりの手助けを行うことを方針としている。部員の自主性を引き出すうえでは、部員を決して孤立無援状態にしないということが重要であるという。困ったときに力を貸してもらえると思えることは、部員の安心感を高め、「やってみよう」という気持ちを後押しすることにつながるだろう。

こうした後押しの仕方について、具体例をみてみよう。D支部では、過去に、支部の全体活動であった農産物加工の活動が、中心的な運営者の不在で継続困難となった。そこでB氏は、ある部員にこの活動の運営を担ってもらえないかという打診を行った。この部員は、当初は不安感が強かったようで、「そんなことできない」「引き受けても、Bさんにおんぶにだっこになってしまう」と引き受けることを躊躇《ちゅうちょ》していた。B氏はまず、「私にできることはなんでも力になる」「私だけでなく部員のみんなも手伝ってくれる」と伝えたうえで、具体的になにに不安を感じるかを尋ねた。すると、現金を取り扱う費用の精算などでトラブルとなるのではないかということに大きな不安を感じていることがわかり、この作業を含め一部についてB氏が手伝うようにしたところ、無事に引き受けてもらえることとなった。現在は「原料の手配や加工日の調整など、ほぼ全部を自分でやってくれるように」なっている。B氏はこれを「活動を自分たちのものにしてくれた」と表現している。

このように、部員に役割を任せるときには、①「決して一人で抱え込ませることはない」というメッセージを伝えるとともに、②部員が不安を感じている部分を確認しながら、③部分的に事務局や他の部員が手伝うようにしてすすめることで、部員が安心して引き受けることができるとともに、徐々に自立に向かっていくことも可能となるのだと考えられる。

④意図的に関わりを弱める

(a) どのように伝えるか

部員の自主性を引き出すためには、事務局があえて一歩引いて関わりを弱めることが有効な場面が少なくない。そうした場合、まずは部員に、これまでの事務局として関わり方を今後は変えていきたいこと、その分、部員に手伝ってほしいことなどを伝える必要がある。こうしたときの伝え方について、B氏が心がけていることをみてみよう。

第一に、安心感をもってもらうため、前述のように、「困ったときにはできる範囲で力になる」「決して一人で抱え込ませない」というメッセージを伝えることである。

第二に、どうして手伝ってもらう必要があるのか、その理由を具体的に説明することである。そのさいに、事務局を取り巻く環境の変化、例えば人員削減などがあった場合だと、部員の理解が得られやすいようである。「生活文化担当が廃止されたときに、『これからは、業務が増えて私が手伝える部分は少なくなってしまうので、皆さんができる部分はお願いします』ということを皆さんにお伝えしました。それに対して、『それでは困る』というような反応はほぼみられず、『できることは手伝うよ』と前向きにいってもらえることがほとんどでした」。裏を返せば、そうしたわかりやすい環境の変化があったタイミングは、それまでの事務局依存的な運営の見直しをはかる好機ともなりうるということであろう。

第三に、事務局の交代にかかることについてである。異動などに伴う事務局の交代時には、女性部側から「前任の方はやってくれたのに」といわれるような場合があるが、そこで安易に「それならばやります」と答えてしまうと、それ以降は「あのとき、やるっていったのに」となってしまうおそれがある。そのため、B氏は「『冷たいね』といわれるかもしれないですが、最初の時点で、『前任者はそうだったかもしれませんが、私の手伝えることは限られてしまうと思いますので、これからはこのやり方でお願いします』と伝えています」というように、毅然《きぜん》とした対応を心がけている。また、本所組合員文化広報課のA氏は、こうした場合に「新任職員などで、もし伝えにくければ、上席者から伝えてもらうという方法もある」としており、これも参考になるだろう。

(b) 事務局はプレーヤーにならない

関わりを弱めるということの具体例の一つとして、事務局が女性部の活動にプレーヤーとして参加しているような状況にある場合、そうした関わり方には見直しの余地がありうるようである。B氏は、事務局が活動のプレーヤーとなることはできるだけ避けたほうがよいと指摘している。その理由の一つは、本来果たすべき役割に支障をきたす可能性が高いためである。例えば、料理講習会で実際に料理の作業に加わってしまうと、事業推進のタイミングを逃したり、部員に対し指示を出すことができなくなったりしてしまう。事務局が会場にいると、どうしても部員から「これを洗って」のように頼まれることがあるが、事務局はそれを引き受けるのではなく、他の部員にその作業の指示出しをする役割を果たすことが望ましいようである。

(c) 会場に同席しない

プレーヤーにならないよう心がけていても、料理講習会や農産物加工の活動当日に事務局が会場にいると、どうしても作業の手伝いを求められてしまいがちである。ただ、こうした状況は部員の自主性を引き出すという点であまり望ましいことではない。そのため、B氏は、そもそも活動の会場に同席しなかったり、活動の途中で退室するといった対応をあえて行うことがある。

これは、もちろん事務局不在でも当日の活動が問題なく遂行できるとB氏が判断している活動にかぎることであり、またB氏と部員との信頼関係があってこそのものであろう。そうした活動では、B氏は日程調整の段階で「皆さんが活動できる日程で設定してください。そのうえで、私はその日にお手伝いに行けるようなら行きます」と伝えている。

(5) 事務局対応を通じた事業推進

女性部事務局は、組合員との貴重な接点であり、部員のニーズを踏まえた事業推進を積極的に行っていくことが望まれる。

B氏は、料理講習会などの活動のさいに、活動の流れを邪魔しないよう休憩時間などにタイミングを見計らい、その時期にＪＡが推進している生活購買商品や金利が有利な貯金などの紹介を行っている。活動の途中で紹介することがむずかしそうな場合は、あらかじめチラシと試供品を用意し、帰りのさいに部員へ配付することもある。

また、Ｃ支所はＢ氏が所属する営農生活課と金融共済課とが同じフロアにあり、日常的にコミュニケーションをとりやすい環境にある。Ｂ氏はそれを強みと捉えており、女性部の活動が支所で行われるときには、信用や共済の担当者に声をかけ、活動の休憩時間などに担当者を会場へ呼んで、おすすめ商品の紹介をしてもらうようにしている。

他方で、女性部事務局の業務はどうしても上席者から実態が見えにくいことが多く、このように推進を行って成果があがっていても、上席者がそれを十分に把握できているとはかぎらないようである。Ｂ氏は、事業推進の取り組みを上席者に把握してもらうため、推進を行った場合に、上席者に提出する活動報告書の自由記入欄にその旨を記入するなどの方法で報告を行っている。

おわりに――支援行動による女性部への影響の考察

ここまで、ＪＡ松本ハイランド女性部事務局の取り組みについて実態をみてきた。Ｂ氏の女性部事務局としての対応が、部員の自主性を引き出し、女性部支部における自主的な運営を促進している実態が確認されたといってよいだろう。

第３節では、Ｂ氏の事務局としての働きかけを、①活動の魅力を高める働きかけと、②自主性を引き出す働きかけの二つに分けて整理した。①については、活動をオープンに行うこと、活動を通じて参加者が発見を得られるようにすることが心がけられていた。②については、事務局が関わる部分と部員に担ってもらう部分との仕分けを行うこと、部員のチャレンジを後押しすること、意図的に関わりを弱めることなどが実践されていた。

これらの働きかけがD支部に対しどのような影響を与えているのかを仮説的に示すならば、①活動の魅力を高める働きかけは、部員に活動参加を動機づけるように作用し、②自主性を引き出す働きかけは、部員が手伝いや役員引き受けといった組織への貢献的行動に向かうよう方向づけるように作用している、と捉えることができるのではないだろうか。加えて、D支部において部員が手伝いや役員引き受けに対して積極的であることの要因には、B氏が②の働きかけを行っていることの他に、部員の組織に対する愛着の高まりがあるのではないかと推察される。(7)

B氏の実践は、JA女性組織事務局の担当者にとって豊富な示唆を提供するものであるだろう。JA女性組織のメンバーに活動参加を促したい状況では、①のような働きかけが、メンバーの自主性を引き出し、自主的な運営を促進したい状況では②のような働きかけが、それぞれ参考になるものと考えられる。また、B氏の実践からは、JA女性組織事務局の業務の奥深さややりがいの大きさが感じられるのではないだろうか。

冒頭に述べたように、JAグループの経営環境を踏まえれば、今後、全国のJAにおいてJA女性組織事務局の体制が縮小される可能性は否定できず、メンバーの自主性を引き出し、組織の自主的運営を促進することの重要性はますます高まっていくだろう。また、そうした消極的な面からだけでなく、メンバーによる自主的な運営の確保は、JAや地域を担うリーダーとなる組合員を育成するうえでも必要なことである。JA女性組織事務局において、こうしたメンバーの自主性を引き出す対応が強化されていくためには、そのような対応を行う事務局がJAにおいて適正に評価されることもまた重要となるだろう。(8)

（岩﨑真之介）

【注】

(1) 北川は、全国のJAの経営トップに対するアンケート調査結果から、生活文化活動やJA女性組織の育成が、力を入れて取り組むべき課題とみられていないことを示している。北川（2008）67頁。

(2) 第5章注5を参照。

(3) 類似する整理を行ったものとして、家の光協会（2018）や日本協同組合連携機構（2018）などがあるが、ここでは、それぞれの役割について最も詳細に記述されている坂野（2008）をもとに検討を行った。

(4) 本節および次節の執筆に当たり、同JA職員のA氏とB氏に、ヒアリング調査へご協力いただいた。A氏は、50歳代前半の女性で、生活指導員としてJA女性組織や組合員大学の事務局などを経験し、現在は本所における女性部や組合員学習、広報活動などの統括部署である組合員文化広報課の課長を務めており、常勤役員が出席する本所の企画会議のメンバーでもある。B氏は、40歳代前半の女性で、支所でふれあい活動担当として営農・生活渉外や女性部事務局などを担当する職員であり、ヒアリング調査の対象者としてA氏が推薦された人物である。また、同JAは2020年11月に、JA松本市およびJA塩尻市との合併（JA松本ハイランドは存続農協）を実施したが、本稿の記述は、ヒアリング調査を実施した合併前の時点における内容となっている。なお、同JAの概況や女性部の詳細については、第5章第2節を参照されたい。

(5) このように、JAの生活文化活動などのサポーターとしての役割を組合員に有償で委嘱する取り組みは、全国のJAでも広がりつつある。例えば、JAさがやJAはまゆうにおける「腕利きさん」の取り組みなどが挙げられる。

(6) これ以降、かぎ括弧つきの発言内容は、とくに記載のないかぎりB氏の発言である。

(7) これらのことについて、組織論における組織コミットメントの議論を踏まえ、次のような理解が可能なのではないだろうか。メンバーの自主性を引き出すことは、組織コミットメントの議論における「参加」、「役割内行動」および「役割外行動」を引き出すことであるといえるだろう。組織コミットメントに関する先行研究では、三次元モデルにおいて、「参加」については情緒的コミットメント、規範的コミットメント、継続的コミットメント（あるいは功利的コミットメント）のいずれによっても促進され、「役割外行動」については情緒的コミットメントによって促進される関係にあることが明らかになっている。B氏の事例において、当初、部員は「参加」が中心であったのが、徐々に部員が自主的な手伝いや役員引き受けの申し出といった「役割外行動」を行うようになった。これは、初期においては活動参加で得られる満足感という実利による継続的コミットメントが主体であったのが、部員の情緒的コミットメント、すなわちD支部あるいはB氏に対する愛着が高まり、役割外行動が促進されたためであるのではないかと推察される。ただし、これらは仮説の域を出ないものであり、その検証については別稿を期したい。なお、JAの組合員組織における情緒的コミットメントと役割外行動（組織市民行動）の関係性についての論考として、生産部会を事例に、部会員へのアンケート調査結果から定量的分析を行った西井（2021）が参考になる。

(8) この点については、二村が、生協の組合員活動における一般的な課題として、「『自主・自発』の活動というからには、その評価は『どれだけ自主的・自発的に活動できたか』という、いわばプロセスにこそ最大の意味があるはずだが、その考え方や指標が確立されていないため、結局評価にあたってはこれまでの動員型活動の指標（すなわち『参加人数』）が用いられてしまっている場合が多い」と指摘している。二村（２００５）１２５頁。これは、活動自体の評価にかかる指摘であり、組織の事務局を務める職員の実績評価を念頭に置くものではないが、その問題提起は共通しているといえるだろう。このような評価のための「考え方や指標の確立」は、研究上の課題でもあるといえる。


【引用・参考文献】

(Ⅰ) 家の光協会『「教育文化・家の光プランナー」専修講座』、２０１８年。

(Ⅱ) 北川太一『新時代の地域協同組合　教育文化活動がＪＡを変える』家の光協会、２００８年。

(Ⅲ) 坂野百合勝『これからのＪＡ組合員組織活動』家の光協会、２００８年。

(Ⅳ) 西井賢悟「農協共販における組織の新展開と組織力の再構築」板橋衛編著『マーケットイン型産地づくりとＪＡ　農協共販の新段階への接近』筑波書房、１０９～１３２頁、２０２１年。

(Ⅴ) 日本協同組合連携機構「『組合員組織・学習活動とそれを支えるＪＡ職員における組合員組織・学習活動マネジメント力の向上に関する研究会』報告書」、２０１８年。

(Ⅵ) 服部泰宏「貢献を引き出す関わり合い：文化とコミットメント」鈴木竜太・服部泰宏『組織行動　組織の中の人間行動を探る』有斐閣、２１５～２３３頁、２０１９年。

(Ⅶ) 二村睦子「生協の組合員活動と組織」現代生協論編集委員会編『現代生協論の探求　現状分析編』コープ出版、93～１３３頁、２００５年。

第7章 ＪＡ女性組織を牽引するリーダーシップ

【要旨】

本章では、ＪＡ女性組織における「リーダーシップ」に焦点を当て、ＪＡ女性組織に求められるリーダー像の解明に取り組んだ。

そこで、ＪＡ女性組織で実際にリーダーを務め、活動を牽引してきた3人の女性にアンケートおよびヒアリングを実施し、その結果から、彼女たちに共通するリーダーシップ行動の特徴を、ＰＭ理論を用いて分析した。

分析の結果、ＪＡ女性組織のリーダーの行動は、Ｐ行動（課題に直結した行動）よりも、Ｍ行動（思いやり行動）に力点が置かれ、なかでも「コミュニケーション」「幸福感の向上」「公平性・対等性」がとくに重視されていること、変化や決断の局面ではしっかりとP行動がとられるが、上下関係が強調されかねない場面では、表現方法に工夫がこらされていること、そうしたいわば「Ｍｐ型」のリーダーシップが発揮されることで、ＪＡ女性組織が円滑に運営され、活動が活発化していることがわかった。

さらに、リーダーがそうしたリーダーシップを発揮するためには、女性大学などにおけるリーダー育成や、リーダーの負担軽減、事務局との連携、といった環境整備が不可欠であることを提言した。

はじめに

ＪＡ女性組織を円滑に、そしてより活発に運営していくためには、組織の代表として活動全体を取りまとめるリーダーの存在が不可欠である。

伊丹・加護野（２００３）は「リーダーたる人が率いて、はじめて組織は動く。その単純な事実からも、リーダーシップの議論が組織のマネジメントの人的側面として最重要のトピックスになる」と指摘している。複数のメンバーが集まり〝組織〟として活動や事業を行うＪＡ女性組織においてもその指摘はもちろん当てはまるだろう。

ＪＡ女性組織では、班長や支部長、そして本部長などの役員が、リーダーとしてその役割発揮が期待されている。しかし、多くのＪＡ女性組織において、役員のなり手がいないことが大きな課題となっているのも事実である。当研究会で実施した、「ＪＡ女性組織メンバーに対するアンケート調査」（第4章参照）からも、「役員はやりたくない」「役員をやるなら女性組織を脱退したい」といった、役員の引き受けに対して消極的な考えをもつメンバーが少なくないことがわかっている。

石田（２０１５）は、ＪＡ女性組織メンバー数が大きく減少している原因として「役員の持ち回りなど、会員にかかる負荷が重荷になってきた」ことを指摘している。つまり役員問題がＪＡ女性組織メンバー数の減少に拍車をかけ、結集力の弱さを生んでいる可能性があるということである。

その一方で、リーダーといわれる女性たちが生き生きと活躍しながらメンバーを牽引し、組織を円滑に運営するだけでなく、活動や事業をさらに活発化させているＪＡ女性組織もまた少なくない。ＪＡ女性組織におけるリーダーがいかに行動するか、つまりリーダーによるリーダーシップが、活動の展開に少なからず関係しているといえよう。

そうしたことに鑑みると、ＪＡ女性組織におけるリーダーシップについて議論することは、ＪＡ女性組織の現状を理解し、ＪＡ女性組織の未来を展望するうえでは不可欠なことだと考えられる。

そこで本章では、ＪＡ女性組織のリーダーに焦点を当て、実際にリーダーとして活動を牽引してきた３人の女性へのアンケートおよびヒアリングから、ＪＡ女性組織活動のさまざまな局面において、彼女たちがどのようなリーダーシップ行動をとってきたのか、そこに共通するＪＡ女性組織に求められるリーダー像とはどのようなものかを見いだすこととする。

さらに、ＪＡ女性組織のリーダーがいかんなくリーダーシップを発揮し、活動を活発化させるために必要なサポート体制や、ふさわしいリーダーの育成方法などについても考えることとしたい。

１．分析の方法と対象とするＪＡ女性組織のリーダー

（１）リーダーシップとはなにか――「ＰＭ理論」より

まず、分析の前提として、リーダーシップとはなにかについて触れておこう。金井（２００５）は、「『絵を描いて目指す方向を示し、その方向に潜在的なフォロワーが喜んでついてきて絵を実現し始める』ときには、そこにリーダーシップという社会現象が生まれつつある」としている。金井は、リーダーシップを、個々のリーダーがもつ「資質」ではなく、リーダーの「ふるまい」によって発生する「社会現象」と捉えており、筆者もこの見解に立っている。

では具体的に、リーダーがどのようなふるまいをしたときに「リーダーシップ」が発生するのだろうか。

本論では「ＰＭ理論」（三隅・１９７８）に依拠してリーダーシップを捉えることとしたい。「ＰＭ理論」とは、Ｐ＝パフォーマンス（課題軸：課題に直結した行動）と、Ｍ＝メンテナンス（人間軸：人間としての思い

やり行動）の二種類が、リーダー行動の基本であり、この二軸の行動の頻度をはかることで、そのリーダーのリーダーシップをパターン化するというものである。

このP行動とM行動について、高頻度に行っている場合を大文字、あまり行っていない場合を小文字で表現すると、「PM型」「P型」「M型」「pm型」の4スタイルに分類することができる（**図7－1**）。そして、この四類型のなかで、PもMもともに高いスコアを示す「PM型」が最も効果的に成果につながるリーダーシップのスタイルであるといわれている。

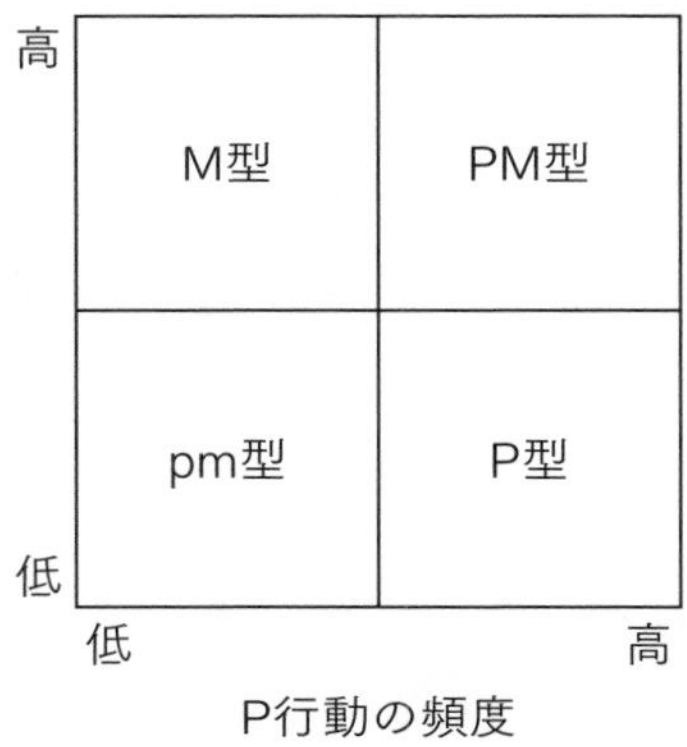

図7－1　「PM理論」による リーダー行動の四類型

資料：三隅（1978）の図を一部加筆。

これまで長きにわたり、多くの研究者によって積み重ねられてきたリーダーシップ研究において、リーダーシップをこのP行動（課題軸）とM行動（人間軸）という二軸[(1)]で分析することができるということと、P行動とM行動ともに高いスコアを示す「PM型」（＝Hi・Hi型）が、最も普遍的に有効なリーダーシップのスタイルであることが、繰り返し確認されてきている（金井・2005）。

本章ではこの理論を使ってJA女性組織におけるリーダーシップの姿をみることとしたい。もしそこに、メンバーもリーダーも女性というJA女性組織独特の、共通するリーダー行動の特徴があるとすれば、どのようなものだろうか。

（2）分析の方法

JA女性組織に適したリーダーシップのスタイルを見いだすために、P行動（課題軸）・M行動（人間軸）

の二つのリーダー行動の測定尺度として最もよく知られている、オハイオ州立大学「構造づくりと配慮を測定する質問項目（全20問）」[2]を基礎に「JA女性組織・リーダーシップにかかる質問票」（**表7－1**）を作成した。

質問は、P行動10問、M行動10問の全20問で、それぞれの質問について、5：いつもそうしている、4：よくそうしている、3：ときどきそうしている、2：めったにそうしていない、1：全くそうしていない、の五

表7－1　ＪＡ女性組織・リーダーシップにかかる質問票

【問：以下の20の質問に対して、5～1の五段階でご回答をお願いいたします】
5：いつもそうしている　4：よくそうしている　3：ときどきそうしている　2：めったにそうしていない　1：全くそうしていない

〈P行動〉 構造づくり

	質問	キーワード	評価				
P1	メンバーには、あなた自身がなにを期待しているのかを、知らせるようにしている。	期待の告知	5(　)	4(　)	3(　)	2(　)	1(　)
P2	作業などは、決まった手順に沿ってやってもらうようにしている。	手順の決定と徹底	5(　)	4(　)	3(　)	2(　)	1(　)
P3	あなたのアイデアを、この集団のなかで実際に試してみている。	自分のｱｲﾃﾞｱの実行	5(　)	4(　)	3(　)	2(　)	1(　)
P4	あなたの意見を、集団に対してはっきりと示している。	明確な意見表明	5(　)	4(　)	3(　)	2(　)	1(　)
P5	メンバーの作業について、なにをどのように行うか、あなたが決定している。	作業内容と方法の決定	5(　)	4(　)	3(　)	2(　)	1(　)
P6	メンバーに、具体的な課題を割り当てている。	課題の割当	5(　)	4(　)	3(　)	2(　)	1(　)
P7	集団内での、リーダーとしてのあなたの役割を、メンバーに理解してもらうようにしている。	リーダーの役割への理解促進	5(　)	4(　)	3(　)	2(　)	1(　)
P8	あなたが、メンバーのなすべき作業の日程（期限など）を決めている。	日程の決定	5(　)	4(　)	3(　)	2(　)	1(　)
P9	事前に決めた活動は、基本的に実行するようにしている。	計画の実行	5(　)	4(　)	3(　)	2(　)	1(　)
P10	決められた規則を、メンバーに守ってもらうようにしている。	規則の徹底	5(　)	4(　)	3(　)	2(　)	1(　)

〈M行動〉 配慮

M1	メンバーが気軽にあなたとコミュニケーションをとれるようにしている。	気軽なコミュニケーション	5(　)	4(　)	3(　)	2(　)	1(　)
M2	この集団の一員でいてよかったと思ってもらえるよう心がけている。	所属満足度の向上	5(　)	4(　)	3(　)	2(　)	1(　)
M3	集団から出てきた提案を実行に移している。	提案の実行	5(　)	4(　)	3(　)	2(　)	1(　)
M4	メンバーすべてに対して、あなたと対等であるように接している。	対等な接し方	5(　)	4(　)	3(　)	2(　)	1(　)
M5	変更があるときに、メンバーにあらかじめ知らせている。	変更の事前通知	5(　)	4(　)	3(　)	2(　)	1(　)
M6	メンバーとの交流をたいせつにしている。	交流の重視	5(　)	4(　)	3(　)	2(　)	1(　)
M7	メンバー各自が幸せであるように働きかけている。	幸福感の向上	5(　)	4(　)	3(　)	2(　)	1(　)
M8	集団や活動の運営において変化をいとわない。	変化の受け入れ（柔軟性）	5(　)	4(　)	3(　)	2(　)	1(　)
M9	あなたがリーダーとしてとる対処の理由をきちんと説明している。	理由の説明	5(　)	4(　)	3(　)	2(　)	1(　)
M10	行動に移す前に、メンバーに相談している。	事前相談	5(　)	4(　)	3(　)	2(　)	1(　)

注１：オハイオ州立大学の「構造づくりと配慮を測定する質問項目（LBDQXⅡ版）」に基づいたうえで、ＪＡ女性組織のリーダーが答えやすい形に表現を修正した。また、質問の意味が伝わりやすいよう、「キーワード」を新たに設けた。
注２：オハイオ州立大学の「構造づくりと配慮を測定する質問項目（LBDQXⅡ版）」は、現場における数多くの観察により、1700にわたる項目のなかから、業績への寄与度が高いものとして抽出された20項目である。

段階で回答を得る形とした。

この質問票を実際にＪＡ女性組織で活躍しているリーダー３人に配付し、事前に自己採点をしてもらったうえで、各質問について、具体的にはどのような場面でどのような行動をしているのか、それぞれのリーダーに対してヒアリングを行った。[3]

（３）対象とするＪＡ女性組織リーダー

質問票およびヒアリングの対象者は、３人の女性リーダーである。各人の概要および各人が属するＪＡ女性組織の活動の特徴は以下のとおりである。

①リーダーＡさん

(1)ＪＡの地域：九州地方
(2)年齢：47歳（取材時）
(3)仕事の有無：専業農家、農業専従
(4)分析の対象とする役職：元ＪＡフレミズ支部会長（元県フレミズ会長・元ＪＡフレミズ会長も兼務）。それぞれの役職を４年務めた後、役職の年齢制限を受け退任。現在は一部員として支部の新会長を補佐している
(5)役職についた経緯：仲間たちとともに新たにＪＡのフレミズを立ち上げたことがきっかけで、三代目のＪＡフレミズ支部会長に就任
(6)分析の対象とする組織のメンバーの人数と年齢層：メンバー数は19人、年齢層は20歳代～40歳代
(7)分析の対象とする組織の活動の特徴：ＪＡ女性部とともに行った「クールビズスカーフ作り」で、地域の

老人福祉施設にスカーフをプレゼントしたことがきっかけとなり、フレミズが中心となって、月に一度の老人福祉施設における慰問活動を実施。慰問に当たっては、認知症の事前学習を徹底して行い、事故の防止に努める他、フレミズ世代の女性たちのアイデアを生かした、お年寄りが無理なく楽しめる数々のイベントを開催し、地域に定着している

②リーダーBさん

(1)ＪＡの地域：関東地方
(2)年齢：58歳（取材時）
(3)仕事の有無：兼業農家、農業などに従事
(4)分析の対象とする役職：ＪＡ女性組織の部長
(5)役職についた経緯：輪番で支部長となり、年齢が若いことから長く支部長を務めた。その後、会計、副部長を経て部長に選出された。部長となり現在2年め
(6)分析の対象とする組織のメンバーの人数と年齢層：メンバー数は74人、年齢層は50歳代が中心
(7)分析の対象とする組織の活動の特徴：所属するＪＡが広域合併で3地区制となったため、ＪＡ女性組織も３地区制を採用。それぞれの地区に部長がおり、３部長が連携しながら活動をすすめている。Ｂさんは３部長のなかでも一番年が若く、ＪＡ女性組織全体の牽引役となっている。Ｂさんが思いついた新たなアイデアは、ＪＡ事務局が橋渡し役となって3地区に広がっている。都市近郊のため農外女性との関係性構築に力を入れ、Ｂさんの地区で新たに女性大学を立ち上げ成果をあげている。女性大学は２０２１年度から3地区に広げて開催の予定。「手しごと部」などの目的別グループも立ち上げ、軌道に乗っている

③リーダーCさん

(1)ＪＡの地域：四国地方

(2)年齢：55歳（取材時）
(3)仕事の有無：専業農家、農業専従
(4)分析の対象とする役職：ＪＡ女性組織の支部長
(5)役職についた経緯：ＪＡ女性組織が自主運営する直売所に出荷するにはＪＡ女性組織に加入することが必須だったため加入した。輪番で班長となり、年齢が一番若いという理由で副部長、その後部長となった。部長となり現在６年め
(6)分析の対象とする組織のメンバーの人数と年齢層：メンバー数は93人、年齢層は70歳代が中心
(7)分析の対象とする組織の活動の特徴：これまで自分たちが楽しむために行ってきた活動（料理や手芸など）で得た技術を生かし、ＪＡ支所の２階会議室を会場に、バイキングスタイルの「子ども食堂」を月に１回開催。毎回２００人以上の地域住民が集まる県下一の子ども食堂に成長している。コロナ禍を受け、弁当のテイクアウトへシフトしている

2. 質問票の回答およびヒアリングからみえる、ＪＡ女性組織を牽引するリーダーの特徴

表７－２は、Ａさん・Ｂさん・Ｃさんそれぞれの質問票の回答結果と、ヒアリングで聞き取った具体的な行動場面や行動内容を、Ｐ行動・Ｍ行動ともに一覧表にまとめたものである。また、**図７－２**は、質問票の回答結果を各人別にレーダーチャートで示したものである。これらから、ＪＡ女性組織を牽引しているリーダーのリーダーシップ行動の特徴と共通項を見いだしてみたい。

（１）「Ｍ行動」に力点を置いたリーダーシップ

表7－2　「P行動」「M行動」質問票の回答結果と具体的な行動

〈P行動〉　構造づくり

	質問	キーワード	回答者	評価 5	4	3	2	1	具体的な行動
P1	メンバーには、あなた自身がなにを期待しているのかを、知らせるようにしている。	期待の告知	A		○				うまくできたことについては、すぐに褒める。自分ではなく「○○さんが○○について褒めていたよ」という形で間接的に褒めている。それが部員の成長につながっていると感じる。
			B		○				その人それぞれのいいところがあるので、それを具体的に伝える。褒めたり感謝したりすることがモチベーションにつながっている。伝え方が上から目線にならないように工夫している。
			C			○			部長として伝えなければならない理由があるときにかぎり「これについてはこうです」と意見をはっきり述べる。それ以外は公平な立場として接している。女性同士は「公平感」が大事。「すごいですね～（褒める）」と「ありがとう（感謝）」はかならず伝える。
P2	作業などは、決まった手順に沿ってやってもらうようにしている。	手順の決定と徹底	A		○				活動の内容やメンバーの状況（子どもが小さい、学校の予定など）を鑑み、手順を臨機応変に変更している。
			B				○		個々の自主性ややり方があるので、それを尊重している。やらされ感ではなく、自主性を感じてほしいため、伝え方には工夫している。だから評価を下げた。
			C		○				お祭りの出店や子ども食堂の活動などは、手順を決めて徹底しないと収拾がつかなくなる。ただし、命令口調にならないよう伝え方は工夫している。
P3	あなたのアイデアを、この集団のなかで実際に試してみている。	自分のアイデアの実行	A	○					小学校で実施している「ちゃぐりんフェスタ」でのカリキュラムづくりなど、新たな取り組みを始めるときには、自分のアイデアをメンバーにわかりやすく説明するために、独自の教材を作成し、事前学習の場を設けている。
			B		○				メンバーの意見と合わせるようにする。違う意見をどう受け入れ、否定せずに同じ方向に向かわせるかを考えている。否定されるとだれでもおもしろくない。違う意見を取り入れて、どうやって一つの方向に向かせるかを考えて伝えている。
			C	○					年齢などの問題で「この活動はやめたい」という後ろ向きな意見が出てきたときは「もうちょっとがんばってみよう」と背中を押す。新たな活動を始めようとするときは、ある程度必要だと思うことに対しては自分の意見を押し切る力も必要。「やってみようよ」と積極的に先導し、その繰り返しで女性部が少しずつ変わっていった。
P4	あなたの意見を、集団に対してはっきりと示している。	明確な意見表明	A	○					JAから助成金をもらっているので、たとえ忙しい時期であっても活動の実績を残さねばならないことをメンバーに伝えている。反対意見が出たら「ではどうすればいいと思う？」と問いかけて、ベストな解決策を見いだしている。
			B	○					新たな活動を始めるときは、その目的と具体的な内容を示すことが必要。みんなが同じ方向を向くように意思をはっきりと示している。ただし自主性を損なわないよう、伝え方には工夫をして理解してもらう。
			C		○				100人いれば100通りの意見があることを念頭に、100%満足できる回答が得られないときにはお互いに納得できる着地点を見いだす。女性は公平感を重要視するので、すべての意見を採用できないときにはかならず合理的な理由をつけて丹念に説明する。

P5	メンバーの作業について、なにをどのように行うか、あなたが決定している。	作業内容と方法の決定	A			○			作業内容を自分だけで決定することはほとんどないが、ＪＡ組織活動である以上、やらねばならないこともあるので、その時には丹念に説明し、理解を求めて実行する。
			B				○		自主性を重視しているので、方法の決定はほとんどしない。
			C			○			得意な分野で活躍してほしいので、自由に選べることについては口出しをしない。肝の部分のみ自分が決定する。
P6	メンバーに、具体的な課題を割り当てている。	課題の割当	A		○				メンバーの自主性を重んじながらも、活動を軌道に乗せるためには、課題設定を行うことも必要。活動の状況に応じて対応している。
			B				○		自主性を重視するので、割り当てはできるかぎりやらない。
			C					○	特別に課題を割り当てることはいっさいしない。
P7	集団内での、リーダーとしてのあなたの役割を、メンバーに理解してもらうようにしている。	リーダーの役割への理解促進	A	○					自分がそうだったように、リーダーは個性的でよい。次のリーダーが困らないように、いまの自分の行動理由をメンバーに伝え、リーダーの役割を理解してもらうようにしている。
			B	○					新たな活動に取り組む、立ち上げるというときには、目的と活動内容を明確に伝えておかないとバラバラになっていく。捉え方はそれぞれ違うので、丹念な説明が必要。
			C				○		あえて部長だからということは強調せずに、陰に徹して行動することでメンバーが自然と協力してくれるような流れをつくっている。
P8	あなたが、メンバーのなすべき作業の日程（期限など）を決めている。	日程の決定	A					○	フレミズ活動は事業ではないので、できる限りメンバーが自由に無理なく活動に参加できるよう、期限を設けることはあまりしない。
			B				○		それぞれが違う仕事をしているので、それぞれの日程にあわせて活動しやすい日に活動してもらったほうが参加しやすい。
			C			○			役員で日程を決めた場合は、個々のメンバーに手紙を出し「いつまでに返事をください」と丹念に連絡している。
P9	事前に決めた活動は、基本的に実行するようにしている。	計画の実行	A		○				ＪＡからの助成金を活用し活動を活性化するために、できるかぎり計画は実行し、次の予算につなげられるように心がけている。
			B		○				事前にやると決めたことは実行しないと次の予算にもつながらないし、女性部の総会で協議しているので、計画に沿って活動する。
			C	○					よほどのことがないかぎりは、女性組織の総会で決定したことは実行している。
P10	決められた規則を、メンバーに守ってもらうようにしている。	規則の徹底	A	○					デイサービス訪問は対象が認知症のお年寄りなので、決まりを守らないと大きな事故につながる。事前の学習で十分理解を深めている。
			B		○				お互いが気持ちよく活動するには、守るべきものはきちんと守らないと信頼感を失う。しかしオブラートに包むよう伝え方に工夫している。
			C			○			あまりきつく「○○しなければならない」というふうにはせず柔軟にしている。そうでないと活動は続かない。
合　計				8	10	5	5	2	

〈M 行動〉 配慮

	質問	キーワード	回答者	評価					具体的な行動
				5	4	3	2	1	
M1	メンバーが気軽にあなたとコミュニケーションをとれるようにしている。	気軽なコミュニケーション	A	○					オープンチャットやオープンラインを駆使しているが、オープンは苦手なメンバーもいるので、その場合は個別のラインや電話などで意見をくみ取るよう、方法を変え、一人ひとりのメンバーが孤独にならないよう配慮している。
			B	○					女性部会議の後や手しごと部で手を動かしながら話す機会を見つけては、この人はこういう特技があるんだ、とか、こういう悩みあるんだな、という情報収集をしている。そうしたなかから、次の活動につながるように考えている。
			C	○					常にメンバーに対する声かけを意識している。活動から遠のいてしまったメンバーには電話をかけて近況を尋ねるなどしている。
M2	この集団の一員でいてよかったと思ってもらえるよう心がけている。	所属満足度の向上	A	○					感謝の言葉をすぐに伝えるようにしている。老人福祉施設の慰問で、職員やお年寄りから褒められたことはかならず本人に伝える。それが本人の自信につながっている。
			B	○					得意なことを見つけて、その分野で活躍してもらえるように、すぐ褒めたり、かならずお礼を伝えるようにしている。満足感や達成感を得ると楽しくなり、また参加したいという思いが生まれる。
			C	○					一番たいせつにしていること。楽しくなければ意味がないし長続きしない。かつての女性部は大変だった時期もあったらしく「昔に比べよくなったよ」とメンバーからいわれると自分自身のモチベーションにつながる。
M3	集団から出てきた提案を実行に移している。	提案の実行	A		○				すべてを実現したいところだが、できることとできないことがある。できそうにない提案があがったときには「どうすればできるようになると思う？」と問いかけて解決策を見いだす。
			B		○				支部を引退したメンバーから、集まれる場がほしいという要望があがってきた。そこで、だれでも気軽に参加できる「お茶飲みサークル」を立ち上げようと、現在企画している。
			C			○			すぐできることは実行するが、無理だと感じたものは、こう変えればできるかも、という形にアレンジして提案する。
M4	メンバーすべてに対して、あなたと対等であるように接している。	対等な接し方	A	○					年齢は自分が一番上だが、自分がえらいわけではない。失敗もまちがいもある。自分が泣きたいときには、10 歳年下のメンバーを頼って泣きながら電話し相談することもある。両方向の関係性。
			B	○					相当気をつけている。部長はえらいのではない、といつも思っている。公平な立場でいっしょに創り上げていくメンバーシップが重要で、それが活動を発展させる。
			C	○					部員は自分も含めてすべて対等。自分は段取りをする役回りだと思っている。メンバーが喜んでくれること、笑顔でいてくれることが基本なので、無理な押しつけはしない。自分も勉強させていただいている。
M5	変更があるときに、メンバーにあらかじめ知らせている。	変更の事前通知	A	○					フレミズは子育て中で忙しいメンバーが多いので、変更はできるだけ早めに伝えて、メンバーが予定を立てやすいように配慮している。
			B	○					日程の変更などは割とある。仕事を持つメンバーも多いのでなるべく早く連絡する。グループラインがあるので連絡しやすくなったが、情報が公平になるように配慮している。
			C		○				連絡する時間的な余裕があるときは必ずする。急な変更の場合は後からになることもある。

M6	メンバーとの交流をたいせつにしている。	交流の重視	A	○					メンバーの人間関係を鑑みて、集まりを分散させるなどの工夫をしている。チーム分けをした場合は、どのチームの活動にも公平に参加するようにしている。
			B	○					女性部会議の後や手しごと部で手を動かしながら話す機会を見つけては、この人はこういう特技があるんだ、とか、こういう悩みあるんだな、という情報収集をしている。そうしたなかから、次の活動につながるように考えている。
			C	○					常にメンバーに対する声かけを意識している。活動から遠のいてしまったメンバーには電話をかけて近況を尋ねるなどしている。
M7	メンバー各自が幸せであるように働きかけている。	幸福感の向上	A	○					この活動をとおして、すべてのメンバーが自分の可能性を見いだし、自己肯定感を高める材料を見つけられるように、活動にバリエーションを持たせている。自分が幸せでないとまわりは幸せにできないよといつも伝えている。女性は弱い立場にあることが多いが「自分たちにだってできる。勉強してできることを増やそう」ということを常に伝えている。
			B	○					事前に情報収集したメンバーの得意分野を生かし、手しごと部で、それぞれが講師となるなどして自己実現も果たせるようにしている。
			C	○					活動が有名になりいろいろな取材が入るようになったが、対応するメンバーが一部にかぎられないよう、なるべく多くのメンバーが参加できるように分担している。
M8	集団や活動の運営において変化をいとわない。	変化の受け入れ（柔軟性）	A	○					「ちゃぐりんフェスタ」がJAの事業からフレミズ独自の活動に変更になったとき、予算を鑑みた学校との交渉などを率先して行い、実現できた。勇気をもって新たな活動に取り組んだことが「自分たちもやればできる！」という成功体験になり各メンバーの自信につながった。
			B	○					女性部は変化しなければ衰退してしまうと感じ、新たに目的別グループを立ち上げた。みんなが同じ活動をするのではなく、それぞれが自分の興味のあることに自由に参加できる仕組みづくりに取り組んでいる。そこから一体化した女性部にしていくことが必要だと思う。
			C	○					新たな活動に取り組もうと決めたら、過去にこだわらず変わることが重要。そうして取り組みはじめた子ども食堂が、県で一番大きな子ども食堂に成長した。
M9	あなたがリーダーとしてとる対処の理由をきちんと説明している。	理由の説明	A	○					リーダーにはだれがなるかわからない。自分に続くリーダーが困らないように、いまの自分の行動理由をメンバー全体に伝えている。
			B		○				できるかぎり事前の説明を心がけているが、自分で判断しなければならないこともある。そうしたときには理由を丹念に説明するようにしている。
			C			○			なにかあったときだけ、はっきりときちんというが、それ以外はあえて口を出さないようにしている。
M10	行動に移す前に、メンバーに相談している。	事前相談	A	○					自分のアイデアであっても、やらされ感が出ないように事前にかならず相談し、「このアイデアはどう思う？」とメンバーに尋ねてから決定する。「みんなの活動である」ことを実感できるようにしている。
			B		○				相談・報告するひまもなく、判断しなければならないこともある。批判を受けることもあるが、それがリーダーの役割。
			C			○			自分で先に決めなければならないこともある。例えば地区のお祭りの出店の依頼があったときには、断る理由がないため、すぐに「やります」と答え、後からメンバーに報告した。そういうスピード感・決断力も時には必要。
合　計				22	5	3	0	0	

資料：質問票およびヒアリングをもとに筆者作成。

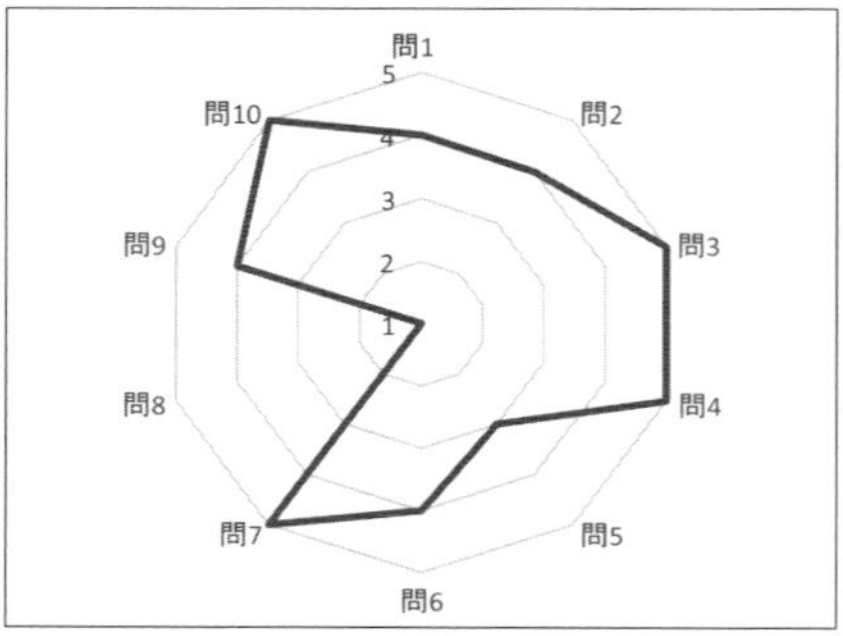

Aさんの P 行動平均値：4.0

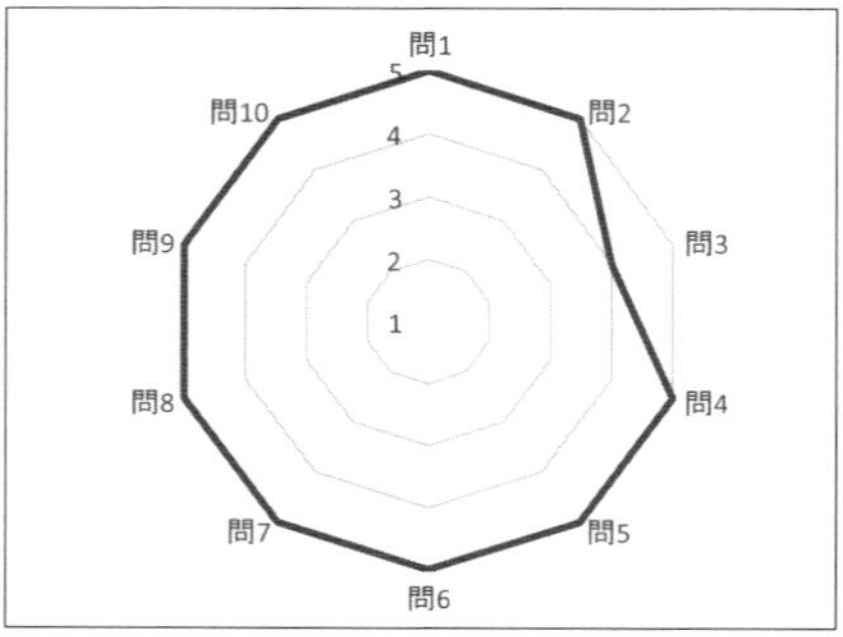

AさんのM行動平均値：4.9

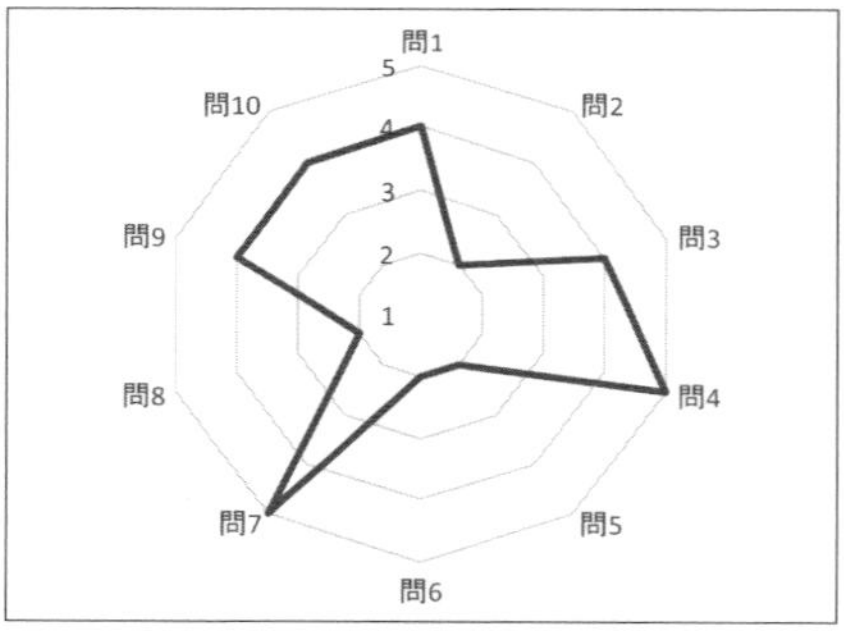

Bさんの P 行動平均値：3.4

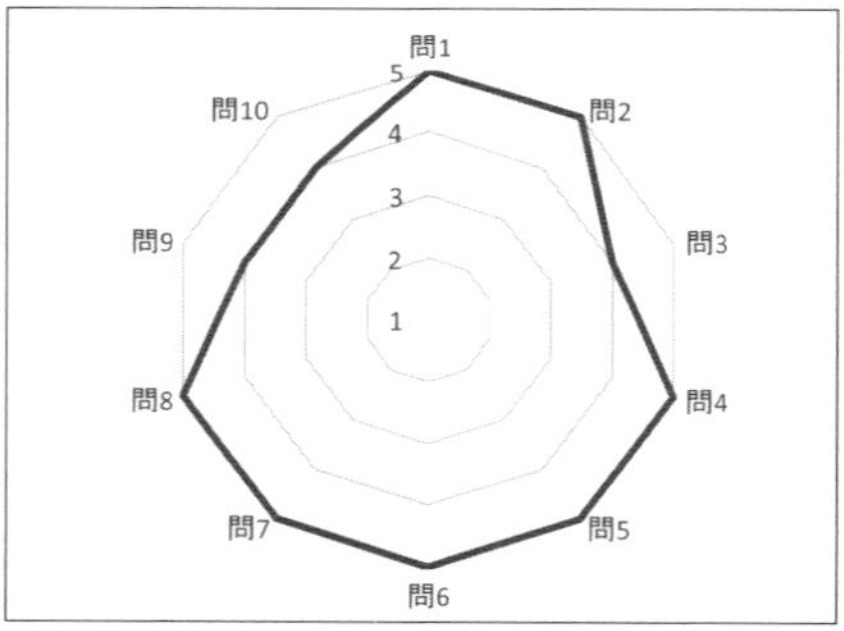

BさんのM行動平均値：4.7

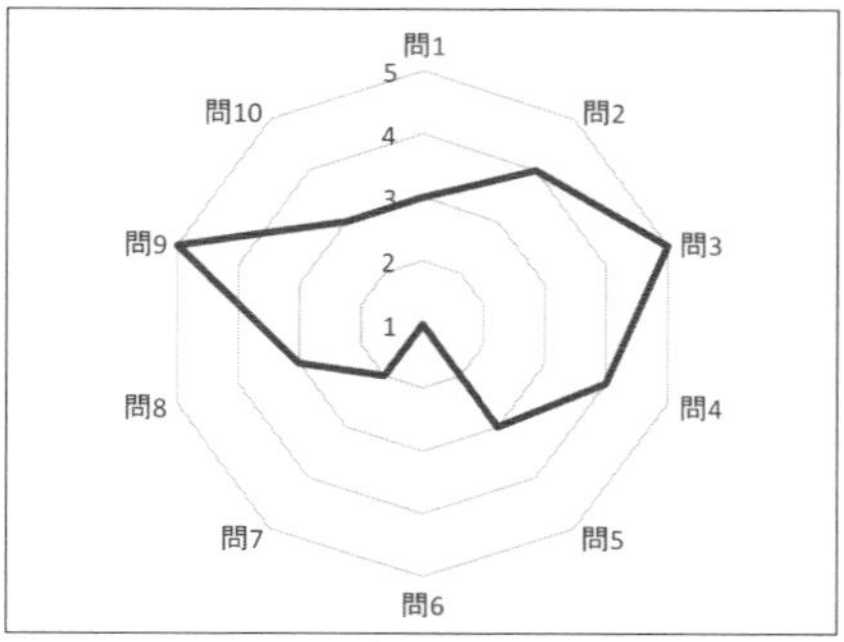

Cさんの P 行動平均値：3.3

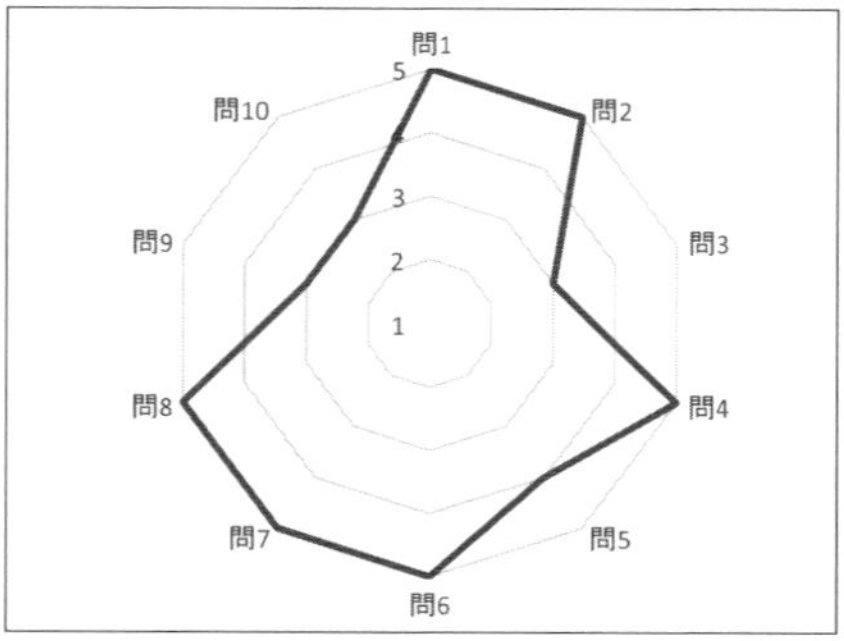

CさんのM行動平均値：4.3

図7－2　3人のリーダーのP行動・M行動のレーダーチャート

資料：質問票およびヒアリングをもとに筆者作成。

まず、全体としての大きな特徴は、3人とも「P行動」に比べて「M行動」が圧倒的に高いスコアを示していることである。3人の「P行動」の合計（10問×3人＝30ポイント）をみると、5「いつもそうしている」が8ポイント、4「よくそうしている」が10ポイントと控えめであり、2「めったにそうしていない」5ポイント、1「全くそうしていない」も2ポイントと、「していない」という回答も若干みられる。

一方で3人の「M行動」の合計（10問×3人＝30ポイント）をみると、5が22ポイント、4が5ポイントと、ほとんどの項目が5または4という結果である。残る3ポイントも3「ときどきそうしている」であり、2や1の「していない」という回答は0である。

図7－2のレーダーチャートをみると、その差は明らかである。「M行動」の3人の平均値は4・6で、レーダーチャートの形が、大きな円かそれに近い形を描くのに対し、「P行動」の3人の平均値は3・6にとどまり、レーダーチャートの形は全体的に円が小さくまとまっている。

各リーダーの平均値をみても、Aさんは「P行動」が4・0であるのに対し、「M行動」は4・9、Bさんは「P行動」が3・4であるのに対し、「M行動」は4・7、Cさんも「P行動」が3・3であるのに対し「M行動」は4・3と、3人とも「P行動」に比べ「M行動」の頻度が高い。

これらのことから、JA女性組織リーダーのリーダー行動は、PM理論（前掲**図7－1**）でいうところの「M型」寄りであることがわかる。

(2) 〝コミュニケーション〟〝幸福感の向上〟〝公平性・対等性〟をとくに重視

次に「M行動」についてみてみよう。「M行動」にかかる質問票およびヒアリングから浮かび上がったことは、すべてのリーダーが〝コミュニケーション〟〝メンバーの幸福感〟〝メンバーとの対等な関係性〟を重要視しており、それらが実現できるような行動を積極的にとっていることである。M行動1「気軽なコミュニケーション」、M行動2「所属満足度の向上」、M行動4「対等な接し方」、M行動6「交流の重視」、M行動7「幸福感の向上」について は、すべてのリーダーが5をつけている。

では具体的にどのような行動をとっているのだろうか。3人に共通する点に着目してみてみよう。

一つめの特徴が、各リーダーともにコミュニケーション方法に工夫をこらしながらメンバーとのよりよい関係性を構築している点である。

●「オープンチャットやオープンラインが苦手なメンバーとは個別に連絡をとりあい、一人ひとりのメンバーが孤独にならないように配慮している」(Aさん/M行動1)

●「活動の作業の合間や会議の後のおしゃべりのなかから、メンバーの悩みや得意分野の情報を収集し、次の活動につながるように考えている」(Bさん/M行動1・6)

●「活動から遠のいてしまったメンバーには電話をかけて近況を尋ねている」(Cさん/M行動1・6)

●「メンバーの人間関係を鑑みて、集まりを分散させるなどの工夫をしている」(Aさん/M行動6)

二つめの特徴は、メンバーの自信やモチベーションを高めることを意識して行動している点である。

●「活動をとおしてすべてのメンバーが自分の可能性を見いだし、自己肯定感を高める材料を見つけられるように、活動にバリエーションをもたせている。女性は弱い立場にあることが多いが『自分たちにだってできる。女性でも勉強してできることを増やそう』ということを常にメンバーに伝えている」(Aさん/M行動7)

●「他人(老人福祉施設の職員やお年寄り)から褒められたことはかならず本人に伝える。それが本人の自信につながる」(Aさん/M行動2)

●「得意なことを見つけ、その分野で活躍してもらえるように、すぐに褒めたり、かならずお礼を伝えるよう

にしている。満足感や達成感を得ると楽しくなり、また参加したいという思いが生まれる」（Bさん／M行動2）

三つめの特徴は、公平性や対等性を重要視している点である。

●「自分はメンバーのなかで一番年上だが、リーダーだって失敗もまちがいもある。そのようなときには年下のメンバーを頼って相談する」（Aさん／M行動4）

●「部長はえらいのではない。公平な立場でいっしょに活動を創り上げていくメンバーシップが重要で、それが活動を発展させる」（Bさん／M行動4）

●「部員はすべて対等。自分は段取りをする立場。喜んでもらえること、笑ってもらえることが基本で無理な押しつけはしない。自分も勉強させていただいている」（Cさん／M行動4）

（3）冷静な判断力と変化を受け入れる柔軟さ

一方で、同じM行動のなかでも、M行動3「提案の実行」は、Aさんが4（AさんはM行動のなかで唯一の4であり、他はすべて5）、Bさんが4、Cさんは3と、他の質問に比べると控えめな評価だ。その理由については、次のような回答があった。

●「メンバーからの提案のなかには、できることとできないことがある。できそうにないことについては『どうすればできるようになると思う?』と問いかけて解決策を見いだす」（Aさん）

●「支部を引退したメンバーから、集まれる場がほしいという要望があがってきた。そこで、だれでも気軽に参加できる『お茶飲みサークル』を立ち上げようと、現在企画している」（Bさん）。

●「できそうなことはすぐに実行するが、無理だと感じたものは、こう変えればできるかも、という形にアレンジして提案する」（Cさん）

各リーダーは、メンバーのアイデアが実行可能かどうかを冷静に判断し、できるかぎり実現させようとするが、できそうにないことの場合は、ただ否定するのではなく、自主性を損なわない範囲で新たな提案をしたり、いっしょに解決策を見いだすといった、寄り添う行動をとっていることがわかる。

また、M行動8「変化の受け入れ」について、すべてのリーダーが5をつけているのも特徴的である。

●「勇気をもって新たな活動に取り組んだことが『自分たちもやればできる！』という成功体験になり、各メンバーの自信につながった」（Aさん）

●「女性部は変化しなければ衰退してしまうと実感し、新たに目的別グループを立ち上げた。みんなが同じ活動をするのではなく、それぞれが興味のあることに自由に参加できる仕組みづくりに取り組んでいる」（Bさん）

●「新たな活動に取り組もうと決めたら、過去にこだわらずに変わることが重要。そうして取り組みはじめた子ども食堂が、県で一番大きな子ども食堂に成長した」（Cさん）

過去のしがらみにとらわれずに、新たな世界に踏み出す柔軟性を、各リーダーが持ち合わせ、一度決めたら迷うことなく実行していることで、活動が次のステージへ向かっているのだと考えられる。

（4）「P行動」が必要な場面では「伝え方」に工夫

続いて「P行動」に着目してみよう。どのリーダーも「M行動」に重きを置いているように見受けられる一方で、必要な場面では「P行動」をとっていることがわかった。具体的には、P行動3「自分のアイデアの実行」では、Aさん・Cさんは5を、Bさんも4をつけている。またP行動4「明確な意見表明」では、Aさん・Bさんは5を、Cさんも4をつけている。同様に、P行動9「計画の実行」については、Cさんは5を、Aさん・Bさんも4をつけている。

では具体的にどのような場面でどのようにして「P行動」をとっているのだろうか。P行動が高い数値を示している質問について、具体的な行動場面と内容を尋ねると、以下のような回答が得られた。

【P行動3：自分のアイデアの実行】

●「新たな取り組みを始めるときには、自分のアイデアをメンバーにわかりやすく説明するために、独自の教材を作成し、事前学習の場を設けている」（Aさん）

●「否定されるとだれでもおもしろくないから、違う意見を取り入れて、どうやって一つの方向に向かわせるかを考えて伝えている」（Bさん）

●「新たな活動を始めようとするときは、ある程度必要だと思うことに対しては自分の意見を押し切ることも必要。『やってみようよ』と積極的に先導し、その繰り返しで女性部が変わっていった」（Cさん）

【P行動4：明確な意見表明】

●「ＪＡから助成金をもらっているので、たとえ忙しい時期であっても活動の実績を残さねばならないことをメンバーに伝えている。反対意見が出たら『ではどうすればいいと思う?』と問いかけてベストな解決策を見いだしている」（Aさん）

●「新たな活動を始めるときには、その目的と具体的な内容を示すことが必要。みんなが同じ方向を向くように意思をはっきりと示している。ただし自主性を損なわないよう、伝え方には工夫をして理解してもらう」（Bさん）

●「100人いれば100通りの意見があることを念頭に、100％満足できる回答が得られないときにはお互いに納得できる着地点を見いだす。女性は公平感を重要視するので、すべての意見を採用できないときにはかならず合理的な理由をつけて丹念に説明する」（Cさん）

注目すべきは、どのリーダーも、新たな活動を開始したり、自分のアイデアを取り入れようとする「変化を伴う」場面では、はっきりと「P行動」をとっているということだ。

さらに、P行動3「自分のアイデアの実行」やP行動4「明確な意見表明」のような「上下関係」を強調しかねない行動をとらざるを得ない場面では、その表現方法・伝え方において、「どうしたらいいと思う？」とメンバーに問いかけてベストな解決策を見いだす」（Aさん）、「すべての意見を採用できないときには必ず合理的な理由を伝える」（Cさん）など、メンバーの自主性を損なわないよう、十分な配慮と工夫を施していることがわかった。

図7-2の「P行動」のレーダーチャートが、はげしく凹凸しているのは、各リーダーが、「M行動」を基本としながらも、必要な「P行動」はしっかり行っていることの表れである。

一方、同様に「上下関係」を強調するニュアンスをもつと思われるP行動7「リーダーの役割への理解促進」では、3人のリーダーで回答が大きく割れている。Aさん・Bさんは5をつけているが、Cさんは2の評価だ。これには、その組織における本人の年齢的な立ち位置が大きく関連していると思われる。前節で記したように、Aさんは組織内で一番年上、Bさんもほぼ平均年齢に当たるが、Cさんはメンバー内では一番年下である。そのため、ヒアリングによると、Cさんは「公平かつ対等な立場・部長ということを強調しない行動」をより心がけており、その姿勢が他のリーダーに比べて、P行動の数値の低さとして表れていると推測される。

しかしそんなCさんにあっても、P行動7「リーダーの役割への理解促進」の具体的な行動として、「あえて部長だからということは強調せずに、陰に徹して行動することでメンバーが自然と協力してくれるような流れをつくっている」と回答しており、先に示したような「伝え方の工夫」を施していることで、結果として自己の役割への理解醸成へとつなげていた。

3. JA女性組織に求められるリーダーシップとは

(1)「Mp型」リーダーシップが基本

以上のことからみえてきた、JA女性組織に必要なリーダーシップの特徴をまとめると以下の三点になる。

まず一つめは、JA女性組織のリーダーは「M行動」をより重視する必要があるということである。JA女性組織は、株式会社など短期的に利益を上げなくてはならない組織と違い、長期的に地域に根づくような「安定した活動」を目指している。そのようななかで、メンバーである女性たちとともに歩もうとする、リーダーの「思いやり行動」(=M行動)が、メンバーのモチベーションアップにつながる。そして、M行動のなかでもとくにたいせつなのが、3人のリーダーが強調していた〝コミュニケーション〟〝幸福感の向上〟〝公平性・対等性〟である。

二つめは、「M行動」に重きを置きながらも、変化の局面や決断しなければならない場面においては、しっかりと「P行動」をとる必要もあるということである。具体的には、新たな取り組みを始めようとするときや、メンバー内で意見が割れたときに「P行動」のリーダーシップが発揮されると、全体を一つの方向に向かわせることができる。

三つめは、「P行動」をとる場合でも、上下関係が強調されるニュアンスをもつような場面では、「伝え方・表現方法」に工夫を施すことがたいせつだということである。例えば、メンバーからの提案で実行がむずかしいことについては「どうしたらいいと思う？　とメンバーに問いかけてベストな解決策を見いだす」といった、メンバーに寄り添う行動である。

以上の三点を「PM理論」に当てはめると、P行動とM行動の両方を実践しながらも、よりM行動の頻度が高い、いわば「Mp（ラージM・スモールp）型」という、JA女性組織にフィットするリーダー像の一つが浮かび上がるのではないだろうか。(4)

なお、本論ではJA女性組織の大部分のリーダーが該当する、単協または支所を単位としたJA女性組織のリーダーシップに焦点を当てた。しかし、JA女性組織の活動でも、例えば、より多くの金銭的利益を目的とする、直売所などの販売事業に取り組む場合や、県や全国など大きな組織単位のなかでリーダーを務める場合など、活動の内容や規模に応じて、Mp型を基本としながらも、よりP型のリーダーシップ行動が求められる場面もあることは、踏まえるべきである。

（2）リーダーシップ教育と環境の整備

「はじめに」で触れたように、JA女性組織の役員は持ち回りで選任されていることが多く、それがメンバーの重荷になっていることは否めない。

役員の輪番制度は、かつて地域の有力者またはその婦人しか、農協婦人部の役員を務めることができなかったことを受けて、それを是正し平等性を期すために取り入れられた制度である。しかし、平等性を重んじたゆえに、今度は本人の向き不向きや希望が尊重されずに、だれもが役員の任を負わされるというジレンマに陥っている。

しかし、本章で対象とした3人のリーダーのうち、2人が「輪番制」で役員となっていたが、リーダーシップをいかんなく発揮しながら、JA女性組織活動をより活発化させることに成功していた。つまり、入り口がどうであれ、リーダーが、必要な場面で必要なリーダーシップ行動をとることこそが重要であり、そうできるような支援や教育、環境の整備がむしろ求められているということだ。

前出の「JA女性組織メンバーに対するアンケート調査」で、役員の引き受けについてたずねた設問では、「本部・支部役員を引き受けてもよい」が1・5%、「支部役員を引き受けてもよい」が4・4%、「負担が軽減されれば、支部役員を引き受けてもよい」が4・6%、「順番でやっているので、支部役員を引き受けるのは仕方ない」が24・8%と、全体の35・3%が役員引き受けを受容する回答をしている。いいかえれば、3割を超えるメンバーが、自身が役員となることを受け入れる考えをもっているということである。

そうであるならば、そうしたJA女性組織のメンバーたちが、JA女性組織におけるふさわしいリーダーシップや、それを発揮するための方策を学べる機会があれば、苦手意識を乗り越え、JA女性組織活動を一歩も二歩も先にすすめられるようなリーダーとなることができるのではないだろうか。具体的には、JA女性大学などの学習機関において、そうしたカリキュラムを組み込み、リーダー層を育てることが一つの手段である。

また、「役員の負担の軽減」についても検討すべきであろう。JA女性組織の役員はおおむね多忙である。本部役員か支部役員かによっても違うが、JAのあらゆる会議体にJA女性組織の代表として出席する他、JA女性組織が取り組む数多くの活動に顔を出し、冒頭で挨拶《あいさつ》をする、といった業務もある場合がある。そうした負担を軽減するには、役員として外せない業務と、他のメンバーで分担できる業務とに分類することがまずは必要である。そのうえで、例えば活動における冒頭挨拶などについては廃止し、別途選出したそれぞれの活動の責任者に一任する、その代わりに活動の責任者との情報共有の場を定期的に設けて、JA女性組織全体の調和をはかるといった工夫が必要である。活動に参加するメンバーが責任者としての役割を担うことにより、ある程度はリーダーの負担の軽減が可能となる他、新たな役割を与えられたメンバーが、経験をとおして次のリーダーへと育つことにもつながるのではないか。

(3) JA事務局との連携

一方で、JAの事務局による支えも重要である。3人のリーダーへのヒアリングからも「フレミズの立ち上げはJA事務局とのコラボレーションで実現した。事務局なしには活動の発展はない」(Aさん)、「新たなアイデアを思いついたらまずはJAの事務局に相談し、概要を決める。そのうえであらためてメンバーに提案している」(Bさん)、「子ども食堂はJA支所の2階会議室で開催している。金融機関であるJAが休日に会議室を開放してくれている。生産法人からの野菜の定期的な寄付もJAの仲介で実現した」(Cさん)、という声が聞かれた。どのリーダーも、JA事務局の力をうまく借りながら、二人三脚でJA女性組織活動を新たな展開へと導いていた。

しかし、第6章で述べられているように、JA女性組織を担当する事務局は他業務との兼務が多く、担当職員の数も減少傾向にある。そのため、事務局が担える業務はおのずと限られてしまうのが現状である。そうであればなおのこと、事務局は、JA女性組織のリーダーを支え、密に連携することで、JA女性組織の主体的な活動展開を後押しすることが必要である。

おわりに

本章で取り上げた3人のリーダーに「役員をやってよかったと思うこと」を聞いたところ、それぞれから興味深い回答を得ることができた。

Ａさんは「自分一人ではなにもできない。自分の得意と他人の得意を集めると楽しいことが起こる。リーダーはそれを実現させられる立場だ」とリーダーの役割にやりがいを見いだしていた。またＢさんは「正直いってはじめはやりたくはなかった。でもみんなで力をあわせてアイデアを形にし、実現できたときの達成感はやった人でないとわからない快感がある」と、役員の経験から得ている充実感を伝えてくれた。そしてＣさんは「女性部が運営する直売所に出荷するためだけに女性部に加入した。その後順番で班長となったが最低限のことしかやらないようにしていた。でも部長になったことで責任感が芽生え、やるからにはみんなが楽しいと思えるようにと前向きに取り組むようになった。子ども食堂が実現したことは大きな自信になった。『以前に比べ女性部はよくなったね』とメンバーから声をかけられるとうれしい」と、役員を務めるなかで、やらされ感から主体的にと自らが変化した驚きと喜びを教えてくれた。

多くの役員経験者に感想を聞くと、ほとんどの人が「役員をやってよかった」と答える。つまり、役員になる以前は重荷であり「役員をやるならＪＡ女性組織をやめたい」と感じていたメンバーも、いざ役員になってみると、新たな人脈ができたり、他では味わえない経験をすることで、任期を終える頃には「やってよかった」というポジティブな感想に変化するようだ。

女性には「インポスター・シンドローム（インポスター体験）」といわれる、「自分の達成を内面的に肯定できない」という傾向がある。例えば、上司から管理職になることを薦められたら引き受けるかという質問に対して、引き受けるという男性は48・３％であるのに対して、女性は16・１％にとどまるというデータがあるが、[5]その背景の一つには、こうした現象があるとされている。

そこで、女性にはそうした「自己評価の低さ」という特徴があることを踏まえたうえで、ＪＡが組織をあげて、ＪＡ女性組織やそのリーダーを後押しするような組織風土を形成することが、なによりも必要ではないだろうか。

（小川理恵）

【注】

（1）「P行動」と「M行動」は、意味合いは同じでも、それぞれの研究において呼び名が違う。例えば、オハイオ州立大学の研究グループでは、P行動＝「構造づくり」、M行動＝「配慮・思いやり」、ハーバード大学では、P行動＝「課題リーダー」、M行動＝「社会・情緒的リーダー」と呼称している。

（2）注1にあるように、「構造づくり」はPM理論の「P行動」、「配慮」は「M行動」に読み替えることができる。

（3）前述のとおり、リーダーシップはフォロワーがついてきてはじめて成立する現象であり、本来はフォロワーからみた評価でリーダーシップをはかる必要があるとの指摘もありうる。ただ、本分析に当たっては、事前に各JA女性組織の事務局担当者に、フォロワーの状況について確認しており、フォロワーの多くが当該リーダーに、ついていっていることがわかっているため、本章ではこれをもって各事例で「リーダーシップ」が発揮されているとみなすこととしたい。

（4）2011年に日本経済新聞社と日経ウーマンオンラインが共同で実施した「女性の働き方に関するアンケート調査」（出所「女性管理職を増やすために企業がやるべきこと」『日経ウーマンオンライン』2011年12月1日）で、女性一般社員に「女性管理職のもとで働くとしたら、どのタイプがよいですか？」と尋ねたところ、1位は「チームがうまく機能する環境を整え、部下の自発的行動を促す『サーバントタイプ』」（40・4％）で、2位は「部下から意見を引き出し、それらを集約して方向性を導く『ボトムアップタイプ』」（24・6％）という結果だった。JA女性組織メンバーと会社の社員では状況は違うが、この調査結果をJA女性組織に重ね合わせると、やはり「Mp型」となり、会社の女性社員にとっても、JA女性組織のメンバーにとっても、女性リーダーに求められるリーダー像は一致しているといえるのではないだろうか。

（5）東京都産業労働局『東京都男女雇用平等参画状況調査結果報告書』2014年を参照。

【参考文献】

（Ⅰ）伊丹敬之・加護野忠男『ゼミナール経営学入門』（第3版）、日本経済新聞出版社、2003年。

（Ⅱ）石田正昭「JA女性組織の過去・現在・未来～JA女性組織が「未来の創造者」となるには～」『JC総研レポート』VOL.35、2015年。

（Ⅲ）金井壽宏『リーダーシップ入門』日本経済新聞出版社、2005年。

（Ⅳ）三隅二不二『リーダーシップ行動の科学』有斐閣、1978年。

（Ⅴ）牛尾奈緒美・志村光太郎『女性リーダーを組織で育てるしくみ』中央経済社、2014年。

（Ⅵ）山本幸美『「あの人についていきたい」といわれる一生使える「女性リーダー」の教科書』大和出版、2015年。

第8章 メンバーの「学び」と「モチベーションの変化」によるＪＡ女性組織活動の新たな展開

【要旨】

ＪＡ女性組織は、「農」と「くらし」の当事者としての幅広い活動をとおして、ＪＡが掲げる社会的目的の実現の一翼を担っており、今後さらなる機能発揮が期待されている。

そこで本章では、高知県一規模の大きい子ども食堂を自主運営する、ＪＡ高知県女性部大篠《おおしの》支部の取り組みを素材に、活動をとおしたメンバー個人の「学習」と「モチベーションの変化」に着目し、ＪＡ女性組織活動が、個人の楽しみの活動から社会志向の活動へと展開していくプロセスを、メンバーへのヒアリングをもとに考察した。

考察の結果、個の学習とモチベーションの変化が、別の個の新たな学習とモチベーションを引き起こしていること、そうした相互作用はメンバーがおかれた立場に関係なく発生すること、学習とモチベーションの変化の相互作用により、活動に社会志向性が生まれること、の三つが明らかになった。

またそうした活動展開を促すためには、各メンバーが学習とモチベーションの変化を体験できるような活動の組み立てや、外部からの認知が受けられるような工夫、ＪＡからのほどよい距離感の応援が必要であることを提起した。

はじめに

ＪＡグループでは、第26回ＪＡ全国大会決議（２０１２年10月）において、「10年後のめざす姿」として「食と農を基軸として地域に根ざした協同組合としての総合力を発揮する」（傍点引用者）ことを掲げ、その実現に向けた取り組みをすすめている。

ＪＡが地域におけるそうした社会的目的を達成するに当たり、その先導者として大きな役割を果たしているのがＪＡ女性組織である。ＪＡ女性組織は、「農」と「くらし」の当事者として、農業生産だけでなく、農産加工・直売所・食農教育・介護福祉活動・子育て支援・環境保全に至るまで、幅広い活動をとおしてＪＡと地域を結びつけ、ＪＡの社会的目的の実現の一翼を担っている。さらに、ＪＡ女性組織は、地域が直面するさまざまな課題に応じた社会志向の活動を生み出すポテンシャルを有しており、いっそうの活躍が期待されている。

一方、そのような社会志向の活動に取り組むＪＡ女性組織のすべてが、当初から、そのような志向性をもって活動を開始しているかといえば、そのかぎりではない。筆者が実施してきた複数の事例研究からは、多くのＪＡ女性組織において、はじめは自分たちの楽しみや収益などを主たる目的としていた活動が、それらに加えて次第に社会志向を強めていく実態が確認されている。[(1)]

このような「内」から「外」への志向性の変化はなぜ、どのように生じるのであろうか？

おそらくは、ＪＡ女性組織のメンバー一人ひとりの「個」の次元において、全員ではないとしても、メンバーが活動をとおして「学習」や「モチベーションの変化」を体験し、その積み重ねのなかで、個々のメンバーの関心が、個人的な楽しみから、メンバーみんなのやりがいや地域活性化など、他者や地域全体へと広がっていくのではないだろうか。そして、そのようなメンバー個々の学習とモチベーションの変化の繰り返しの結果として、ＪＡ女性組織の次元において、活動が社会志向を強める方向へと展開するようになるのではないか、あるいは、両次元が相互に影響しあいながら、そうした変化が生じるのではないだろうか。

そこで本章では、ＪＡ女性組織活動が社会志向を強める方向へと展開するプロセスの解明に取り組むこととする。具体的には、ＪＡ高知県女性部大篠支部(2)の取り組みを素材に、そこで活躍する個々のメンバーの学習とモチベーションの変化の過程に焦点を当てる。そのうえで、①メンバーはどのような局面においてどのような学習やモチベーションの変化を体験したのか、②そうした個人の学習とモチベーションの変化の積み重ねの結果として、組織になにがもたらされ、活動がどう展開したのか、③そうした活動展開を促すためには、どのような要因が必要となるのか、ということについて、活動の企画運営への影響力の高いメンバーへのヒアリングを通して明らかにする。

1．学習とモチベーション

まず前提として、本章では「学習」と「モチベーション」をどのように捉えるのかについて示しておきたい。

伊丹・加護野（２００３）は、「組織のなかにおいて、人々は業務行動の他に『学習』というもう一つの重要な活動を行っている」、と述べている。そしてその具体的な内容として、「能力の蓄積、技能の形成、知識の拡大、人材の熟知、組織風土の会得」などを挙げ、「学習の蓄積が将来の業務行動をより適切なものにする可能性が大きく、それゆえに将来の組織の業績を決める大きな要因になる。だから学習は学習する個人にとってたいせつなばかりでなく、組織にとってもきわめて重要なのである」と指摘している。このように、個人の学習は、個人にとどまらず、その組織の発展においても重要な意味をもっている。

一方で、心理学では、「学習」は、「経験によって新しい行動が身に付いたり、それまでの行動が変化したりすること」とされている。この定義では、いわゆる「勉強」のような典型的な学習以外にも、例えば練習して跳び箱が跳べるようになったり、だれかに歌をほめられて歌手を目指すようになる、といったことも含まれており、「学習」がかなり幅広い概念として捉えられている[(3)]。

これらから、本章においては、経験によって得られた、①情報・知識・技術の習得、②考え方の変化、③行動パターンの変化、の三点を、学習と捉えることとする。

次にモチベーションについて、鈴木・服部（２０１９）は、「モチベーションとは一般的に『目標に向かって努力し、その達成を目指そうとする心理的エネルギー』を意味」するとしている。本章では、モチベーションと学習の関わりに着目するため、モチベーションを学習へ向かわせる、あるいは学習から得られる行動へと向かわせる心理的なエネルギーと捉えて分析を行う。そのさい、モチベーションの増加・減少という量的な変化と、質的な変化の両面から「モチベーションの変化」を把握する。

２．ＪＡ高知県女性部大篠支部の活動展開

それでは最初に、事例として取り上げる、ＪＡ高知県女性部大篠支部（以下、ＪＡ女性部大篠支部と略す）の概要を簡単に紹介しておこう。ＪＡ高知県は、２０１９年1月に、高知県内12ＪＡの広域合併により誕生した。ＪＡ女性部大篠支部が所属していたのは、旧ＪＡ南国市である。旧ＪＡ南国市は、直売所「かざぐるま市」をＪＡ女性部が自主運営するなど、もともとＪＡ女性部の活動が活発なＪＡであり、そうした地域風土のなかで、１００人近くのメンバーを擁するＪＡ女性部大篠支部でも、これまで数多くの彩り豊かな活動が展開されてきた。

次に、ＪＡ女性部大篠支部の活動が、これまでどのように展開してきたのかについて、活動内容の大きな変化に沿って五つの期に区分し、時系列でみてみることにしよう。

（１）班活動中心期（～２０１３年）

ＪＡ女性部大篠支部では、もともと集落（班）ごとの活動が活発に行われていた。13年当時のメンバー数は１００人を超え、13の班に分かれてそれぞれが、料理や手芸、旅行などの活動を楽しむスタイルが中心であった。

班活動がさかんな一方で、活動が活発な班とそうでない班の差があることや、班長と近い間柄のメンバーのみが、班長から誘われて活動に参加することが多くなるなど、活動の範囲と参加メンバーの偏り、という課題も内包していた。

（２）班横断の「二四六九女士会」発足期（２０１３～２０１７年）

そこで、地域（班）に関係なく、女性部員であればだれでも自由に参加できる、目的別活動グループ「お・楽・し・み　二四六九女士会《にしむくじょしかい》（以下、女士会と略す）」を、13年に発足させた。「二四六九女士会」というネーミングは、「小の月（2月・4月・6月・9月・11月）に集まろう」という意味から名づけられた（「士」は漢字の十一で、11月を表している）。

女士会は、完全な手上げ方式で、全メンバーの約半数に当たる50人ほどが登録している。年に8回程度開催されるが、すべての回に参加しなければならないわけではなく、メンバーは自分が興味のある回を自由に選び参加することが可能である。

女士会の会場は、旧ＪＡ南国市大篠支所2階の調理室兼会議室である。メンバーみんなで用意したランチを食べてから、手芸や読書会を行い、にぎやかにおしゃべりをしたり、情報交換を楽しむ。

ランチに供される料理の種類は毎回10種類以上にのぼる。75歳を超える高齢のメンバーが多いことから、実際に調理を担当するのは、参加者のうち5～6人だが、すべての参加者が、盛りつけとか、ランチョンマットを並べる、といったなんらかの役割をかならず担うことになっている。

女士会では、このランチ会の他にも、研修や、食や農に関する勉強会も開催している。開始当初は10人ほどの参加者だったが、回を重ねるにつれ参加者が増え、いまでは毎回30人程度が活動に参加している。

(3)「子ども食堂」発案・準備期(2017〜2018年)

民生委員を務めるJA女性部メンバーの一人から、支所の近くにある小学校(児童数が800人近くにのぼる県内一のマンモス校)で、夏休み明けになると痩せた体で登校してくる子どもがいるらしいという情報がもたらされた。その情報をこの地域の課題として女性部員で共有するなかから、JA女性部大篠支部として子ども食堂に取り組む、という方向性が導き出された。

そのような結論に至った背景には、これまで積み重ねてきた女士会活動の経験から、一度に多くの料理を作ることへの抵抗感がなかったことや、女士会で実践してきたことを、自分たちが楽しむだけではなく、なにか地域に役立つこととして生かせないか、とメンバーたちが考えたことが挙げられる。高知県が「子どもの居場所づくり推進事業」として、子ども食堂への支援を積極的に行っていることも背中を押した[(4)]。

子ども食堂の運営への参加者募集に当たっては、JA女性部大篠支部の役員の意向で、メンバー全員に対して、参加の可否を尋ねるアンケートを実施した。「子ども食堂の現場で手伝いたい」「食材の提供ができる」「参加しない」の三択としたところ、女性部員93人のうち二十数人が「現場で手伝いたい」に○をつけた。食材提供希望者も含め、協力者が多数にのぼった。

JA女性部大篠支部のメンバーは、子ども食堂の会場として、使い慣れているJA支所の2階にある調理室兼会議室を希望していたが、金融機関であるJAの休業日に不特定多数の人が集まることについて、JAから承諾が得られるかが課題であった。ところが、アイデアを支所長に相談したところＪＡから快諾を得ることができた。会場となる調理室兼会議室は、保健所から「イベント扱い（現在は福祉扱い）」として運営の許可が得られた他、食品衛生責任者養成講習も役員たちで受講し、食品衛生に関する知識を深めた。

子ども食堂で使用する食材は、ＪＡ、ＪＡ出資生産法人、ＪＡ女性部員、組合員、地元のスーパーなど、地域に散在するさまざまな業者や団体、個人の農家などから無償で提供されている他、メンバーが積極的に関係各所に寄付の働きかけを行っている。例えば毎回３００個以上使用されている鶏卵の提供も、メンバーが鶏卵業者にイチかバチかで声をかけたことにより実現している。

食材提供については、子ども食堂開設日（毎月第２土曜日）の1週間前までにエントリーをしてもらい、管理栄養士の資格をもつメンバーが中心となって献立を考えるのが基本だが、急な食材寄付にも臨機応変に対応している。食用油や調味料など、寄付だけでは賄えない食材については、購入して補っている。

子ども食堂開設が決まった折に、チラシ１０００枚を地域の小学校や中学校を中心に配布したところ、ＪＡや市の広報誌などに掲載され、地域の人びとに認知されるきっかけになった他、ＪＡの広報担当者も『日本農業新聞』や『高知新聞』、地元のテレビ局などに積極的に働きかけ、ＪＡ女性部大篠支部が手がける子ども食堂の情報は瞬く間に地域全体に滲透《しんとう》していった。

その結果、初回から参加者が多く集まったことはもとより、「自分も食材を提供したい」と協力を申し出る個人の農家や、県の施策を受けて、全支店でサポート体制をとるスーパーなども現れた。

（４）「大篠子ども食堂」実践期（２０１８〜２０２０年）

子ども食堂の名前は、地区名をとって「大篠子ども食堂」とした。料理提供スタイルは、他の子ども食堂によくみられるような、カレーライスなどの一品料理ではなく、複数種類の料理を大皿で提供するバイキングスタイルに決めた。メンバーたちは女士会での経験から、一度に多種類の料理をたくさん作ることに慣れており、そのスキルを生かせることと、家庭で簡単に作れるものだけではなく、JA女性部ならではの地元の食材を生かした郷土料理を好きなだけ食べてもらいたい、というこだわりがあったからである。

1回に作る料理の種類は当初14~16品にのぼり、準備は前日の昼にすでに開始するが、衛生上の配慮から、肉や野菜などの生ものについてはかならず当日調理する。会場に季節ごとの花やオーナメントを飾るなど、テーブルセッティングにも配慮する他、子どもたちに配るちょっとしたおやつも準備している。

開催当日は早朝8時から作業にとりかかる。子ども食堂の開始時間は11時半で、それまでの間に提供する料理を作る。運営自体に参加するメンバーは毎回20人前後で、だれがなにをやるかが事前に決まっているわけではなく、女士会での経験から、自然と役割分担ができている。女士会と同様に、調理中心のメンバーもいれば、会場設営を担うメンバーもいる。

筆者が訪問した折には、11時半のオープン前に、すでに会場の入り口は受付をすませた人びとが行列をつくっていた。オープンと同時に、待っていた人たちが次々と会場に入ってきて、順に料理を皿に取っていく。参加者は、子ども数人のグループ、赤ちゃんづれの親子、おばあちゃんも含めた一家、お年寄りだけのグループ、男性の2人組、など多種多様である。

子どもだけでなく、地域みんなの居場所になればという思いから、参加者を子どもや子どもづれにはかぎっていない。参加費は、小学生以下は無料、中高生は100円、大人でもたったの300円である。

大篠子ども食堂には、毎回150人から200人の地域住民が集まる。18年5月の開始時から20年3月までに開催された「大篠子ども食堂」の回数は合計23回で、利用者数は、延べ人数で、子どもが2232人、中高生が100人、大人が1398人の、合計3730人にのぼり、開始から2年で、高知県で一番規模の大きい子ども食堂にまで成長している。

（5）コロナ禍対応期（2020年6月〜）

全国の多くのＪＡ女性組織と同様に、新型コロナウイルスの影響を受けて、大篠子ども食堂の開催は20年３月を最後に、いったん中断を余儀なくされた。しかし、地域からの再開への要望が強く、またＪＡ女性部大篠支部のメンバーからも「やりたい」という意見が多く寄せられたことから、20年６月からは、バイキングスタイルではなく、弁当のテイクアウトへと提供方法を変更して活動を再開した。20年６月から10月までの５回で、小学生以下４７９人、中高生75人、大人６９６人の、合計１２５０人に対し、弁当の配布を行った。

弁当への切り替え当初は、高校生以下は無料、大人は１００円で、２５０食を配布していたが、バイキング以上に手間のかかる弁当箱詰め作業への負担がましたため、メンバーで協議するなかから、21年２月からは、１回の配布数を２００食に減らすこととした。料金も、高校生以下は無料と変わらないが、大人は２００円に変更した。

大篠子ども食堂は、バイキングから弁当へと形を変えてはいるものの、現在も地域住民にとって「なぜかホッとするみんなの居場所」として定着しているのだという。

3．メンバーの学習およびモチベーションの変化と組織活動の展開

次に、ＪＡ女性部大篠支部のメンバーに対して実施したヒアリングから、第2節で紹介した活動展開のなかで、彼女たちがどのような背景において、なにを学習したのか、そこにどのようなモチベーションの変化が生じたのかについて、活動展開の五つの期に沿ってみてみよう。さらに、そうした個人の次元における学習とモチベーションの変化によって、ＪＡ女性部大篠支部＝組織の次元には、どのような変化がもたらされたのかも併せて確認することとする。

主なヒアリング対象は次のとおりである。

●A氏：JA女性部大篠支部の現部長（2016年～）で、子ども食堂への取り組み開始の主軸となった人物である。

●B氏：「二四六九女士会」発足のきっかけをつくった人物で、現在はJA女性部大篠支部の副部長（19年～）を務めている。B氏は管理栄養士の資格をもち、大篠子ども食堂においてはメニューづくりの責任者となっている。

●活動に積極的に参加している数人のメンバーについてもヒアリングを行い、「その他のメンバー」としてまとめて記した。

なお、学習が行われたと想定される事項については、第1節で整理した三つの学習（①情報・知識・技術の習得、②考え方の変化、③行動パターンの変化）のうち、どの学習に当たるのかを表記した。また、学習やモチベーションの発生などの状況が理解しやすいよう、関連すると思われる事項についても、ヒアリングから抜き出し併せて記載した。

（1）班活動中心期（～2013年）

【背景】班活動がさかんな一方で、活動範囲と参加メンバーがかぎられるという課題があった

●A氏（13年当時はJA女性部大篠支部の副部長）

・活動が活発なB氏の班を見本に、班活動を支部活動に展開させることはできないか、ということに、当時の部長とともに気づく（学習②考え方の変化）

●B氏（13年当時はJA女性部大篠支部の会計）
・仕事があり土日の班活動のみ参加していたが13年に定年退職し、JA女性部活動に重点を置ける状況になった。当時の部長、A氏らから「B氏の地域の班活動を見本として、支部全体に活動を広げてみたいがどうか?」との提案を受け賛同した（学習②考え方の変化）

●その他のメンバー
・班活動だけだと、その他の班の活動には参加できない、一人では活動に参加しづらいという思いがあった

【組織にもたらされた変化】
・班横断活動への移行の流れ ⇩ 「二四六九女士会」発足へ

まず、この段階でポイントとなったのは、「班活動はさかんだが、このままでは支部全体への活動には展開しないのではないか」という当時の部長とA氏による気づき（学習）である。A氏らの気づきは、その他のメンバーの「その他の班の活動には参加できない、一人では参加しづらい」という思いの代弁にもなっていた。A氏らがこの気づきを班活動がさかんな地域に属するB氏にもちかけ、支部全体への活動に広げることを提案したことで、JA女性部大篠支部には、班横断活動への移行の流れができ、「二四六九女士会」という次の段階へ進むきっかけがもたらされている。

（2）班横断の二四六九女士会発足期（2013～2017年）

【背景】班に限定されない、「お・楽・し・み 二四六九女士会」を発足。女士会が、JA女性部大篠支部全体としての活動の基礎となる

●A氏（13年当時はJA女性部大篠支部の副部長）

・班中心からJA女性部大篠支部全体へと活動単位が広がったことで、支部全体のまとまりを実感。女性部活動のさらなる展開への契機にできるのではないか、という思いが芽生える（学習②考え方の変化）

・女性部活動が横展開されたことで、活動範囲や参加人数が増えていき、一体感が生まれたことへの喜び、ワクワク感が生まれた（モチベーションの変化）

●B氏（13年当時はJA女性部大篠支部の会計）

・高齢のメンバーも、お客様としてではなく、あくまでもいっしょに活動する仲間として参加してもらいたいという思いから、栄養士会のグループが実施している「リハビリキッチン」（リハビリの一環として料理をする取り組み）を参考に、参加者全員になんらかの形で準備に参加してもらうアイデアを提案

・メンバーから自分の料理を「おいしい」といわれることで仕事（管理栄養士）とは違うはりあいを得た（モチベーションの変化）

・すべてのメンバーが役割をもつという自らの提案が実現したことで、メンバーの参加意識が醸成されたことが新たな喜びとなった（モチベーションの変化）

●その他のメンバー

・いままであまり知らなかった他の地区のメンバーと知り合い、人間関係が広がった。新たな横のつながりができた（学習①情報・知識・技術の習得）

・料理が得意なメンバーから料理を教わり、料理のスキルアップが実現した（学習①情報・知識・技術の習得）

・受け身から自主的な参加への意識の変化が生じた（学習②考え方の変化）

・当事者意識が高まった（学習②考え方の変化）

・一人でも参加できるようになった（学習③行動の変化）

・仲間とともにわいわい料理を作ることの楽しさをおぼえた（モチベーションの変化）

・自分にも役割があるという自信が生まれた（モチベーションの変化）

【組織にもたらされた変化】

・JA女性部大篠支部活動への参加率の増加

・JAの事業や活動に積極的に関わっていくことのできる土台の形成

・みんなで力をあわせて取り組むという組織文化、連帯感の醸成

・自然な役割分担関係の形成

⇩「子ども食堂」への取り組み発案へ

この段階でのポイントは、女士会の結成を契機に、多くの学習やモチベーションの変化が各メンバーにもたらされたことである。

活動が班横断になったことで、「人間関係の広がり」（学習①情報・知識・技術の習得）や「一人でも参加できるようになった」（学習③行動の変化）という学習が、また、Ｂ氏が提案したメンバー全員が役割をもつという運営方法により、「自主的な参加への意識の変化」「当事者意識の高まり」（学習②考えの変化）という学習が、一人ひとりのメンバーのなかで行われた。そしてそれらの学習により、「仲間とともにわいわいと料理を作る楽しさ」や「自分にも役割があるという自信」というモチベーションを高める変化が発生し、その結果として、ＪＡ女性部大篠支部（組織）には、活動への参加率の増加、連帯感の醸成、自然な役割分担といった、次の活動の展開に寄与する具体的な変化がもたらされた。

そうしたメンバーと組織の変化が、副部長のＡ氏や会計のＢ氏といったリーダー層の「一体感が生まれたことの喜び」「参加意識が醸成されたことの喜び」という新たなモチベーションの高まりとなり、そこからＡ氏の「さらなる活動展開への契機にできるのではないか」という次の学習（学習②考え方の変化）が起きている。その意味では、この女士会の結成が、その後のＪＡ女性部大篠支部の活動展開における大きな転機になっているといえる。

（３）「子ども食堂」発案・準備期（２０１７〜２０１８年）

【背景】 民生委員を務めるメンバーから、近くの小学校の児童のなかに、夏休み明けに痩せて登校する子どもがいるという情報がもたらされる。ＪＡ女性部大篠支部で情報を共有するなかから、「子ども食堂」へ取り組むという方向性が導き出される

●A氏（15年～JA女性部大篠支部部長）

・満足に食事をとれない子どもたちが身近にいるという情報を得る（学習①情報・知識・技術の習得）

・食と農の当事者である自分たちJA女性部員が近くにいながら、地域がこのような状況にあることに疑問と反省の念をもつ。メンバーの一人が発した「子ども食堂という手もある」というひと言をヒントに、「子ども食堂」の開設を提案（学習②考え方の変化）

・場所や光熱費などの問題もあり、個人的にやっても継続しない。女士会で培った料理のスキルやみんなで力をあわせて取り組むという組織文化・連帯感を生かせば、子ども食堂を継続してやれるのではないかと考えた（学習②考え方の変化）

・公平性を重んじて全員に参加可否を尋ねるアンケートを実施

・アンケートで、93人のうち二十数人が「現場で手伝いたい」に○をつけてくれた他、食材提供希望者も含め、協力者が多数にのぼったことで「かならず実現させたい」という強い思いが芽生えた（モチベーションの変化）

●B氏（17年当時はJA女性部大篠支部の会計）

・民生委員から情報を聞いたものの、最初は積極的に「子ども食堂」に取り組みたいとは思わなかった

・女士会で「みんなでいっしょに取り組む」ということが活動のポリシーとしてすでに培われていたため、アンケートを全員にとるのは当然のことだと賛同

・A氏（部長）からの「子ども食堂をやろう」という提案に対し、A氏を支えよう、みんなでやろう、という思いが強まる（モチベーションの変化）

●その他のメンバー

・そもそも子どもに食を提供するのは親の仕事ではないかと思うが、それがかなわない子どもたちがいるのならば、自分たちがやってみてもいいのではないか？（学習②考え方の変化）

・女士会で活動するなかで得たスキル（料理・みんなで一つのことをやり遂げる力）を地域のために役立てたい（モチベーションの変化）

・地域の子どもたちが喜ぶ姿を実際にみてみたい（モチベーションの変化）

【組織にもたらされた変化】

・楽しむ活動から社会志向の活動への流れ ⇩ 「大篠子ども食堂」開設へ

この段階のポイントは、メンバーの一人から、地域の子どもの状況を知らされたA氏が、女士会の活動で培ってきた料理のスキルや連帯感を生かせば、子ども食堂に取り組むことが可能なのではないか、と考えたこと

（学習②考え方の変化）である。

A氏の提案に対して、多くのメンバーが思いを等しくしていたことが、参加の可否を問うアンケート結果に表れた。またB氏は、当初は積極的ではなかったものの、女士会活動で「みんなでいっしょに取り組む」という活動ポリシーが根づいていたことを実感しており、そこに部長であるA氏を支えようという思いが重なって、子ども食堂活動の中心メンバーの一人として準備をすすめることとなる。

アンケートの結果、多くのメンバーが手をあげてくれたこと、B氏の後押しがあったことが、「子ども食堂をかならず実現したい」というA氏のさらなるモチベーションとなった。

これにより、JA女性部大篠支部は、自分たちが楽しむ活動で得たスキルや組織文化を基礎に、社会志向の「子ども食堂」の取り組みへと、活動範囲を広げていくことになる。

（4）「大篠子ども食堂」実践期（2018〜2020年）

【背景】バイキング形式で子ども食堂を開設。JA女性部が運営する子ども食堂として地域から高い評価を受ける。子どもだけでなく地域のだれもが集える憩いの場として地域に定着した
●A氏（JA女性部大篠支部部長） ・子どもだけでなく多くの地域住民が利用してくれて、自分たちがやっていることが地域で求められている、ということを実感できた（学習②考え方の変化） ・食材を提供してくれる農家などとのつながりが新たにできた（学習①情報・知識・技術の習得） ・地域の農家から「このような場をつくってくれてありがとう」と感謝されたり、地域外の農家から「このような場があってうらやましい」といわれることで、活動の意義を感じた（学習②考え方の変化） ・当初抱いていたJA女性部としての使命感から、子どもたちや地域の人びとから感謝されることの喜びへとモチベーションの源泉が変化（モチベーションの変化） ・メンバーが生き生きと活動していることによる喜び（モチベーションの変化） ・JAから活動が認知され、協力体制が強化されたことへの感謝の思い（モチベーションの変化）

●B氏（19年〜JA女性部大篠支部副部長）

・メニューづくりの責任者として、そのときに集まった材料でメニューを考えることは楽しい。直前になって急に食材が寄付されることもあるが、臨機応変にメニューを組むのは腕の見せどころ（①情報・知識・技術の習得）
・自分たちが作った料理を子どもたちなどが喜んで食べている姿をみる喜び、顔見知りの学校の先生などから「ありがとう」といわれる喜び（モチベーションの変化）
・メンバーみんなで一つのことをやり遂げる喜び（モチベーションの変化）

●その他のメンバー

・料理の腕前を披露したり、スキルアップする場になった（学習①情報・知識・技術の習得）
・仲間とともに地域のために活動することから得る楽しさを実感した（学習②考え方の変化）
・調理場とバイキング会場が一体化しているため、子どもたちから直接「おいしいね」と声をかけられたり、地域の人びとが喜んでいる姿をじかにみることができ「子ども食堂をやっていてよかった」という実感を得た（学習②考え方の変化）
・地域のためになにかしたいという気持ち、仲間とともに地域のために活動することの喜び、子どもたちや地域の人から感謝される喜びがミックスされて、この活動を継続したい、次もがんばろうという思いになっている（モチベーションの変化）

【組織にもたらされた変化】

・社会志向の活動から得られる喜びをメンバー間で共有することで、さらなる一体感の醸成がはかられた
・JAからの認知がすすみ、協力体制が強化された

多くのメンバーにとって、子ども食堂は、自らの料理の腕前を披露したり、技術のスキルアップをする機会（学習①情報・知識・技術の習得）になった。そして、会場で子どもたちなどから「おいしいね」と声をかけられたり、地域の人びとが喜んでいる姿を間近にみることで「仲間とともに地域のために活動することは楽しい」「子ども食堂をやっていてよかった」という実感（学習②考え方の変化）を得ている。そうした「地域のためになにかしたいという気持ち、仲間とともに地域のために活動することの楽しさ、子どもたちや地域の人から感謝される喜び」がミックスされて、「この活動を継続したい」というモチベーションが発生している。

とくに注目したい点が、A氏のモチベーションの変化である。子ども食堂を発案した時点では、「JA女性部としての使命感」がA氏のモチベーションの多くを占めていた。ところが、実際に子ども食堂を開設し、会

場で自分たちの料理を喜んで食べる人びとの様子を目の当たりにしたり、食材を提供してくれる農家から感謝されることを通じて、「使命感」の要素に加えて、「やりがい・喜び」といった感情が、モチベーションを高める重要な要素へと変化している。さらに、メンバーが生き生きと活躍している姿をみることが、A氏やB氏というリーダー層の新たなモチベーションになっていることも特徴的である。

一方で、組織にも大きな変化がもたらされている。社会志向の活動から得られる喜びをメンバーで共有することで、さらなる一体感が醸成されたことに加え、子ども食堂の取り組みが多くのメディアなどで紹介されたために、合併後のJA高知県における活動への認知がすすみ、新たにJA出資生産法人からの定期的な食材提供が実現するなど、協力体制が強化された。

(5) コロナ禍対応期 (2020年6月~)

【背景】子ども食堂の活動は順調だったが、新型コロナウイルス感染症の影響を受け、バイキング方式の料理提供から、弁当の配布へと切り替え。取り組み当初は、大人は100円、子どもは無料で、250食を用意していたが、メンバー間で意見を交換するなかから、21年2月からは、大人200円、子ども無料、200食に変更

●A氏 (JA女性部大篠支部部長)
・コロナ禍でも活動を再開する方法を模索した結果、弁当のテイクアウト方式への転換を決定
・弁当のテイクアウトでも、地域の人びとに喜ばれていることやJAからの評価が伝わってきている (学習①情報・知識・技術の習得)
・せっかくここまで築いてきた活動なので、コロナが落ち着き、子ども食堂が再開できる日まで、弁当配布でつなぎたい (モチベーションの変化)
・メンバーが望む形で活動を継続したい (モチベーションの変化)

●B氏（JA女性部大篠支部副部長）
・弁当は配膳が大変だということは経験上知っていたので、専門性を生かして覚悟のうえで弁当配布にとりかかった（学習①情報・知識・技術の習得）
・250食を用意することは可能だが、ていねいな仕事はできない。数を減らしたほうがよいだろうと提案（学習②考え方の変化）
・弁当のテイクアウトになったことによるモチベーションの変化はないが、みんなで活動に取り組むことがなによりだいじだという思いが強まる（モチベーションの変化）

●その他のメンバー
・大人だけが会場に来て、安い値段（1食100円）で弁当を買って帰るのでは、子ども食堂といえないのではないか
・バイキング形式のときは、子ども食堂終了後に、メンバーみんなで残りの料理を楽しみながら、わいわいと意見交換ができたが、いまはそれもできない。ただ作り、後片付けをして帰るだけでは、作業員のようだ
・バイキングのときと違い、子どもたちが喜んでいる姿がじかにみえない。とくに調理を担当するメンバーは「作るだけ」になってしまう
・フィードバック（子どもたちが喜ぶ姿をじかに見る、ありがとうといわれる）と、コミュニケーション（仲間同士で反省会をする）がなくなり、モチベーションが低下し、目標を見失いがちになった（モチベーションの変化）

【組織にもたらされた変化】
・メンバーのモチベーション低下を補うために、組織内で協議を重ねた
⇩コロナ禍が収束するまで、活動が継続できる形を模索、実行

順調に展開してきた大篠子ども食堂であったが、コロナ禍でいったんは活動停止を余儀なくされた。料理の提供方式をバイキングから弁当に変更することで、活動を再開させたが、提供方法の変更によって、メンバーに如実なモチベーションの変化（低下）が起きた。バイキング形式のときには、子ども食堂の会場と調理場が一体化していたために、子どもたちなどが喜ぶ姿を間近にみることができ、参加者から「ありがとう」「おいしい」という言葉を直接聞くことができた。そして子ども食堂終了後には、メンバーで反省会を開き意見交換をするなど、メンバー間で十分なコミュニケーションがはかられていた。これらが、活動に参加したいという

メンバーの大きなモチベーションとなっていたのである。ところが、弁当形式となり、そうしたフィードバックとコミュニケーションの機会が失われたことで、活動が作業化し、多くのメンバーにおいてモチベーションの低下を招くことになった。また、バイキングに比べて作業工程が格段に増え、体力的に厳しくなったことも、モチベーションの低下に拍車をかけた。

ここで注目したいのは、A氏やB氏といったリーダー層とその他メンバーのモチベーションの変化の違いである。A氏やB氏には、バイキング形式から弁当配布へと提供方法が変わったことによるモチベーションの低下はみられない。それは、リーダー層は、自分自身の思いよりも、組織としての活動継続に重きを置いていることや、地域・JAなどからの評価を実感しやすい立場にあることが関係していると思われる。一方で、その他のメンバーは、地域からのフィードバックや仲間とのコミュニケーションの機会喪失のダメージを受けやすく、それがモチベーションの低下につながったと考えられる。

しかし、そうしたメンバーのモチベーションの低下が、A氏やB氏に「メンバーが望む形で活動を継続したい」「みんなで取り組むことがなによりだいじ」という新たなモチベーションの変化をもたらした。そこでメンバー間で協議を重ねた結果、一度に配布する弁当の数を250食から200食へと減らし、大人の価格を100円から200円へ引き上げるという解決策を考えるに至る。こうしてJA女性部大篠支部では、コロナ禍でも活動が継続できる方向性を自ら導きだし、新たな一歩を踏み出しているのである。

4. 考察――個人の楽しみの活動から社会志向の活動への展開プロセス

JA女性部大篠支部における、活動をとおしたメンバーの学習とモチベーションの変化、およびその結果として組織にもたらされた影響と活動の展開をまとめたのが**表8-1**である。ここからなにが読み取れるだろうか。４つの点に着目してみてみたい。

（１）個人と個人の間に相互作用が起きている

まず一つめは、メンバーが活動をとおして学習やモチベーションの変化を体験しており、個のそうした体験が、今度はお互いの学習やモチベーションの変化に結びつく、という相互作用を起こしているということである。

ＪＡ女性部大篠支部の活動展開におけるはじめの転機は、前部長やＡ氏らが、班単位だけでは活動の範囲や参加できるメンバーがかぎられることに気づいたこと（学習②考え方の変化）である。前部長やＡ氏らが、班活動がさかんな地区のＢ氏に、班横断的な支部としてのグループ活動を提案したことで、「二四六九女士会」が誕生した。その運営方法において、Ｂ氏は、参加者はお客様ではなくて仲間なのだから、なんらかの形で準備に参加してもらうことを思いついた（学習②考え方の変化）。その結果、その他のメンバーには、「人間関係の広がり」（学習①情報・知識・技術の習得）、「当事者意識の醸成」（学習②考え方の変化）、「一人でも参加できるようになった」（学習③行動の変化）という学習が発生し、「仲間とともにわいわい料理することの楽しさ」「自分にも役割があるという自信」というモチベーションの変化を得るに至っている。

これらのことから、個人の行動が学習につながり、学習が成功体験に結びついて、結果としてモチベーションの高まりが生じており、そのモチベーションが次の行動につながる、というサイクルの存在が確認できるだろう。加えて、その他のメンバーにおいて「仲間とともにわいわい料理することの楽しさ」がモチベーションを変化させていたように、お互いにモチベーションを高め合う「相互励起《そうごれいき》」現象も、このサイクルのなかで生じる場合がある。こうしたサイクルを模式化すれば**図８－１**のようになるだろう。

こうした相互作用が生じる集団であることが、ＪＡ女性組織の社会的存在意義の一つといえるのではないか。

表８－１　メンバーの学習およびモチベーションの変化と、組織への影響・活動の展開

時　期	Ａ　氏	作用	Ｂ　氏	作用	その他のメンバー	組織への影響	活動の変化
1．班活動中心期	・班活動の限界 ・班横断活動への気づき	← →	・前部長やＡ氏のアイデアへの賛同	←	（・班活動だと参加がかぎられる ・参加しづらい）	・班横断活動への流れ	「二四六九女士会」結成へ
2．班横断の「二四六九女士会」発足期	・班横断活動の有効性を実感 【モチベーション】 ・一体感が醸成されたことの喜び ・さらなる活動展開への希望	← →	（全員が役割をもつ運営方式を提案） 【モチベーション】 ・仕事とは違うはりあい ・一体感が醸成されたことの喜び	← →	・人間関係の広がり ・受け身から自主的参加へ ・当事者意識の醸成 【モチベーション】 ・仲間とともに料理することの楽しさ ・自分にも役割があるという自信	・活動参加率の増加 ・連帯感の醸成 ・「みんなでいっしょに取り組む」組織文化の醸成 ・自然な役割分担	「子ども食堂」への取り組み発案へ
3．「子ども食堂」発案・準備期	・地域の子どもの食が危ういことへのＪＡ女性部としての反省 ☞子ども食堂の提案 【モチベーション】 ・アンケートで賛同者が多数にのぼり、かならず実現させたいという気持ち	← →	【モチベーション】 ・Ａ氏を支えよう、みんなでやるなら協力しようという思いでアイデアへ賛同	← →	（食に乏しい児童の情報をＪＡ女性部で共有） 【モチベーション】 ・女士会で培った料理のスキルと「みんなで取り組む力」を地域のために役立てたい ・子どもが喜ぶ姿を実際にみてみたい	・楽しむ活動から社会志向の活動への流れ	「大篠子ども食堂」開設へ
4．「大篠子ども食堂」実践期	・多くの人が訪れてくれることで活動の意義を実感 ・食材を提供してくれる農家らとのつながり醸成 【モチベーション】 ・使命感から、やりがい、喜びにモチベーションが変化 ・メンバーが生き生きと活躍していることの喜び	← →	・メニュー作成責任者としての腕前発揮 【モチベーション】 ・地域の人びとからありがとうといわれることの喜び ・メンバーが生き生きと活躍していることの喜び	← →	・料理の腕前披露、料理技術のスキルアップ ・仲間とともに地域のために活動することは楽しい 【モチベーション】 ・地域のためになにかしたいという気持ち ・仲間とともに地域のために活動する喜び ・子どもたちや地域の人から感謝される喜び ・次もがんばろうという思い	・社会志向の活動から得られる喜びをメンバーで共有 ・さらなる一体感の醸成 ・ＪＡからの認知による協力体制の強化	コロナの影響で、バイキング方式から、弁当配布への切り替え
5．コロナ禍対応期	・活動継続のため、弁当のテイクアウト方式への転換を決定 【モチベーション】 ・コロナが落ち着き、子ども食堂が再開できる日まで、弁当配布でつなぎたい ・メンバーが望む形で活動を継続したい	← →	・専門家の立場から、弁当の数を減らしての継続を提案 【モチベーション】 ・みんなで活動に取り組むことがだいじ	←	【モチベーション】 ・フィードバックとコミュニケーション機会の喪失による、モチベーションの低下	・メンバーのモチベーション低下を補うため、組織内で協議を重ねる	・弁当の配布数と料金の見直しを行い、メンバーの負担感軽減。活動に継続性をもたせる

資料：ヒアリングをもとに筆者作成。

（2）メンバー間の相互作用は立場に関係なく発生する

二つめは、学習とモチベーションの変化における、そうしたメンバー間の相互作用は、役員かメンバーかといった立場には関係なく起こりうるということである。

子ども食堂に取り組むに当たり、A氏ら役員がJA女性部大篠支部の全メンバーに対してアンケートを実施したところ、多くのメンバーが「やりたい」という意思を示した。その理由は「女士会で得た、料理のスキルやみんなで一つのことをやり遂げる喜びを地域のために役立てたい」というモチベーションが、彼女たちに芽生えていたからである。そしてそのことが、今度は部長であるA氏の「子ども食堂をかならず実現させたい」という強いモチベーションの発生に結びついていた。

一方B氏は、子ども食堂の取り組みに対して当初は積極的ではなかったものの、A氏の強い意思やその他メンバーの前向きな希望に後押しされ、部長であるA氏を支えたい、みんなでやるなら協力したい、という新たなモチベーションを得るに至り、やがて子ども食堂運営の中心メンバーとなっていった。

このように、個と個の相互作用は、役員かメンバーかといったメンバーの立場に関係なく双方向性をもち、そこから新たなエネルギーが生みだされていた。

（3）メンバー間の相互作用が活動に社会志向への新展開をよぶ

三つめは、そうしたメンバー間の相互作用によって、活動に新たな社会志向への展開が訪れているという点

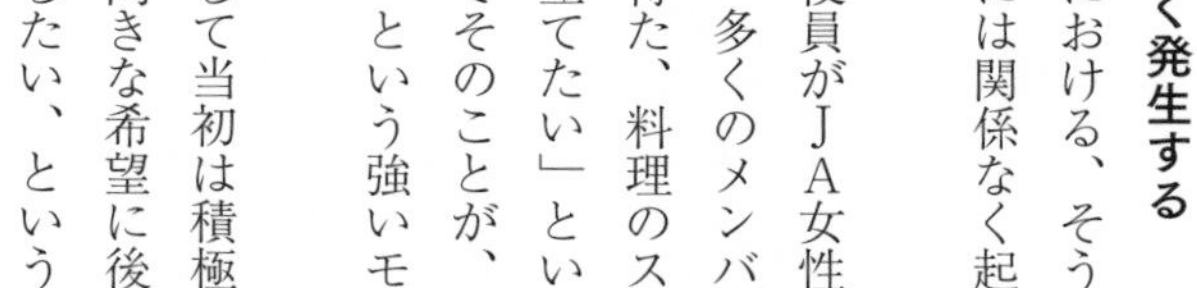

図８－１　個人の学習とモチベーションの変化との好循環

資料：伊丹・加護野（2003）の図16-5をもとに、一部修正して筆者作成。

である。

ＪＡ女性部大篠支部における活動の転機は、女士会の発足であった。これまで述べたように、女士会の活動をとおして、多くのメンバーがさまざまな学習を体験し、そこから「仲間とわいわい料理することの楽しさ」「自分にも役割があるという自信」というモチベーションの変化を得た。そうした学習とモチベーションの変化をメンバー間で共有するなかで、「みんなで取り組むという組織文化」や「連帯感」が培われていった。そしてそれらが、「子ども食堂」という、社会志向の活動を動かすエネルギーとなったのである。

つまり、こうした個人の学習とモチベーションの変化、それらの相互作用によって、活動における社会志向性が生まれていたといえる。

またモチベーションに着目すると、「外部からの認知」が活動の大きな原動力になることもヒアリングの結果からわかった。「子ども食堂」の取り組み開始時、Ａ氏における活動へのモチベーションは「ＪＡ女性部としての使命感」にあった。ところが、実際に子ども食堂を運営していくにつれ、当初感じていた使命感から、利用者から感謝されることの喜びへとモチベーションの源泉が変化したと、Ａ氏が語っていることは示唆《しさ》的である。

さらに、コロナ禍で料理の提供方法がバイキングから弁当配布へと変更を余儀なくされたさいに、多くのメンバーにおいて、モチベーションの低下がみられた。その主な理由は「子どもたちが喜ぶ姿をじかにみられなくなった」「ありがとうといわれる機会がなくなった」というものであり、このことからも外部からのフィードバックが活動へのモチベーションを大きく左右するということがわかるのではないか。

（４）社会志向の活動展開を後押しするために

これらのことから、ＪＡ女性組織における社会志向の活動展開を後押しするために必要なこととして、三つのことが示唆できるのではないか。

一つめは、メンバー一人ひとりへの着目である。個が活動から得る学習とモチベーションの変化の相互作用が、社会志向を強めた活動への新展開を生むのだとするならば、各人がそうした学習やモチベーションの変化を体験できるような、活動の組み立てが必要である。ＪＡ女性部大篠支部の例では、女士会の活動において、全員がなんらかの形で準備に参加できるような運営方法を取り入れていたり、子ども食堂への取り組みに当たっては、全メンバーにアンケートを実施し、参加の可否を尋ねるといったきめ細やかな対応を行っていた。こうした「全員参加」を前提とした運営上の工夫が、各メンバーにおける学習やモチベーションの変化を促し、活動に新たな展開を招いていたのである。

二つめは、外部からのフィードバックが活動の大きな原動力になることを視野に入れることである。ＪＡ女性組織は情報発信が弱い場合が多い。すばらしい取り組みをしていても、そのことに、当の本人たちが気づいていないことすらある。そうならないためには、自ら発信力を高め、外部からより多くの反応が得られるよう工夫することも必要である。ＪＡ女性部大篠支部では、コロナ禍という自分たちの力では抗えない原因により、外部からの目にみえたフィードバックが制限され、メンバーのモチベーション低下が起きてしまった。しかし、メンバー内で丹念な意見交換を行い、一人ひとりが納得できる活動の形を模索することで、子ども食堂の継続を実現させていた。こうした修正能力も、活動をとおして組織に備わったものであろう。

三つめが、ＪＡによるバックアップの方法である。ＪＡ女性部大篠支部の場合、ＪＡサイドでは、子ども食堂の取り組みを、ＪＡ女性部の主体的な活動として見守るというスタンスをとる一方で、会場の貸し出しや光熱費の負担、事務局員の派遣、広報や一部食材の提供など、ＪＡ女性部だけでは足りない部分を補う形での後押しを行っている。そうしたＪＡによるほどよい距離感の下支えが、ＪＡ女性部大篠支部の自主性を損なうことを防ぎ、子ども食堂という社会志向の活動の定着という実が結ばれたといえるのではないだろうか。

おわりに ――ＪＡや地域に与えたインパクトと女性の地位向上

最後にＪＡ女性部大篠支部の活動がＪＡや地域に与えた影響について、とくに子ども食堂の取り組みを中心に触れてみたい。

まずはＪＡに与えた影響として、地域住民とＪＡの距離が格段に縮まったことが挙げられる。すでに述べたように、大篠子ども食堂の会場は、ＪＡ支所の2階にある調理室兼会議室である。コロナ禍を受け弁当提供に切り替わってからも、ＪＡ支所が弁当の配布場所となっていることに変わりはない。ふだんは組合員でさえ立ち入ることがかぎられるＪＡ支所内に、月に一度多くの地域住民が集うことで、地域の人びとがＪＡを身近に感じるきっかけになった。筆者が大篠子ども食堂の取材を行った折にも、参加者から「ＪＡがこんなによい取り組みをしていることをはじめて知った」「ＪＡ女性部がやっている子ども食堂だから安心感がある」という言葉が聞かれた。女士会から発展した大篠子ども食堂の取り組みが、地域とＪＡを結ぶ橋渡しとなっていることはまちがいない。地域におけるＪＡの存在価値が問われるなか、ＪＡ女性部大篠支部が果たしている役割は思いのほか大きいといえる。

このことは、地域におけるインパクトの強さも物語っている。「大篠子ども食堂は自分たち地域住民にとって、とてもたいせつな場所。活動が継続するよう応援していきたい」というのは、子ども食堂に訪れていた非農家の男性の言葉である。大篠子ども食堂は、子どもだけでなく、地域に暮らすすべての人にとっての新しい「居場所」となっているようだ。

また、この活動は、地域の農家にとっても意義あるものとなっている。市の広報誌で子ども食堂の存在を知り、初回から継続してダイコンなどの野菜を提供しているＪＡ組合員の男性は、自分が納品した野菜を子どもたちがおいしそうに食べる姿をみるのが楽しみで、毎回子ども食堂の会場に顔を出している。この方は、これから成長していく子どもたちのために、なるべく農薬を使わない農法で大根を育てているそうだ。最近では、他地域の農家から野菜などの寄付を受けることも増えた。そうした農家からは「この地域には子ども食堂の活動があってうらやましい」といわれるという。

大篠子ども食堂の成功が、JAからの協力体制の強化や、JAにおける女性の地位向上に結びついたことも特記すべきことである。大篠子ども食堂が、取り組み開始から2年あまりで、高知県一大きな子ども食堂に成長したことはすでに述べたが、活動の定着化と並行するように、多くのメディアなどで取り上げられるようになり、JA高知県内でJA女性部大篠支部の活動が広く認知されるようになった。その結果、JAの仲介で、JA出資生産法人からの定期的な野菜の提供が実現するなど、協力体制が強化されることとなった。また、JA内で「女性の活躍を推進しよう」という動きが高まり、JA女性部大篠支部の部長であるA氏が、JA高知県大篠地区運営委員会の副委員長に任命されることになったという。これにより、運営委員会における発言権が高まり、当地区における女性進出の基盤が築かれた。

このように、JA女性部大篠支部の活動は、JAや地域に大きなインパクトを与えると同時に、JAにおける女性の地位向上にまで到達しているのである。

しかし、ここで忘れてはならないのは、こうした展開を実現させたのは、活動を連綿と続けてきたメンバー一人ひとりの学習とモチベーションの結集があったからに他ならない、ということだ。いいかえれば、そうした個々の女性たちの心に注目をすることが、こうした展開への第一歩だということである。JA女性組織は、他のだれでもない、そこに集う女性たちのためにあるのだという基本に立ち返ることが、まずは必要ではないかと考える。

（小川理恵）

【注】

⑴ その詳しい実態については、小川（２０１４）を参照されたい。

⑵ 本書では「ＪＡ女性組織」と統一して表記しているが、ＪＡ高知県は「女性部」であるため、当該女性部については、「女性部」と表記することとする。

⑶ サトウ・渡邊（２０１１）、１６８～１６９頁。

⑷ 高知県は高齢化率が高い一方で、若者や子どもへの貧困対策へのニーズも高い地域である。そこで高知県では、保護者の孤立感や負担感を軽減し、地域における見守りの場としての機能が期待されるとして、子ども食堂をその結集軸に位置づけたうえで、子ども食堂の検討・立ち上げ段階への支援、および活動の継続・充実への支援を、高知県社会福祉協議会に委託して実施している。また「子ども食堂支援事業費補助金」も設けており、子ども食堂の取り組みに対して、実務面・金銭面の両面から手厚い支援を展開している。

【参考文献】

(Ⅰ) 伊丹敬之・加護野忠男『ゼミナール経営学入門』（第3版）日本経済新聞出版社、２００３年。

(Ⅱ) サトウタツヤ・渡邊芳之『心理学・入門』有斐閣、２０１１年。

(Ⅲ) 鈴木竜太・服部泰宏『組織行動』有斐閣、２０１９年。

(Ⅳ) 稲葉祐之・井上達彦・鈴木竜太・山下勝『キャリアで語る経営組織～個人の論理と組織の論理』有斐閣、２０１０年。

(Ⅴ) 窪田理佳「地域につなごう！　女性部は宝箱」（２０２０年2月第62回全国家の光大会「記事活用の部・体験発表」）。

(Ⅵ) 奥田祥子『「女性活躍」に翻弄される人びと』光文社、２０１８年。

(Ⅶ) 小川理恵『魅力ある地域を興す女性たち』農山漁村文化協会、２０１４年。

第9章 今日的なＪＡ女性組織のありかた
―未来に向けたグランドデザイン―

【要旨】

本章は、本書全体の「総括と提言」を行うことを目的に、「ＪＡ女性組織の未来に向けたグランドデザイン」を描こうとしている。

第一に、協同組合原則、ＪＡ綱領、ＪＡ女性組織綱領の読み直しをとおして、「だれのための女性組織か」を論じた。そこでは、自分のため、家族のため、仲間のためのＪＡ女性組織ではあるが、同時に、見知らぬ他者のための女性組織でなければならないことを強調している。

第二に、第2章から第8章までの主要な論点を、「〝躍動〟するＪＡ女性組織となるために」という観点から整理し、提示した。

第三に、「ＪＡ女性組織の未来に向けたグランドデザイン」の全貌を描くために、「内に閉じられた共同性」を母胎とする「外に開かれた公共性」の展開、「フィデュシアリーの原則」に基づくＪＡ組合員組織の再設計、女性組織から地域社会保全組織への転換、生協婦人組織の発展的解消、地域社会保全組織の設置による組合員の活動の再設計、コアとマスの区別による組合員の役割分担・連携などを論じた。

第四に、「プラットフォーマー」としてのＪＡとＪＡ女性組織を念頭に置いて、三つの残された（研究上の）課題を提示した。

1．だれのためのJA女性組織か

JA女性組織綱領を読み直す

現行の「JA女性組織綱領」は、JA女性組織の「目的」を表しているということはすでに第1章で述べた。「だれのためのJA女性組織か」を論じる場合も、このJA女性組織綱領から出発することが適当である。

JA女性組織綱領（第2章**表2－8**）は三つの文章（宣言文）によって構成されているが、その主語はいずれも「わたしたち」である。『JA女性手帳』の説明によれば、主語の「わたしたち」は、「『わたし』一人だけでなく、一体感をもてる仲間をつくろう、その仲間とともに目的を共有しようということ」を表しているとされる。「わたし」のもつ課題をみんなのものにしよう、という運動論がその基礎をなしている。

また、三つの宣言文の一つめには「女性の権利」という表現が出てくるが、「これは、個人としての尊厳、『わたし』が基本となります」という説明が付されている。個人の尊厳、すなわち「基本的人権」の尊重をJA女性組織の運動の基礎に据えていることを表している。

宣言文の二つめには「JA運動」という表現が出てくるが、「これは、JAという〝協同組合〟の『仲間』のあり方にかかわります」という説明が付されている。JAという協同組合の仲間のありかたがなにを指しているのかははっきりしないが、おそらく、男性中心のJA運動にチャレンジし、男女同権のJA運動を実現しようという女性の意思を表しているものと思われる。

最後の三つめには「住みよい地域社会づくり」という表現が出てくるが、「ここには、女性、JAだけでなく、地域の住民すべてが含まれています」という説明が付されている。地域に開かれたJA女性組織という意味がある。

こうした説明を行ったうえで、以上を要約して、「JA女性組織綱領は、『わたし』から始まり、JAを軸にした『仲間』、さらに『地域』へと活動範囲を広げていくことを示しています」と述べている。

この「わたし」から始まり、「仲間」「地域」へと順次活動範囲を広げていくという提案は、論理的であると同時に説得的である。じつは、これを読んでいて、ふと思い出したことがある。この「JA女性組織綱領」が制定されたのは1995年であるが、これに先立って90年度からスタートした「全農婦協燦燦《さんさん》計画」のことである。

美空ひばりのヒット曲〝愛燦燦〟（作詞・作曲小椋佳）が発売されたのは86年であったから、〝燦燦〟という言葉をこの曲から拝借したことは明らかであろう。しかし、それだけにとどまらず、燦燦とは「3つの柱、3つのとりくみ段階、全国の仲間でとりくむ3つの課題」という〝333〟の語呂合わせでもあった。[1] また、英語では〝Sun Sun Plan〟と記されている。

「3つの柱」は「つくろう」「まもろう」「つかもう」、「3つのとりくみ段階」は「わたし」「なかま」「ちいき」、「3つの課題」は「安全、良質な農産物をつくろう」「高齢者の快適な暮らしを支えるために、できることからとりくもう」「組合加入し、農協運動における『参政権』を持とう」からなっている。

いずれの提案もわかりやすく、現在でも十分に通用する活動方針になっているが、そのなかで「わたし」「なかま」「ちいき」については、次のような説明が付されている。

「わたし」……部員一人一人の主体的な発想をあくまでも基本とし、そこを活動の出発点としよう。

「なかま」……同じ思いの部員が集まったなかま、一人でできないことを共同の力でやるなかまなど、身近なグループ、班などの活動を重視しよう。

「ちいき」……なかまの中での十分な活動の積み重ね、成果を地域の中へ広げ、他団体とも手をつなぎながら地域づくりを担おう。

ところで、ここでいう「わたし」「なかま」「ちいき」の活動とはどのようなことを指しているのであろうか。

そのことを具体的に示してくれているのが、第1章でも紹介した大金義昭氏である。(2)

その著書『楽しいＪＡ女性組織』の１３６～１３７頁で、非常にたくさんの（女性組織の）活動や事業を、「生活・文化」「生産・販売」「組織強化・地位向上」の区分のもと、「わたし」→「なかま」→「ちいき」のスペクトラムのなかのいずれかに位置づけている。

この図をみれば、「なに」をすることが「だれ」の役に立つ活動・事業なのか、一目瞭然《いちもくりょうぜん》である。ＪＡ女性組織の活動や事業の「羅針盤」の役割を果たしている。この図をメンバー全員参加による組織討論の一助として活用することをおすすめしたい。

Think Globally, Act Locally ――地球規模で考え、地域規模で行動せよ

協同組合は組合員の共益組織である。その共益組織が、組合員の利益だけではなく、地域の普遍的利益の充足をはかることを、世界の協同組合が宣言したのはそれほど古いことではない。現行のＪＡ女性組織綱領・五原則が制定された１９９５年、ちょうどその年に改定されたＩＣＡ（国際協同組合同盟）の協同組合原則の第7原則「地域社会への関与」（Concern for Community）が最初であった。

ただし、それは最終の到達時点を表しているにすぎない。第7原則のそもそもの生みの親は、Ａ・Ｆ・レイドロー『西暦２０００年における協同組合』に求められる。この文書は80年のＩＣＡモスクワ大会で提案され、承認された。

そのなかで、レイドロー氏を代表者とする提案グループは、協同組合が取り組むべき四つの優先分野の一つに「協同組合地域社会の建設」を掲げたが、これがそもそもの始まりである。彼らは「協同組合地域社会の建設」を物的（ものづくり的）な〝まちづくり〟〝むらづくり〟と捉えていたわけではない。地域社会の「保全者」たるべきことを求めていた。

「保全者」という表現はわかりにくいが、その意味するところは、協同組合がたんに民間企業と競争するのではなく、その地域に暮らす人びとの「いのちとくらし」を守ることを第一の使命とし、さまざまな地域の課題（困りごと）に関与していくことで、それまでの共益組織とは違ったユニークな事業体へと転換すべきことを提案したのである。

いわば、国家（政府セクター）でもなく、企業（市場セクター）でもない、意思を同じくする人びとが自発的に集まってつくる協同組合（非営利・協同セクター）が、地域社会の保全者となるべきことを提案したのである。あるいはまた、国家という官僚主義的な組織でもなく、企業という営利主義的な組織でもない、協同組合という人間主義的な組織による〝市民的公共性〟の獲得を提案したのである。

まさにそういった人間主義的な発想に基づいてＩＣＡ協同組合原則がつくられ、ＪＡ綱領（94年第20回ＪＡ全国大会で決議され、97年第21回ＪＡ全国大会で正式決定）がつくられ、ＪＡ女性組織綱領（95年改定）がつくられた。この流れを踏まえれば、ＩＣＡ協同組合原則、ＪＡ綱領、ＪＡ女性組織綱領の根本（目指すもの）は別個ではなく同じものである。そのことをまず確認しておきたい。

次に、「保全者」という言葉の意味についてであるが、保全者とは、万物を創造した（絶対）神から、その万物にかかる管理、運営を信託（委託）された者という意味をもっている。英語ではフィデュシアリー（fiduciary）と呼ばれるが、フィデュシアリーに選任された者は、神から信託されたものを責任をもって管理、運営していく責務がある。例えば、「地域社会」のフィデュシアリーとしての協同組合は、その地域に暮らす人びとの「いのちとくらし」を守る責務があるとみなされるのである。(3)

フィデュシアリーはだれでもよいというわけではない。宇沢弘文氏は、その著書『社会的共通資本』のなかで、「社会的共通資本」を「一つの国ないし特定の地域に住むすべての人々が、ゆたかな経済生活を営み、すぐれた文化を展開し、人間的に魅力ある社会を持続的、安定的に維持することを可能にするような社会的装置」

と定義し、自然環境、社会的インフラストラクチャー、制度資本の三つからなると指摘した(4)。自然環境は「土地、大気、土壌、水、森林、河川、海洋など」、社会的インフラストラクチャーは「道路、上下水道、公共的な交通機関、電力、通信施設など」、制度資本は「教育、医療、金融、司法、行政など」であるが、これらの社会的共通資本は、それぞれの分野における職業的専門家によって、専門的知見に基づき、職業的規律にしたがって管理、運営されるべきであるとした。

この社会的共通資本（フィデュシアリーによる管理、運営）の考えにしたがえば、農業協同組合は、「移動しない資源としての土地」を基軸に大気、土壌、水、森林、河川などの自然資源を責任をもって利用、保全することを「召命《しょうめい》」（神からの呼びかけ＝ドイツ語でBeruf、英語でcalling、「天職」「職業」とも訳される）とする協同組織である。農業協同組合とその構成員は、土地をはじめとする自然資源を、職業的専門家として、専門的知見に基づいて、職業的規律にしたがって管理、運営していかなければならない。無駄遣いしたり、粗末に扱ったりしてはいけない。協同して適正に管理することが使命である。

このとき、国民食料の供給、持続的農業の展開、家族農業の保全、地域社会の保全などは、「移動しない資源としての土地」（自然環境）を適正に利用、保全することの系（関連するもの）として理解される。

実際に、あるＪＡが行う社会的共通資本の管理、運営の地理的範囲はかぎられている。しかし、そこで行われる管理、運営は、万物の創造者たる（絶対）神からの召命であって、その行為の良し悪しは地球的規模で影響を及ぼす。どこかで誤りを起こせば、地球全体が悪影響を受ける。

土地問題にせよ、貧困問題（経済的不平等）にせよ、環境問題にせよ、同じことがいえるが、この種の市民的公共性の意義が問われるという点において、ＪＡならびにＪＡ女性組織が行う活動や事業は、“Think Globally, Act Locally.”（地球規模で考え、地域規模で行動せよ）の精神の保持が求められる。志は大きく、しかしその活動や事業は地域的に行う。これが鉄則である。宇沢氏の「社会的共通資本」の概念に基づいてＪＡ

のすすむべき道をいち早く提唱したのは、農林中金総合研究所の原弘平氏である。(5)

「楽しい活動」から「役立つ活動」へ

この「召命」の責務を果たすうえで、ＪＡおよびＪＡ女性組織において相互扶助（助けあい）がどのように理解され、どのように実践されているのかを考えてみよう。この場合の主要な論点は、ふだんなにげなく使っている「地域」あるいは「地域社会」という用語を、どのような人と人とのつながりで、あるいはどのような関係性で捉えるのが適当かという問題に集約される。

じつは、相互扶助には二種類ある。すでに第1章でその一端を説明したが、「内に閉じられた共同性」と「外に開かれた公共性」の二種類である。両者の違いを理解する場合の重要な概念は、相互扶助の対象となる「他者」である。(6)

個人＝「わたし」を中心に考えると、家族をはじめ、仲間、近隣・同朋たちは「身近な他者」である。職場の同僚たちも「身近な他者」になるかもしれない。こうした身近な他者とのあいだで、お互いに「善業を積む」行為が「内に閉じられた共同性」における相互扶助の姿となる。

これは、鎌倉新仏教（浄土宗、日蓮宗、禅宗など）が在家信者たちに広めた易行《いぎょう》化のもとで、善因善果《ぜんいんぜんか》（善因楽果《らっか》）、悪因悪果《あくいんあっか》（悪因苦果《くか》）という因果《いんが》系列から逃れられないことを知った農民たちが、「煩悩」を払い、「悟り」を開くために念仏や座禅などの比較的簡易な修行を行うことによって、「善業《ぜんごう》」（日常生活における精進、善行、功徳）に励んだことに始まる。(7)

日々の職業的生活を究める姿を「職業的求道心」と呼ぶが、農民たちは日々の農作業やものづくりに真摯《しんし》に向き合うことで求道心を高めていった。このとき、農民たちの労働は人格と一体のものとみなされ、その人の行う労働（善行）をとおして身近な他者による人格評定がなされた。その場合の基本道徳は、正直、勤勉、倹約に置かれた。

善因善果、悪因悪果の因果系列は、親鸞《しんらん》、蓮如《れんにょ》らによる浄土真宗では「因縁果《いんねんか》」の道理として、農民たちのあいだに広まっていった。「因」があって「果」が生まれるが、そのあいだにはかならず「縁」がからむというものである。善い「因」が善い「果」を生み、悪い「因」が悪い「果」を生むが、そこにはかならず「縁」が介在するというのである。例えば、よい種もみがあって、よい米が収穫されるが、その生長過程での土、水、日光、空気、温度、労力などの良し悪しが、米の品質や量の良し悪しを決める。農民の勤勉性はこうした因縁果の道理のなかで育まれていったのである。(8)

次に「外に開かれた公共性」の他者についてである。この場合の他者は、個人＝「わたし」からみれば、見知らぬ人として認識される「異質な他者」である。この「異質な他者」とは（絶対）神の被造物たる全人類を意味するが、その場合の視野というか、認識する範囲は、地域的規模で考えるか、世界的規模で考えるか、地球的規模で考えるかによって違ってくる。

見知らぬ人ではあるが、立場の違いやおかれた境遇が容易に理解できる異質な他者もいれば、人種や宗教、国家の体制が異なるために、コミュニケーションのとりにくい異質な他者もいる。現世ではなく、来世を生きる子どもたちも異質な他者である。現世と来世とのあいだを取り結ぶものは、資源制約とか地球環境とかの問題となる。

（絶対）神の前では「人はみな平等」というキリスト教の教えのもと、こうした異質な他者への保護・救済の行動は、一人ひとりの人間が（絶対）神と向き合うなかで、なにをなすことが異質な他者に「役立つ」ことになるのかを問うことによって実行に移される。異質な他者への施しは、いつしか異質な他者からの施しとなって戻ってくる。F・W・ライファイゼンの「一人は万人のために、万人は一人のために」という格言に通じるところがあるが、これが「外に開かれた公共性」における相互扶助の姿となる。

例えば、ＪＡ女性組織の活動において、わたしにとって「楽しい」ことだけをやっていればそれでよい、あるいは仲間と「楽しい」ことだけやっていればそれでよい、さらには、付き合いのある地域の人たちと「楽しい」ことだけをやっていればそれでよい、という考えでは、その活動はまさに「内に閉じられた共同性」の行為になってしまう。ＪＡ綱領やＪＡ女性組織綱領を踏まえれば、見知らぬ人ではあっても、困っている人がいれば、その人へ手を差し伸べるという「外に開かれた公共性」の行為へと拡張する必要がある。「楽しい」活動をベースとしながらも、そこに見知らぬ他者に「役立つ」という新たな要素をつけ加える。これが鉄則である。

例えば協同組合原則の第7原則「地域社会への関与」についていえば、「生きる」うえで厳しい境遇におかれている人たちに喜ばれ、役立つ活動とはどのようなものか、メンバーの熟議による実行が求められる。すでに高齢者福祉、障がい者福祉、子ども福祉などの分野で数多くの実績を積んでいるＪＡ女性組織ではあるが、構成するすべての活動グループ（「班」を含む）において、この種の市民的公共性への志向を高めていくことが求められる。また、それを着実に実行していくことがＪＡ女性組織、ひいてはＪＡの社会的価値（存在意義）を高めることにもつながる。

「内に閉じられた共同性」を母胎とする「外に開かれた公共性」への展開は、これをむずかしいと考える特別の理由は存在しない。例えば、女性の尊厳を脅かすような動きに対する抗議活動の展開でもよいし、社会的目的の募金活動、寄付活動への参加でもよいし、地域の高齢者や子どもたちを対象とする趣味・文化・スポーツ活動にかかる成果発表会の開催でもよい。ＪＡまつりでの模擬店の出店でもよいだろう。自分たちからみて、見知らぬ他者に対して「なにができるか」、これをみんなで考えることから始めてほしい。

2. 〝躍動〟するＪＡ女性組織となるために

「非営利組織といえども、成果をあげるにはプランが必要である。プランはミッションからスタートする。ミッションからスタートしなければいかなる成果もあげられない」。これは有名なＰ・Ｆ・ドラッカー『非営利組織の経営』（121頁）からの引用である。

私が本書（第1章と本章）で述べてきたことは、このミッションに関わることが大半である。正直にいって、ＪＡ、そしてＪＡ女性組織には明文化された「すばらしいミッション」がある。けれども、多くの場合、それを活用してこなかった、学ぼうとしてこなかった。これが現実ではないだろうか。

こうした現実があるなかで、第2章から第8章までの各章はＪＡ女性組織のよいところを一つでも多く発掘し、そこから今後の方向性を引き出そうとする意図のもとで執筆されている。いわば〝躍動〟するＪＡ女性組織となるための諸条件を明らかにしようとしている。ここでそのすべてを紹介する余裕はないが、以下では各章のハイライトを紹介したいと思う。

ＪＡ女性組織の「過去・現在・未来」を知ろう

第2章「ＪＡ女性組織の展開過程」のハイライトは、ＪＡ女性組織の歴史を「確立期」「拡充強化期」「再構築期」「模索期」の四期に分けて、通史的な研究を行っていることにある。同時に、メンバー数の減少を農家女性の世代論として展開していることにも注目すべきである。

また、60年代に始まる若妻の組織化や90年代以降の活性化策として導入された目的別活動グループの育成など、今日的な組織強化につながる取り組みを丹念に解きほぐしていることも注目に値する。

もう一つの見逃せない論点がある。それは、注⑾において、55年の第3回全国農業協同組合大会では、青年

・婦人組織だけではなく部落組織も農協の「協力組織」に含まれていたが、その1年後の全国農協大会では、この枠組みが変更され、部落組織が協力組織から外れたと述べていることである。この1年間に系統農協でどのような議論が交わされたのかは不明であるが、その後に大きな影響を及ぼす変更ではあった。

私は、第1章第3節の終わりで、「JA運営において、基礎組織（集落組織）を青年・女性組織との比較において相対化していく努力が必要である」と述べたが、かつては集落組織も青年・女性組織と同じように協力組織として位置づけられていたのである。このことは、JA女性組織ならびにJA組合員組織のありかたを考える場合の基本的な視点を提供している。西井氏が「おわりに――未来に向けたグランドデザインを」で述べている問題提起を受けて、編者としての見解を述べる必要があるが、これについては節をあらためて論じたい。

「JA教育文化活動」を全面展開しよう

JA教育文化活動がJA運動の基本をなすことは、戦前の産業組合の時代からの歴史的事実であるが、このことはJA女性組織の運動にも等しく当てはまる。いうまでもないが、家の光協会（の諸事業）は、JA組合員組織の育成にかかる有力な〝インターミディアリー〟（「中間支援組織」＝非営利組織のための支援組織）の一つである。(9)

第3章「JA女性組織とJA教育文化活動」のハイライトは、JA女性組織の先進事例を数多く紹介するとともに、今後の活性化方向を具体的に提案していることにある。JA女性組織の「強み」として「食と農をテーマとした活動」があることを指摘し、農産物の直売・加工活動、子どもたちを対象とした食農教育、消費者（大人）を対象とした食農教育、都会と農村の相互交流活動、地域の食文化・食生活の継承活動、の諸活動を組み合わせる（コラボレーションする）ことを提案している。これらの諸活動が「鎖《くさり》」のようにつながった〝活動連鎖〟に、ＪＡ女性組織の未来を託している。

また、最後の「おわりに」において、20年以上前の「ＪＡ全中会長・中家徹氏の言葉」を紹介していることも注目に値する。中家氏は「ＪＡは、女性・子ども・地域住民をたいせつにしていかなければ生き残れないだろう。（中略）ＪＡ教育文化活動は有機質の肥料、すなわち『堆肥』である」と論じている。この〝堆肥論〟は関係者のあいだでは〝珠玉の言葉〟として広く知られている。

同時に、注意すべきこととして、中家氏は「ＪＡは、女性をたいせつにしなければなりません」とは述べたが、「女性組織をたいせつにしなければなりません」とは述べていないことが挙げられる。「女性」と「女性組織」は方向性としては同じかもしれないが、そこに微妙な違いがあることも事実であり、注意が必要ではないか。

ＪＡ女性組織メンバーの〝能動性〟を高めよう

ＪＡ女性組織メンバーの〝能動性〟とは、言葉を換えれば、メンバーの〝当事者意識の高まり〟を表している。第4章「世代別にみたＪＡ女性組織メンバーの意識・参加の態様」のハイライトは、この当事者意識の高まりをアンケート調査によって定量的に明らかにしたことにある。

統計分析では、この点について、組織に対する「魅力」、メンバーの一員としての「自覚」の二つを組み合わせて、メンバーを「ポジティブ」「フレンドリー」「ネガティブ」の三タイプに区分した。魅力なし・自覚なし（ネガティブ）、魅力あり・自覚なし（フレンドリー）、魅力あり・自覚あり（ポジティブ）という区分のもと、各タイプの属性や活動参加の態様を明らかにしている。

全体では、ポジティブ、フレンドリー、ネガティブの構成割合は2：6：2であるが、それが、フレッシュ世代では1：7：2、ミドル世代とシニア世代では2：6：2、シルバー世代では2：7：1となっている（いずれも概数）。この結果を踏まえれば、フレッシュ世代にはポジティブが少なく、ミドル世代とシニア世代は平均的であり、シルバー世代にはポジティブが多いと結論づけられる。

同時に、その全体像を示す**表4-12**では、ネガティブからフレンドリーへのステップアップには、フレッシュ・ミドル世代では「仲間づくり」、シニア世代では「旅行・観劇」「健康」「趣味」、シルバー世代では「学び」が効果的であること、またフレンドリーからポジティブへのステップアップには、フレッシュ・ミドル世代では「仲間づくり」「学び」、シニア世代では「仲間づくり」「学び」「地域づくり」、シルバー世代では「健康」「共同購入」「運営参画」が効果的であることを指摘している。

この分析結果は、もし新たな組織化の照準を若い女性に合わせるならば、「仲間づくり」と「学び」がキーポイントになることを教えている。第1章第1節でもフレッシュミズ層には「おしゃべりサロン」がキーポイントになると述べたが、同じような結果が得られていることになる。

目的別組織の育成・確保をはかろう

ＪＡ女性組織の活動単位には、地縁的活動単位、世代（年齢）別活動単位、目的別活動単位の三つがあるが、今日的な組織デザインの方向性は目的別活動単位、すなわち目的別組織の育成・確保に置かれている。

第5章「ＪＡ女性組織の組織構造」のハイライトは、目的別組織の育成・確保による組織構造の変更可能性について、地縁的活動単位が維持されているＪＡ松本ハイランド（長野県）と、それが後退しているＪＡ東びわこ（滋賀県）の比較分析を試みていることにある。

注目すべき事実として、ＪＡ東びわこでは、全体の部員数維持の優先順位を下げて、主体性の高いメンバーによる自主的運営の促進に注力したことがあげられる。その小括《しょうかつ》では「組織の規模の維持から質的充実へという考え方の転換は、今後のＪＡ女性組織における一つの基本方向となるものではないだろうか」と結んでいる。

主体性の高いメンバーの結集をはかることとメンバー数の維持・拡大をはかることは、もちろんその両者を同時達成することが望ましいが、いうほどには簡単なことではない。ＪＡ東びわこの事例からもわかるように、一般にはトレードオフの関係にあるとみるのが妥当であろう。

それにもかかわらず、私の考えでは、その両者を同時達成する方法がないとはいえない。メンバー数の維持・拡大をはかりながらも、同時に主体性の高いメンバーを意識的に育てていくという方法がそれである。その詳細は次節で述べることになるが、生協の組合員組織の育成方法をみると、「コアとマス」の区別をつけて、そのうちのコア、すなわち参加参画の意欲の高いメンバーに経営資源（ヒト・モノ・カネ・情報）を集中的に投下するという方法がとられている。

「コアとマス」の区別をつけないまま、平等に組合員（またはメンバー）に接するのは、じつは組合員（またはメンバー）に対してなにもしていないことに通じるのではないか。そんな問題意識をもっている。

「事務局依存」からの脱却を促すための事務局行動

ＪＡ女性組織５原則では「自主的に運営する組織です」とうたわれている。しかし、その実態は「事務局依存」の状態から脱し切れていない事例が多い。第６章「ＪＡ女性組織事務局の支援行動」のハイライトは、この事務局依存からの脱却を促すための事務局行動を、「活動の魅力を高める働きかけ」と「自主性を引き出す働きかけ」の二つに区分して、その詳細を明らかにしていることにある。事例として取り上げたのは、ＪＡ女性組織にとどまらず、ＪＡ運営全体のベンチマークとして名高いＪＡ松本ハイランド（長野県）である。

支部事務局の〝ふれあい活動担当〟がどのようなことに配慮してメンバーに接しているのか、このことをヒアリング調査によって明らかにしている。機微にあふれるコミュニケーションの実態が、リアリティをもって語られており、教えられることが多かった。

同時に、メンバーとのコミュニケーションのなかで「協同組合理念」を語り合う場面がないことも印象に残った。この点については、同ＪＡの組合員文化広報課の課長が述べているように、長野県農協中央会が実施する「くらしの活動相談員」「くらしの活動専門員」の資格認証の研修では「料理、ファシリテーションスキル、協同組合論など」を受講する機会があるが、それ以外では事務局の研修が実施できておらず、とくに「協同組合理念」の研修が不足している、という職員教育の実態とも関係しているのではないだろうか。

メンバーの「自主性」を引き出すうえで、事務局担当者が協同組合理念やＪＡ理念、さらにはＪＡ女性組織の理念を学ぶことの意義はきわめて大きい。この点を踏まえれば、職員教育における「理念教育の充実」は焦《しょう》眉《び》の急といってよいのではないか。

女性組織リーダーに求められる「思いやり行動」

第７章「ＪＡ女性組織を牽引するリーダーシップ」のハイライトは、経営学の「ＰＭ理論」を援用して、女性組織リーダーに求められる行動とはどのようなものかを明らかにしたことにある。

ＰＭ理論によれば、リーダーの行動には、Ｐ行動（課題に直結した行動）とＭ行動（思いやり行動）があるが、今回の調査結果は、変化や決断の局面ではしっかりとＰ行動をとるが、上下関係を強調しかねない場面では、表現方法に工夫をこらすなどのＭ行動をとり、女性組織を円滑に運営し、活動を活発化させているという実態があることを示している。いわば、Ｍが高く、Ｐが低い「Ｍｐ型リーダーシップ」がその基本をなしている。

同時に、ＪＡ女性組織における役員の育成・確保に当たっては、「Ｍｐ型リーダーシップ」を発揮するための学習機会の創出、役員の負担の軽減、女性組織事務局による支えや後押し、などが重要であると指摘している。

執筆者の小川理恵氏が認めているように、今回は三人の女性リーダーたちの調査結果であり、例えば小川氏の著書『魅力ある地域を興す女性たち』で登場した女性リーダーたちも調査対象に加えた場合に、同じような結論が維持されるのかどうかは今後の検証課題である。(10)

「学び」と「モチベーション」のメンバー間の相互作用による組織活性化

もともと集落（班）ごとの活動を行っていたＪＡ高知県女性部大篠《おおしの》支部（旧ＪＡ南国市管内）が、班横断的な目的別活動グループ「二四六九女士会《にしむくじょしかい》」を発足させ、支所の裏手にある大篠小学校の児童とその保護者をはじめ、広く地域住民を対象とするバイキング方式の「大篠子ども食堂」を開設し、これを県下最大規模の「子ども食堂」に発展させた。

第8章「メンバーの『学び』と『モチベーションの変化』によるＪＡ女性組織活動の新たな展開」のハイライトは、この「大篠子ども食堂」を対象として、グループとしての当事者意識の高まりを、メンバー間の「学び」と「モチベーション」の相互作用に着目して時系列的に明らかにしたことにある。一見すると〝帰納的〟な方法による事実の発見のようにみえるが、じつは〝演繹《えんえき》的〟な方法による事実の発見であった。

この「自動巻きの女性組織」を成立させている要因は数多い。具体的には、班（集落）活動から支部の目的別活動グループへの転換をはかったこと、自分たちの「強み」である調理技術を生かして「子ども食堂」を開設したこと、活動の目的がメンバーの相互利益の確保ではなく、地域の普遍的利益の充足をはかるものであること、グループの活動趣旨に賛同し、食材の提供を申し出る支援者に恵まれたこと、コロナ禍での対応など、メンバーの結束を必要とする試練に出合ったこと、会場の貸し出しや光熱費の負担、事務局員の派遣など、ＪＡの支援があったこと、社会的な貢献を自覚できるようなマスメディアの報道があったこと、などが挙げられる。

本事例は、本章の第1節で述べた「だれのためのＪＡ女性組織か」を自問自答することの有効性を示している。

3．ＪＡ女性組織の「未来に向けたグランドデザイン」

「和魂洋才」のＪＡを目指して

西井賢悟氏は、第2章「ＪＡ女性組織の展開過程」の「おわりに」において、ＪＡ女性組織の〝未来に向けたグランドデザイン〟の必要性を訴えて、次のような二つの問題提起を行った。

一つは、「地域に開かれたこころざしを同じくする女性の組織」であったとするならば、少数であったとしても高い意識をもつメンバーが外に訴求する組織を目指すべきではないかというものである。

もう一つは、現行のＪＡ女性組織綱領・5原則が制定されておよそ四半世紀が経つが、女性組織とはいかなる役割を果たす組織なのか、またその役割を果たすための合理的な組織デザインとはいかなるものか、再検討すべき時期が近づいているのではないかというものである。西井氏のこの問題提起は、「ＪＡ組合員組織としての再設計」という、より大きな枠組みでの再検討を迫っていることに特徴がある。

本節では、編者としての責任において、この問題提起を正面から受け止め、あくまでも私論ではあるが、なにをどのように考えていくべきかを明らかにしたいと思う。

これまでも述べてきたことではあるが、ＩＣＡ協同組合原則、ＪＡ綱領、ＪＡ女性組織綱領の根本（目指すもの）は同じである。手短に述べれば、日本社会に古くからある「内に閉じられた共同性」（和魂）を踏まえつつも、それだけにとどまらず、それを母胎とする「外に開かれた公共性」（洋才）への展開をはかるというものである。

「和魂洋才」が求められているが、このうちの「洋才」について踏み込んでいうと、宇沢弘文氏が論じたフィデュシアリー（神からの信託を受けた者）の考えにしたがえば、協同組合としてのＪＡは「移動しない資源としての土地」（自然資源）を責任をもって利用、保全することを「召命」とする協同組織である。また、そのことを前提として、国民食料の供給、持続的農業の展開、家族農業の保全、地域社会の保全という四つの責務は、「移動しない資源としての土地」を適正に利用、保全することの系（関連するもの）として理解されるべきものである。

ＪＡとその構成員たる組合員は、このフィデュシアリーとしての責務を協同という方法を使って誠実に果たしていくことにより、政府（官僚主義）でもない、企業（営利主義）でもない、人と人とが助けあう協同組織（人間主義）として独自の地位を築いていかなければならない。このとき、協同の基礎として据えられるべきものは「内に閉じられた共同性」と「外に開かれた公共性」という二種類の相互扶助である。

ＪＡ組合員組織の再設計

西井氏は、同じく第２章において、１９５５年の第３回全国農協大会では、青年・婦人組織だけではなく部落組織も農協の「協力組織」に含まれていたが、１年後の第４回全国農協大会では、この枠組みが変更され、部落組織が協力組織から外れたと述べている。

この変更の理由はかならずしも明らかではないが、考えられる理由として、55年に全国農協中央会（全中）から「部落組織の育成方針」が打ち出されたことがあげられる。この育成方針において、全中は、部落組織と農協との関係を抜本的に見直し、従来の「行政部落」あるいは「自然部落」として農協事業に協力していただくという消極的な位置づけから、農家の「自主的組織」あるいは「経済的組織」として農協運営に主体的に参加参画していただくという積極的な位置づけへと変更した。(11)

また、このときには「基礎組織」という用語は使われていないが、当時、農協の機関たる「総会、理事会」

の構成員要件を備える内部組織とみなすことができたのは、一戸一組合員制のもとでは「部落組織」以外になかったことが、この組織をして基礎組織と呼ぶようになった基本的な理由ではないかと思われる。同時に、そのことが、青年・婦人組織をして（事業）協力組織の枠組みから外せなかった理由ではないかと思われる。

農林中金総合研究所の斉藤由理子氏は、農協の基礎組織としての機能は、「農協の組合員の意見を調整し、とりまとめ、その意志を農協の経営に反映させるという機能」「農協からの情報伝達」「事業推進機能」の三つに分けることができるとしている。(12)

以上の、部落組織（集落組織）＝基礎組織、青年・婦人組織＝協力組織、という枠組みは、協力組織が属性別組織という表現に変更されている点を除いて、一戸複数正組合員制が導入、確立されている現在においても維持されている。例えば、職員教育の基本テキスト『農業協同組合論』では、「組合員組織の種類」について次のように述べられている。

①集落組織……従来から「基礎組織」として位置づけられてきた

②活動目的別組織……集落組織が「地縁組織」と呼ばれるのに対して、活動目的別組織は「機能組織」と呼ばれてきた。生産者部会や生活班、助け合い組織などが典型例である

③属性別組織……年齢や性別の違いによって形成される組合員組織で、青年部（青壮年部）や女性部（女性会）などが相当する

④利用者組織……事業や施設の利用者によって構成される組織である

このような分類は、現にある組合員組織を経験的に、そして便宜的に区分したものと考えるならば、「了」として受け止めなければならない。しかし、厳密にどのような基準で分類したのかを問うならば、「了」としては受け止められないことが多い。

第一に、共益権（選挙権・議決権）の有無という基準で考えると、①の集落組織の構成員だけではなく、②

③④の組合員組織の構成員も有するようになっており、集落組織だけを基礎組織とする分類は説得力を失っているのではないか。

第二に、性（ジェンダー）や年齢による差別を行わないとする協同組合原則から考えると、青年部、女性部という属性別組織そのものが成立根拠を失っているのではないか。

第三に、基礎組織とみなされる集落組織の構成員は、その多くが〝戸主〟すなわち「家の代表者」によって構成されており、その観点からいうと、集落組織も属性別組織の一つとして位置付けられるのではないか。

第四に、組合員組織であるならば正准の「組合員」資格を有することが前提となるが、その条件を満たさない組合員組織、例えば女性部を組合員組織として位置付けるのは不適切ではないか。

仮にＪＡが協同組合原則にしたがう普遍的な組合員組織の育成を目指すというのであれば、活動の目的に応じて組合員組織を分類することが望ましい。営農の課題であれ、生活の課題であれ、（正准の）組合員資格はこれを有することを前提として、一人ひとりの組合員が自らの意思にしたがって目的別組織に参加するとともに、自らの意思を一人一票制のもとでＪＡ運営に反映するようにしていかなければならない。

このとき、目的別組織は、フィデュシアリーの原則に基づいて、次のように分類することができる。

①農地の利用・保全組織（略称：農地保全組織）
②国民食料の供給組織（略称：食料等供給組織）
③持続的農業の展開組織（略称：持続的農業組織）
④家族農業の保全組織（略称：家族農業保全組織）
⑤地域社会の保全組織（略称：地域社会保全組織）

注意すべきは、この分類のもとでは、すべての種類の目的別組織が「基礎組織」となっているということである。というよりも、すべての目的別組織は「総会、理事会」の構成員要件を備える内部組織であるから、「基礎組織」であるか否かという分類それ自体が意味をなさない。それぞれの目的別組織において、斉藤氏がいう「意思反映機能」「情報伝達機能」「事業推進機能」を担うことになる。同時に、それぞれの目的別組織の主体性と専門性を高めるため、「学習機能」「連携機能」はこれをこれまで以上に向上させる必要がある。

このとき、現行の集落組織の多くは①農地保全組織に、生産者部会の多くは②食料等供給組織に、生活班や助け合い組織、女性部（生活班を除く）の多くは⑤地域社会保全組織に分類されるようになるだろう。

ただし、個々の活動グループの実態によっては、複数の目的別組織のもとで活動することがありうる。というよりも、それが一般的なのかもしれない。例えば、持続的農業に取り組むことで小規模の家族農業を維持しようとする活動グループがそれに当たる。この場合は、当該の活動グループの意思に基づいて、活動は複数の目的別組織のもとで行うが、共益権の行使は一つの目的別組織を通じて行う、というオプションを用意する必要がある。

また、従来は女性だけを構成員としていた女性組織の活動グループが、地域社会保全組織という新たな分類への移行によって、男女を問わず、だれもが構成員になれるということもメリットの一つである。もちろん、これとは別に、女性だけの活動グループ、男性だけの活動グループがあっても、おかしいことではない。

さらにまた、フレッシュ、ミドル、シニアなどの年齢で区分された活動グループがそのまま地域社会保全組織へ移行することが起こりうるが、年齢をことさら強調するグループ化も好ましいものではない。年齢ではなく、その目的において「こころざしを同じくする仲間たち」を強調するほうが適切である。

いうまでもないが、以上のような目的別組織の設置は、ＪＡの大きさによってＪＡ（本所）に設置する場合と、地区（複数の支所ないし支部）に設置する場合の両方がありうる。後者の場合は地区運営協議会を設置し、地区レベルでの意思をまとめることが必要である。仮に大きなＪＡであっても、活動グループ数が少なく、地区レベルでの設置がむずかしい目的別組織は、これをＪＡ（本所）に集結することも必要である。

生協婦人組織の発展的解消

女性組織という属性別組織を発展的に解消し、活動内容に着目した目的別組織に再編するというアイデアは、協同組合にとって特別なことではない。すでに日本の生協が経験してきたことである。40年以上前の話になるが、ここではその経緯をみておきたい。

その前に、プロローグとして、伝統的にＪＡでは女性組織のことを「器」とか「ハコ」とみなし、女性組織のあるべき姿をその枠組みでしか議論してこなかったことを指摘したい。

例えば、西井賢悟氏は、第2章「ＪＡ女性組織の展開過程」の第1節において、ＪＡ女性組織と密接不可分の関係にあった地域婦人会のことを「共同体に組織の器を被せる形で組織化がはかられた」と表現している。また、岩﨑真之介氏は、第5章「ＪＡ女性組織の組織構造」の結語として、「本章では組織構造、いわゆる『ハコ』の議論を中心に検討を行ったが、この組織構造の操作のみで組織の活性化をはかることには一定の限界がある」と述べている。

この両氏に共通するのは、組織とは「器」「ハコ」を指し、活動とはそのなかの「中身」を指すということである。「器」「ハコ」には形があるが、「中身」には形がない。ＪＡでは形のある「器」「ハコ」に注目が集まりやすいが、たいせつなのは形のない「中身」のほうであると考えている。

メンバー数を拡大あるいは維持するうえで、「器」「ハコ」の議論が先行するのはある意味でやむをえない。それが立派であればあるほど、人が集まってくるし離れようとはしないからである。

しかし、「器」「ハコ」がどれだけ立派であっても「中身」が伴っていなければ、人が集まらなくなるし離れてもいく。ふと気がついたらメンバー数は大きく減少し、中身はスカスカだったという事態を招きかねない。

おそらく、このような危機感なり閉塞感を背景として、2001年9月のＪＡ女性組織活性化検討委員会「新たな飛躍をめざして～ＪＡ女性組織活性化検討委員会報告書～」がつくられるとともに、組織活性化の一つの選択肢として、JA女性組織の発展的解消が提起されたものと思われる。ちなみに、00年時点のJA女性組織のメンバー数は137万人に減少していた。

第2章第4節での西井氏の説明によれば、この報告書では組合員組織の方向性について、「女性の組合員化が大きく進展し、女性の大半が組合員になり、女性の声がJA運営に広く反映され、男女の共同参画が実現した段階にいたった時には、女性組織の発展的な解消という道筋が考えられる」と記されているとされる。

理屈としてはそのとおりである。非の打ちどころがない。本章もそのことを前提に「未来に向けたグランドデザイン」を描いている。しかし、同時に、メンバー数がさらに減少し、JA女性組織の解散が現実味を帯びてきたときに、(少数ではあるが)残る意欲的なメンバーに将来展望を与えることは重要な課題であり、かかる観点から「未来に向けたグランドデザイン」を描いていることも事実である。たとえ「器」「ハコ」を壊しても「中身」を生かそうとする発想に立っている。生協婦人組織の発展的解消も、「中身」を生かそうとする観点からの苦渋の決断であった。

日本生活協同組合連合会の小沢理恵子氏は、その経緯についておよそ次のように述べている。(13)

地域生協の他に、職域生協、大学生協、医療生協、共済生協などの多種類の生協があるなかで、女性が生協運動の担い手として内外ともに認められたのは、1970年代はじめに「市民生協」が誕生してからである。大学生協を母胎とする各地の市民生協において、生協運動が組合員自身の運動として理解され展開されるようになったことがその契機をなしている。

生協婦人組織の歴史をふり返ると、日本の生協運動における最初の婦人組織は、24年の神戸消費組合(現コープこうべ)の「家庭会」に求められる。その後、この家庭会組織は東京へも広がっていったが、これらはすべて戦争とともに消滅した。

戦後の早い時期に家庭会組織は復活し、57年11月に「日本生協連婦人部全国協議会」(日生協婦人部会)が発足した。これにより、各組合の家庭会組織は生協の基本組織である「総会、理事会」に協力する機関とみなされ、基礎組織としての位置づけが与えられるようになった。

家庭会組織の活動としては、「家計活動」「商品研究活動」「食生活改善活動」の三本柱を中心に、共同購入、内職の講習と斡旋《あっせん》、レクリエーション、料理講習などの活動が行われた。

一方、56年に鶴岡生協（山形県）で班組織がつくられ、その動きが全国に広がるにつれて、班組織の経験交流の場として日生協婦人部会が利用されるようになった。同時に、そのことが、生協の基礎組織をめぐって家庭会組織と班組織とのあいだに矛盾が生じる原因ともなった。

70年代の市民生協の創設に組合員として参画した女性たちにとって、もはや生協運動は家庭会組織の運動ではなく、全組合員の運動として捉えられたのはごく当然のことであった。また、家庭会組織をもたない市民生協が日生協婦人部会に加入するという奇妙な関係も生まれた。

家庭会組織をもたない市民生協では、「班」を基礎組織とする運営組織の確立がすすめられた。班組織の確立・拡大がはかられるなかで「地区運営委員会」がつくられ、組合員自身の運営と主体的な活動が広がった。とくに「公害」や「食の安全問題」が注目を集めるようになり、食品添加物に関する学習活動や汚染調査活動、洗剤規制要求の取り組みなどがすすめられた。また、70年代後半には、反核・平和の取り組みや消費税導入に反対する運動も展開された。

こうした状況のなかで、組合員による多様な活動を促進し、交流していく場が求められるようになり、それにふさわしい場を確保するために、77年7月、日生協婦人部会は発展的解消をみるに至った。これに先立って、家庭会組織の果たしてきた役割を高く評価し、家庭会組織が柱としてきた三つの活動はこれをさらに発展させていくという確認も行われた。

最近の組合員活動の動向をみると、「商品や食に関する活動」「消費者問題、税・社会保障、家計活動の取り組み」「子育て支援、助け合い活動等の取り組み」「環境・エネルギー」「災害復興支援・防災」「平和・国際協力、ユニセフ」「地域社会への参加」などの多様な活動が展開されている。[14]

これらの組合員活動は、組合員の「自主性」「主体性」をたいせつにしながら行われているが、そのなかで参加者数が最も多いのは「商品や食に関する活動」である。この活動分野では、▽産地見学・交流、食育等の取り組み▽商品を囲んだパーティー、商品への参加の取り組み▽食品の安全の学習・意見交換会——などが行われている。

地域社会保全組織を構成する組合員の活動と活動グループ

市民生協の〝市民〟というのは、行政用語としての市民を意味するものではない。英語ではシチズン（citizen）、ドイツ語ではヴュルガー（Bürger）と呼ばれるが、一人の人間として〝主権者〟たる自覚をもって行動できる人のことをいう。シチズンシップのコアをなすのは「自治・権利・責任・参加」であるが、このシチズンシップを組合運営の基礎に据えている消費生活協同組合が市民生協というわけである。[15]

仮にシチズンシップの自覚をもつ組合員たちによって組合運営がなされているＪＡであれば、自らを〝市民農協〟と名乗る資格は十分にある。そうなっているかどうかのメルクマールは、組合員の活動が〝フィデュシアリー〟の原則にのっとって行われているかどうかである。

地域社会保全組織は、このフィデュシアリーの原則にのっとって地域社会を保全するために行われる組合員の活動とその活動グループの総称である。「地域社会の保全」という表現自体に、組合員の利益だけではなく、地域の普遍的利益の充足をはかるという社会的目的が埋め込まれている。

新たにつくられる地域社会保全組織には、生活班や助けあい組織、女性部（生活班を除く）など、現在のＪＡ女性組織を構成する数多くの活動グループの参加が期待されている。しかし、それだけにとどまるものではない。新たな発想のもと、新たなメンバーによる、自主的・主体的につくられた活動グループの参加も期待されている。例えば、ＪＡ高知県の〝赤い褌隊《ふんどし》〟のような「男の料理」を売りにする活動グループの登場はその典型である。

板野光雄氏は、第３章「ＪＡ女性組織とＪＡ教育文化活動」において、ＪＡの「強み」を生かした女性組織の活動領域として「食と農」があることを強調した。これは、地域社会保全組織の組成に関する第一の体系的な提案として受け止められる。この場合の地域社会保全組織は、

①農産物の直売・加工活動

②子どもたちを対象とした食農教育

③消費者（大人）を対象とした食農教育

④都会と農村の相互交流活動

⑤地域の食文化・食生活の継承活動

から構成され、またこれらの活動をつなげること（活動連鎖）の重要性も指摘されている。

すでに「食農教育」の取り組みでは青年組織と女性組織のコラボレーションがふつうに行われているが、地域社会保全組織の活動では男女の区別はこれを必要としないということを理解する必要がある。

地域社会保全組織の組成に関する第二の体系的な提案として、安心して暮らせる地域社会の構築を目指した「ＪＡくらしの活動」があげられる。２００９年の第25回ＪＡ全国大会で重点実施事項として決議されて以降、「地域の活性化」にかかる中心的な取り組みとして位置づけられてきた。その活動範囲は少しずつ拡大されているが、おおむね次のような範囲に及んでいる。ただし最後の「農福連携」は私見による追加である。(16)

①食農教育

②助けあい活動

③高齢者福祉活動
④生活文化活動
⑤地産地消
⑥相談活動
⑦健康管理活動
⑧環境保全活動
⑨教育広報活動
⑩農福連携

「JAくらしの活動」の最大の特徴は、組合員の活動の積極的な展開を求めていくうえで、JA事業との連携が強く意識されていることである。いいかえれば、JAの役職員は、組合員の活動を促進するために、どの職階、どの部署にいようとも、自らが「活動世話人」の地位にあることを強く自覚しなければならない内容となっている。

このため、実際の推進体制はJAによって異なるであろうが、少なくとも「JAくらしの活動」イコール「女性組織活動」ではないことの理解を広げつつ、「本店企画担当」「支店管理職」「支店の組合員組織担当」の三者による役割分担・連携が重要であるとしている。

このことは、板野氏がいう組合員レベルでの〝活動連鎖〟と同じくらい、役職員レベルでの〝業務連鎖〟が重要であることを教えている。(17) JA全体で〝活動連鎖〟と〝業務連鎖〟を同時達成することが地域社会保全組織に命を吹き込むための基本的な要件である。同時に、〝活動連鎖〟と〝業務連鎖〟との関係性をより強めることによって、組合員と役職員とのあいだで生じる「役割の固定化」を防ぎ、両者相まってフィデュシアリーとしての責務を果たすようにしていかなければならない。

地域社会保全組織の組成に関する第三の体系的な提案として、第1章の**図1−1**で示した「JA女性組織における基礎的な活動」を忠実に展開していくことがあげられる。

ここで、基礎的な活動とは「エッセンシャルな活動」あるいは「なくてはならない活動」を意味しており、具体的には、グループ活動の主軸に「学習活動」を据えること、グループ活動の成果を広く社会に還元することの二つの取り組みを前提として、メンバー自身の、また地域に暮らす女性たちの「生き方の幅」を広げるために、ライフイベントごとに変化する女性の〝困りごと〟に対処できるような、さまざまな活動プログラムを用意し、その参加拡大をはかることをいう。

フィデュシアリーとの関連でいえば、このうちの「参加拡大をはかること」がとりわけ重要である。その意味するところは、メンバー内の「内に閉じられた共同性」の相互扶助にとどまらず、広く活動参加者を募って、地域社会で困っている人がいれば、その人に手を差し伸べるという「外に開かれた公共性」の相互扶助へと拡張することにある。これによって、地域社会における「人と人とのつながり」を広げる、あるいは深めることが可能となる。

〝私の困りごと〟は〝私の困りごと〟にあらず。いつでも〝社会の困りごと〟に転化する。この〝社会の困りごと〟への転化に細心の注意を払いながら、自助、共助、他助の重層化をはかることが重要である。

このとき、私の困りごとには「年齢に関係しない困りごと」と「年齢に関係する困りごと」の二つがあることに注意しなければならない。第1章で紹介したJA全中が行ったJA女性組織のメンバー調査によれば、次のような困りごとのあることが浮き彫りになっている。

〈年齢に関係しない困りごと〉

①自分や家族の健康

②自分や家族の老後

③食べ物や商品の安全性問題

〈フレッシュミズ層の困りごと〉

①子どものしつけや教育

②日々の家計のやりくり

③仕事と家事の両立

〈ミドル層の困りごと〉

①子どもの結婚問題

②農業経営の将来

③家族や親戚の介護問題

〈エルダー層の困りごと〉

①地域や日本の農業・農村の将来

②子どもの結婚問題

③農業経営の将来

ともすれば、個人の問題、家族の問題として処理されることの多いこれらの困りごとを、JAという協同組合の場において、社会の問題として関係者が協働しながら解決へ向けて歩み出すことの意義は大きい。そのとき、解決の場を提供するJAは、経営学でいう「プラットフォーム」の役割を果たすことになる。

ここで「プラットフォーム」とは、困りごとを抱えるメンバーやその家族、地域に暮らす人びとの他に、その解決に向けての情報や知識、技能をもつ人びとや活動グループが集まり、参加者相互間で情報交換や意見交換を行って、新しい知恵（解決策）を出しあったり、垣根を越えた新しい結びつきをつくったり、解決に向けた具体的な行動に踏みだしたりする「場」あるいは「基盤」のことをいう。(18)

「プラットフォーム」は、対面型コミュニケーションだけではなく、非対面型コミュニケーションでも成立するという特性がある。対面型コミュニケーションとしては〝おしゃべりサロン〟〝子育てひろば〟〝ワークショップ〟〝(セミナー形式の)女性大学〟などの開催が考えられ、非対面型コミュニケーションとしてはＳＮＳを使った情報交換や意見交換が考えられる。

ここで注意すべきことがある。それは、プラットフォームとは「多様な主体が協働するさいに、協働を促進するコミュニケーションの基盤となる道具や仕組み」と定義されていることである。ＪＡ自らがプラットフォーム上のプレーヤー（参加者）となることは想定されていない。

プラットフォームの果たすべき役割は、協働促進のためのコミュニケーションの「場」あるいは「基盤」の提供にかぎられている。プラットフォーマーと呼ばれる〝ＧＡＦＡ〟（グーグル・アップル・フェイスブック・アマゾン）をみてもわかるように、彼らは非対面型コミュニケーションの基盤はつくっているが、自らがプレーヤーとして登場することはない。

どこまでを「場」あるいは「基盤」とみなすことができるのか――。このことが問題になるが、ＪＡが地域社会保全組織などの組合員組織、困りごとを抱える組合員とその家族、さらには地域に暮らす人びとに向かって、協働促進の「働きかけ」を行うこと自体を否定するものではない。その理由は、この分野の第一人者である國領二郎氏の説明によれば、プラットフォームの設計に当たっては、①コミュニケーションパターンの設計、②役割の設計、③インセンティブの設計、④信頼形成メカニズムの設計、⑤参加者の内部変化のマネジメント、という五つの観点からの検討が重要であるとしているからである。(19)

コアとマスの区別

西井賢悟氏は、第４章「世代別にみたＪＡ女性組織メンバーの意識・参加の態様」の数量分析において、ポジティブ、フレンドリー、ネガティブの構成割合が全体で２：６：２となることを見いだした。

このことは、ポジティブが２、フレンドリーとネガティブの合計が８であること、いいかえれば「二八の法則」が、ＪＡ女性組織にもあてはまることを示している。二割のメンバーが、八割のパフォーマンスを上げ、八割のメンバーが二割のパフォーマンスを上げる。

この法則は、ＪＡ女性組織を「器」や「ハコ」とみなし、その「中身」を深く問わなかった時代には見えなかったことである。ＪＡ側が想定するような、あるいは期待するような、すべてのメンバーが同じような意識をもち、同じような行動パターンをとるというわけでは決してない。

もう一つの重要な発見は、小川理恵氏が第８章「メンバーの『学び』と『モチベーションの変化』によるＪＡ女性組織の新たな展開」において、ＪＡ高知県女性部大篠《おおしの》支部の班組織を目的別活動グループ「二四六九女《にしむくじょ》士会《しかい》」に再編したところ、そのメンバー登録数は１００人超のうちの50人にとどまったこと、また「大篠子ども食堂」の開設に当たっての意向調査では、「現場で手伝いたい」と回答したメンバーは93人のうちの二十数人にとどまったことを報告していることである。この他のメンバーは、その多くが「現場で手伝いたい」ではなく、「食材の提供ができる」という協力者となることを選んだ。

両氏の発見は次の二点で見逃すことができない。一つは、ＪＡ女性組織を「器」や「ハコ」とみなした場合、そこには「コア」になる人と「マス」になる人の両方が混在していることである。もう一つは、属性別組織としてのＪＡ女性組織を地域社会保全組織という目的別組織に再編した場合、そのメンバー数の大幅な減少が予想されることである。

現在、全国のＪＡ女性組織にはおよそ50万人のメンバーがいるが、「二八の法則」を適用すれば、コアは10万人、マスは40万人ということなる。この10万人のコアを「少ない」とみるか「多い」とみるかは見解が分かれるであろうが、私は素直に「すごい数字」だと思っている。

地域生協においてこの種の意向調査を行ったとすれば、コアが全組合員のうちの2割もいるという結果は得られないように思う。

一例を述べれば、西井賢悟氏の大阪いずみ市民生協の「協同組合の組織と運営」に関するレポートは、巨大生協の組織と運営の実態を余すことなく伝えるすぐれた論考であるが、同生協のコアメンバーとみられる「コープ委員」は、53万人の組合員に対して700人、比率にして0・13%、およそ750人に1人という割合にとどまっている。[20]

しかし、メンバー数の比率が低いことは、活動の中身が乏しいことを意味しない。コープ委員とコープ委員会を「協同組合の組織と運営」の中核に据えながら全組合員の運動として生協運動を展開していくという姿勢が貫かれている。この点はJAとしても見習うべきことが多いように思われる。コアとマスの区別をつけながらも、コアはコアとして、マスはマスとして、それぞれに求められる組合員としての役割はこれをきちんと果たすようなメリハリのある仕組みが構築されている。以下ではそのことを紹介したい。

まず、コープ委員会の概要について述べると、この委員会はおおむね2~3の中学校区を区域とし、合計で74委員会がある。一委員会当たりおよそ10人のコープ委員からなるが、希望する組合員はだれもがコープ委員になることができる。毎年100人程度が入れ替わるという。

各コープ委員会は、登録者数3人以上を設置ルールとしており、実際には5~15人程度で構成される。登録者数が減ってくると、事務局スタッフと既存のコープ委員が相談しながら新たな活動参加者の呼びかけをする。一例としては、活動参加者を増やすために、組合員が参加しやすい企画、例えば美容などをテーマとする講座「あなたもCOOPで〝自分磨き〟しませんか?」を合言葉に広く参加を呼びかけるという。

コープ委員会は、「コープ商品に関する活動」、手芸・園芸・ヨガなどの「くらしのニーズに応える活動」、平和・環境・子育てなどの「社会的テーマに基づく活動」を活動の三本柱とし、これらの活動の企画・運営を担うこととしている。２０１７年度の活動状況をみると、74委員会で合計３２４の活動が実施され、延べ８２７３人の組合員等が参加した。１委員会当たり４・３活動、１活動当たり25人の参加となる。

コアとマスのそれぞれに求められる組合員の役割については、次の三点が注目される。

第一は、コープ委員であることが、総代・理事の事実上の選出要件となっていることである。いいかえれば、コープ委員会が同生協の基礎組織となっていることである。

総代は５２０人で、任期1年であるが、再任も可能である。各コープ委員会から２～４人の総代が選出されるので、かなり高い選出割合である。ただし、コープ委員であればだれでもよいというわけではない。選出に当たってはコープ委員としての活動実績が問われる。

総代になると「議案書学習会」（2～3月開催）、「新旧総代懇談会」（4月開催）、「通常総代会」（6月開催）、「秋の総代懇談会」（10～11月開催）という年４回の会合に出席しなければならない。会合の出席に当たっては、事前に「意見」の提出が求められるので、いやがうえにも勉強しなければならない状況に置かれる。形式ではなく実質の参加が求められているのである。

理事は生協全体で24人であるが、そのうち複数のコープ委員会によって構成されるエリア委員会から選出される「地域区理事」は計９人である。九つのエリア委員会があるので、各エリア委員会から１人の選出となる。

理事の任期は2年、最長6年までの再任が可能である。理事候補者の選考に当たっては、現役の地域区理事、事務局を担当する「組合員活動部」の部長とスタッフが意見を交換し、理事要件を満たす組合員に立候補を打診する。この選考では、コープ委員としての活動実績と総代としての発言内容が判断材料として利用される。

第二は、同生協の「コア」とみなされるコープ委員会に、「ヒト・モノ・カネ・情報」の経営資源が集中的に投下されることである。

各コープ委員会にはコープ委員長、同副委員長、会計がいるが、委員長には月額５０００円、副委員長・会計には月額3000円、委員には月額2000円の活動費が支払われる（移動に必要な旅費等は別途支給される）。また、コープ委員会の活動費として、年間15万円＋コープ委員登録者数×500円（月額）が配分される。

コープ委員会の会合や活動には、事務局を務める「組合員活動部」のスタッフが参加する。組合員活動部は「組織活動グループ」「河内地区」「泉・泉州地区」の3部署からなるが、コープ委員会の事務局として「河内地区」に4人、「泉・泉州地区」に5人が配置されている。

コープ委員会がコープ委員にとって「学び」の場となり、「主体的な行動」の場となるために、さまざまなサポート体制がとられている。例えば、▽委員会運営のノウハウを記載した「組合員活動ハンドブック」の毎年の改訂と刊行▽コープ委員長を対象とするアサーティブ・コミュニケーション（お互い尊重しながら意見を交わすコミュニケーション）、会議進行、アンガーマネジメント（怒りをコントロールするための心理トレーニング）などをテーマとするスキルアップ講座の実施▽活動の企画内容や取り組みの結果を掲載した広報誌やホームページによる情報発信▽コープ委員としての責任感の醸成とコープ委員会の活動を支えるための経済的サポート——などのきめ細やかな体制がとられている。

第三は、コアとされるコープ委員会に対して経営資源が集中的に投下されるが、同時に、マスとされるそれ以外の組合員に対しても、活動参加や意思反映の機会が用意されていることである。

活動参加という点では、コープ委員会が企画・運営する活動の他に、「たべる＊たいせつキッズクラブ」「親子・あそびのひろば」「子どもクッキング」「絵本ボランティアの会」「たべる＊たいせつ大人の食育サポーター」などの地域横断的なテーマ活動に参加することができる。また、自主的なグループ活動として、福祉、環境、子育て支援、くらし・消費者問題、平和のいずれかをテーマとする「コープクラブ」や、趣味・興味などテーマを自由に設定できる「コープサークル」が用意されており、それぞれの活動に活動費が支給される。マスを対象とするこれらのテーマ活動とサークル活動の事務局は、組合員活動部の「組織活動グループ」が務めている。

意思反映という点では、それぞれの組合員が商品の取り扱いリクエストや改善要望を伝える仕組みとして、「組合員サービスセンター」へ直接電話するという方法と、店舗や宅配の利用者が「お声拝借カード」に記入、投書するという方法がある。18年度の総入電件数は60万件、「お声拝借カード」の受付件数は1万件を超えたという。

以上を要約すれば、大阪いずみ市民生協の組織と運営は、巨大生協では避けることのできない組合員の二極分化、すなわちコアとマスの併存という現実があるなかで、その現実を受け入れながらも、両者間の役割分担・連携を明確にすることによって全組合員の運動として生協運動を展開するという〝市民生協〟としての特性はこれを維持することに成功している事例とみなせるであろう。

いうまでもないが、JAにもコアとマスの問題はある。しかもそれは生協よりも複雑である。ここでのテーマは組合員組織を目的別組織に再編した場合のコアとマスの問題であるが、その他にも組合員組織が多峰型であることによるコアとマスの複雑化の問題、准組合員のなかでのコアとマスの問題もある。こうした多元的・多層的な構造問題があるなかでJA全体としてコアとマスの役割分担・連携をどうはかるかは今後の重要な検討課題である。

JAの組合員組織を目的別組織に再編した場合のコアとマスの役割分担・連携の問題に対して、大阪いずみ市民生協の経験は次のような重要な示唆を与えてくれる。

①（メンバー数の減少）従来ある組合員組織、例えば女性組織を、目的別組織、例えば地域社会保全組織に再編する場合、現に行われている女性組織の活動はこれを継承することを原則とする。しかし、そうした措置をとっても、「大篠子ども食堂」の事例が示すように、メンバー数の減少は避けられない。

②（コアとマスの区別）目的別組織の活動を担う組合員をコア、それ以外の組合員をマスとすれば、この両

者が果たすべき役割はこれを明確に区別する必要がある。コアはコアとして、マスはマスとして、それぞれ異なる活動プログラムを用意する。

③（ＪＡの支援体制）コアとマスが行うさまざまな活動のＪＡ側の支援者として「組合員活動部」（仮称）を設置する。地区担当、本部担当の区分のもと、組合員といっしょに悩み、いっしょに考えることで、組合員の信頼を獲得するようにしたい。

④（コアの役割）コアは、ＪＡの「組合員活動部」（仮称）の協力を得ながら、自らの目的にふさわしい活動の企画・運営を行い、活動参加者の拡大とコアメンバーの補充に努める。

⑤（総代、理事の選出要件）コアであることを総代、理事の選出要件としなければならない。活動実績において総代、理事にふさわしい人材が選ばれるのは当然であるが、同時に、その任務の遂行に必要とされる学習プログラムへの参加が義務づけられるべきである。

⑥（目的別組織に対する活動費の支援）コアとしての自覚、ＪＡへの信頼、インセンティブの確保をはかるために、ＪＡは目的別組織に対して活動費を支援する必要がある。

⑦（マスの役割）マスはたんなる「事業利用者」ではない。目的別組織が企画・運営を行うさまざまな活動の「協力者」あるいは「参加者」となることが求められる。また、ＪＡの商品、運営に対する要望は、電話、投書などのダイレクトな方法で積極的に伝えるものとする。

4．残された課題

本書を閉じるに当たって、ＪＡ女性組織を未来あるものとするために、残された課題を述べることにしたい。あらかじめ断っておきたいが、ここで課題とは、ＪＡ女性組織の課題ではなく、ＪＡ女性組織を対象とする研究上の課題のことをいう。

その前に述べたいことがある。本書では「メンバー数の減少」よりも「組織のありかた」に焦点を当ててきたが、その理由を説明しなければならない。いうまでもないが、「メンバー数の減少」はこれをやむをえないもの、あるいは避けられないものと考えているわけではない。メンバー数はこれを増やすような努力をしてほしいと思っている。

ＪＡ全中『全ＪＡ調査』によれば、２００３年から19年までの16年間に全国のＪＡ女性組織のメンバー数は52・８％減少した。最も大きな減少県で82・３％、最も小さな減少県で22・８％という大きな格差があった。最小の減少県は和歌山県であるが、私は和歌山県ＪＡ女性組織連絡協議会の並々ならぬ努力があったことをよく知っている。ここではそのことを高く評価したい。

また、和歌山県に次いで減少率が小さかったのは大阪府の24・３％である。これをもたらした主要な要因はＪＡ大阪中河内にある。同ＪＡの女性会では、10年度現在で３２１２人、27サークルであったが、19年度には1万００８５人、１６９サークルにまでメンバー数とサークル数を増加させた。この驚くべき増加は、女性会との信頼関係の構築を目指した同ＪＡの西川喜清代表理事組合長（20年度末現在）の創意工夫と並々ならぬ努力によるところが大きい。(21)

加えるならば、全国家の光大会の都道府県代表の発表では、しばしばＪＡ女性組織の支部において、一度は解散した支部を仲間の結集によって再結成した経緯が報告されている。

こうしたＪＡ女性組織における貴重な経験に顧《かえり》みるならば、「メンバー数の減少」を食い止める、あるいは「メンバー数の拡大」を可能にするための主たる要因は「人的要因」、とりわけリーダーたちの意思によるところが大きいといわなければならない。意思あるところに道は開けるのである。

以下では三点に絞って研究上の課題を述べたい。

第一は、「プラットフォーム」としてのＪＡあるいはＪＡ女性組織の研究をすすめていくことである。

本書では、ＪＡ女性組織を「器」とか「ハコ」、そこで行われている活動を「中身」と表現したが、プラットフォーム論では、これらは「場」とか「基盤」、「コンテンツ」という用語に置き換わる。

ＪＡ女性組織（あるいはそれを再編した地域社会保全組織）におけるコンテンツとしては、その領域区分において、「食と農」「ＪＡくらしの活動」「困りごと」の三つが想定されるが、これらのコンテンツでは、それを細分化すればするほど、それぞれが異なる参加者、情報経路、協働のパターンが生まれることが避けられない。

豊富なコンテンツをもつことがプラットフォームの参加者を広げ、価値を高めることにつながるが、その多様性をどこまで認めるべきか、じつはよくわかっていない。大阪いずみ市民生協では、委員会の活動を三本柱に集約したうえで、全部で74のコープ委員会があったが、広域ＪＡにおけるコンテンツ数はそれをはるかに超えることが予想される。それに伴ってプラットフォームの構築・運用もよりむずかしくなるはずである。

実際に動くプラットフォームをつくるには、それぞれのコンテンツにおいて、参加者間のネットワーク（つながり）の構造、参加者間の役割分担の構造、参加インセンティブの形成、参加者間の信頼感の形成、参加者の内部変化という五つの観点からの検討が必要とされる。このことをふまえれば、ＪＡあるいはＪＡ女性組織を対象とするプラットフォームの研究はいまだ研究途上にあるといってよいのではないか。

第二は、「内に閉じられた共同性」と「外に開かれた公共性」をつなぐもの（媒介となるもの）とはなにかの研究をすすめていくことである。

本書では、「内に閉じられた共同性」を母胎とする「外に開かれた公共性」への展開を「和魂洋才」と呼び、これをもってＪＡ、ＪＡ女性組織が自らの社会的責任（フィデュシアリーとしての責務）を果たすための原動力とすべきことを提案した。しかし、じつは、このうちの「母胎とする」という表現がなにを意味するのかについては十分な説明をしてこなかった。なにか、予定調和的な展開や拡張が起こるかのような書きかたをしてきた。これをより説得力のあるものにすることが今後の課題である。

スピリチュアルな意味では、本書で述べたように、キリスト教と鎌倉新仏教とのあいだの宗教上の問題として捉えられる。一神教とは違って、多神教の日本ではその展開や拡張はむしろ容易なのかもしれない。また、歴史的あるいは実体的な意味では、「共同性」と「公共性」が「自治」を媒介に両立していた「村落共同体」の経験を有していることが幸いするのかもしれない。(22)

しかし、仮にそうではあっても、「共同性」と「公共性」との両立に関して、人の内面的な両立が先で社会の表出的な両立が後なのか、社会の表出的な両立が先で人の内面的な両立が後なのか、の説明はできていない。おそらくその両方なのであろう。さらにまた、一人の人間が「共同性」と「公共性」との両立を果たしてきたのか、あるいは集団のなかで「共同性」を担う人と「公共性」を担う人とが別々であったのかも説明できていない。

第８章で紹介されたＪＡ高知県の「大篠子ども食堂」の事例を引くまでもなく、「共同性」と「公共性」とを両立させた活動を数多く展開しているのは女性組織をおいて他にはないから、子ども福祉や高齢者福祉などの市民的公共性の活動を行っている特定の女性組織を対象に、この種の検討をすすめていくことが今後の課題となる。

第三は、現場からの強い要請に応えて、未来のＪＡ女性組織を担う若い女性たちの組織化をどうはかるかという研究をすすめていくことである。

これまでのＪＡ女性組織の活動（コンテンツ）は、〝生活文化〟〝健康管理〟〝高齢者福祉〟〝農村女性起業〟〝地域貢献〟〝子ども福祉〟などに領域区分され、それぞれの活動参加者を増やすことで若い女性たちの組織化をはかろうとしてきた。あるいはまた、〝フレミズ大学〟の修了生を対象にＪＡ女性組織への加入を呼びかけることで若い女性たちの組織化をはかろうとしてきた。

いまや、これらのコンテンツはプラットフォーム論に基づいて再整理する必要があるだろう。例えば、それぞれのコンテンツに対して、若い女性たちが構築しているネットワークに接近することができるのか、（仕事、家事、育児などで忙しい）若い女性たちが受け入れられるような協働なり役割分担を提示できるのか、若い女性たちの参加意欲を高めるような経済的な利得や精神的な満足を提供できるのか、プラットフォーマー（ＪＡあるいはＪＡ女性組織）とコンテンツの提供者や参加者とのあいだでゆるぎない信頼関係を構築できるのか、活動に参加することで若い女性たちの意識や行動にどのような変化が生じるのか、などの観点からの研究をすすめることが求められている。

同時に、コンテンツそれ自体の転換も検討される必要がある。若い女性たちの態様が変わるような新しいコンテンツが開発されるべきである。例えば〝味噌づくり〟〝漬け物づくり〟などから、〝ジェラート〟〝スイーツ〟〝チーズ・ヨーグルト〟〝ハーブ〟〝安全な離乳食・幼児食〟〝フラワーアレンジメント〟などへ転換する必要があるだろう。また、これらのコンテンツの開発に当たっては、そのすべてを一つのプラットフォーマーが単独に行うのではなく、複数のプラットフォーマー間の役割分担・連携のなかで行うことが構想されてもよいのではないか。

（石田正昭）

【注】

(1) 全国農協婦人組織協議会『全農婦協40周年を迎えた　この道10年』第3章、１９９２年5月。
(2) 大金義昭『楽しいＪＡ女性組織　あなたと仲間がきらめく25の言葉』キーワード20、家の光協会、２０１５年1月。
(3) 稲垣久和、土田修『日本型新自由主義の破綻―アベノミクスとポスト・コロナの時代』第5章、春秋社、２０２０年12月。
(4) 宇沢弘文『社会的共通資本』第1章、岩波新書、２０００年11月。
(5) 原弘平「農業協同組合の新たな位置づけについて」農林中央金庫『農林金融』、２００７年12月。
(6) 石田正昭「『相互扶助』を旗印に活動・事業をつくり直す（上）（下）」家の光協会『ＪＡ教育文化 家の光ニュース』２０２０年12月号、２０２１年1月号。

(7) 寺西重郎『日本型資本主義　その精神の源』第2章、中公新書、２０１８年８月。

(8) 伊藤健太郎、仙波芳一『親鸞聖人を学ぶ』第7章、1万年堂出版、２０１４年３月。

(9) インターミディアリー（中間支援組織）の役割は、▽情報の受発信▽資源や技術の仲介▽資金の仲介▽人材の育成▽マネジメント能力の向上▽対内的・対外的なネットワークの形成▽活動・事業主体の評価▽コミュニティの価値創出――などからなる。石田正昭編著『農村版コミュニティ・ビジネスのすすめ　地域再活性化とＪＡの役割』第1章、家の光協会、２００８年５月。

(10) 小川理恵『魅力ある地域を興す女性たち』農山漁村文化協会、２０１４年３月。

(11) 手島福一「部落組織をどう整備育成するか」全国農業協同組合中央会『農業協同組合』、１９５５年12月。

(12) 斉藤由理子「集落組織の変容と改革方向―多様性と新たな課題―」農林中央金庫『農林金融』、２００５年12月。

(13) 小沢理恵子「生協における女性参加の実態分析」『協同組合研究』第7巻第1号、１９８７年10月。

(14) 小方泰「これからの組合員活動を考える」生協総合研究所『生活協同組合研究』通巻４８８号、２０１６年９月。

(15) 中川雄一郎『協同組合のコモン・センス　歴史と理念とアイデンティティ』はしがき、日本経済評論社、２０１８年５月。

(16) ＪＡ全中くらしの活動推進部「『ＪＡくらしの活動』の進め方と実践について」、２０１５年２月。

(17) “業務連鎖”については以下を参照のこと。石田正昭「『現場力』で突破する職員育成」『農業と経済』、昭和堂、２０２０年７・８月合併号。

(18) プラットフォーム協同組合については以下を参照のこと。松岡公明「協同組合とプラットフォーム―参加と民主主義の再生産―」日本共済協会『共済と保険』６８０号、２０１５年２月。

(19) 國領二郎＋プラットフォームデザイン・ラボ編著『創発経営のプラットフォーム　協働の情報基盤づくり』第1章、日本経済新聞社、２０１１年10月。

(20) 西井賢悟「協同組合の組織と経営①　大阪いずみ市民生活協同組合」日本協同組合連携機構『研究ＲＥＰＯＲＴ』№12、２０２０年３月。

(21) 石田正昭「受賞ＪＡを訪ねて　大阪府大阪中河内農業協同組合　都市型ＪＡの価値を究める」家の光協会『ＪＡ教育文化　家の光ニュース』２０２１年３月。

(22) 小松裕「田中正造における自治と公共性」、西尾勝・小林正弥・金泰昌編『自治から考える公共性』、東京大学出版会、２００４年７月。

◆編著者紹介◆

石田正昭（いしだ・まさあき）

1948年生まれ。京都大学学術情報メディアセンター 研究員。三重大学、龍谷大学の教授を経て現職。農学博士。主な著作に『JA自己改革から切り拓く新たな協同「上からの統治」に挑む「下からの自治」』（家の光協会）、『JAで「働く」ということ　組合員・地域とどう向き合っていくのか』（家の光協会）、『JAの歴史と私たちの役割』（家の光協会）、『農協は地域に何ができるか　農をつくる・地域くらしをつくる・JAをつくる』（農山漁村文化協会）など。

◆執筆者一覧（執筆順）◆

石田正昭（いしだ・まさあき）：第１章、第９章
上述

西井賢悟（にしい・けんご）：第２章、第４章
1978年生まれ。一般社団法人日本協同組合連携機構（ＪＣＡ）基礎研究部主任研究員、博士（農学）。主な著作に『ＪＡの将来ビジョン－ＪＡ経営マスターコース修了生はこう考える』（編著、全国共同出版）、『事例から学ぶ　組合員と進めるＪＡ自己改革』（編著、家の光協会）、『信頼型マネジメントによる農協生産部会の革新』（大学教育出版）など。

板野光雄（いたの・みつお）：第３章
1951年生まれ。家の光講師（農協問題研究者）。一般社団法人家の光協会職員を経て現職。主な著作に「正念場を迎えたＪＡと教育文化活動の重要性」（『ＪＡ教育文化・家の光ニュース』2018年7.8.9.11.12月号、2019年1月号）、「女性たちの主体的な活動を目指して――ＪＡ東びわこの果敢な挑戦――」（『ＪＣ総研レポート』№43、2017年）など。

岩﨑真之介（いわさき・しんのすけ）：第５章、第６章
1987年生まれ。一般社団法人日本協同組合連携機構（ＪＣＡ）基礎研究部副主任研究員、博士（農学）。主な著作に『マーケットイン型産地づくりとJA　農協共販の新段階への接近』（共著、筑波書房）、『つながり志向のＪＡ経営　組合員政策のすすめ』（共著、家の光協会）、『事例から学ぶ　組合員と進めるＪＡ自己改革』（共著、家の光協会）、「野菜パッケージセンターのしくみと機能－農協の販売力強化と農家の労働負担軽減－」（『農業と経済』2018年11月臨時増刊号）など。

小川理恵（おがわ・りえ）：第７章、第８章
1966年生まれ。一般社団法人日本協同組合連携機構（ＪＣＡ）基礎研究部主席研究員。主な著作に『魅力ある地域を興す女性たち』（農山漁村文化協会）、『事例から学ぶ　組合員と進めるＪＡ自己改革』（共著、家の光協会）、『営農経済事業イノベーション戦略論』（共著、筑波書房）など。

JA女性組織の未来　**躍動へのグランドデザイン**

2021年6月20日　第１版発行

編著者　石田正昭
発行者　関口 聡
発行所　一般社団法人 家の光協会
〒162-8448 東京都新宿区市谷船河原町11
電話　03-3266-9029（販売）　03-3266-9028（編集）
振替　00150-1-4724
印刷・製本　日新印刷株式会社

乱丁・落丁本はお取り替えいたします。定価はカバーに表示してあります。

ISBN978-4-259-52201-8 C0061